U0160399

运筹与管理科学丛书 35

# 复张量优化及其
# 在量子信息中的应用

倪谷炎　李　颖　张梦石　著

科学出版社

北　京

# 内 容 简 介

本书是关于复张量优化和量子纠缠问题研究的专业书籍,书中详细介绍了复张量与埃尔米特张量的基本概念、复张量酉特征值计算、埃尔米特张量分解,以及其在量子纠缠问题中的应用. 全书共 9 章,主要内容包括:张量的背景知识、复张量基本概念、多复变量实值函数球面优化与 US-特征对计算、U-特征值计算的迭代算法、最大 U-特征值计算的多项式优化方法、纯态量子态纠缠测度的数值计算、埃尔米特张量与混合量子态基本理论、埃尔米特张量与混合量子态可分性判别和分解算法,以及对称埃尔米特可分性判别及其应用.

本书可供高维数据、张量优化和量子信息爱好者阅读,亦可供张量优化与量子信息专业的研究生、教师和科研人员阅读参考.

**图书在版编目 (CIP) 数据**

复张量优化及其在量子信息中的应用/倪谷炎,李颖,张梦石著.—北京:科学出版社,2022.3

ISBN 978-7-03-071784-9

Ⅰ.①复⋯　Ⅱ.①倪⋯ ②李⋯ ③张⋯　Ⅲ.①张量–应用–量子力学–信息技术　Ⅳ.①O183.2 ②O413.1

中国版本图书馆 CIP 数据核字(2022) 第 042319 号

责任编辑:李静科 / 责任校对:彭珍珍
责任印制:吴兆东 / 封面设计:陈　敬

斜 学 出 版 社 出版
北京东黄城根北街 16 号
邮政编码:100717
http://www.sciencep.com

北京中石油彩色印刷有限责任公司印刷
科学出版社发行　各地新华书店经销
*

2022 年 3 月第 一 版　开本:720 × 1000　1/16
2025 年 2 月第二次印刷　印张:10 3/4
字数:205 000
**定价:78.00 元**
(如有印装质量问题,我社负责调换)

# 《运筹与管理科学丛书》序

运筹学是运用数学方法来刻画、分析以及求解决策问题的科学. 运筹学的例子在我国古已有之, 春秋战国时期著名军事家孙膑为田忌赛马所设计的排序就是一个很好的代表. 运筹学的重要性同样在很早就被人们所认识, 汉高祖刘邦在称赞张良时就说道: "运筹帷幄之中, 决胜千里之外."

运筹学作为一门学科兴起于第二次世界大战期间, 源于对军事行动的研究. 运筹学的英文名字 Operational Research 诞生于 1937 年. 运筹学发展迅速, 目前已有众多的分支, 如线性规划、非线性规划、整数规划、网络规划、图论、组合优化、非光滑优化、锥优化、多目标规划、动态规划、随机规划、决策分析、排队论、对策论、物流、风险管理等.

我国的运筹学研究始于 20 世纪 50 年代, 经过半个世纪的发展, 运筹学研究队伍已具相当大的规模. 运筹学的理论和方法在国防、经济、金融、工程、管理等许多重要领域有着广泛应用, 运筹学成果的应用也常常能带来巨大的经济和社会效益. 由于在我国经济快速增长的过程中涌现出了大量迫切需要解决的运筹学问题, 因而进一步提高我国运筹学的研究水平、促进运筹学成果的应用和转化、加快运筹学领域优秀青年人才的培养是我们当今面临的十分重要、光荣, 同时也是十分艰巨的任务. 我相信,《运筹与管理科学丛书》能在这些方面有所作为.

《运筹与管理科学丛书》可作为运筹学、管理科学、应用数学、系统科学、计算机科学等有关专业的高校师生、科研人员、工程技术人员的参考书, 同时也可作为相关专业的高年级本科生和研究生的教材或教学参考书. 希望该丛书能越办越好, 为我国运筹学和管理科学的发展做出贡献.

袁亚湘

2007 年 9 月

# 前　　言

　　张量研究包括张量分解、张量特征值、多项式方程组数值解、多项式优化等内容, 它们被广泛用于神经科学、化学、网络分析、网络安全、机器学习、人脸识别、高光谱成像、视频图像、量子信息、函数逼近等等多个领域. 复张量是张量的一个重要组成部分, 其理论可应用于量子科学与量子信息. 一个复张量对应于一个纯态量子态, 其最大 U-特征值对应于纯态量子态的纠缠特征值. 埃尔米特张量可以看作是埃尔米特矩阵的一个推广, 它对应于混合量子态, 是混合量子态研究的一个重要工具. 本书研究复张量和埃尔米特张量的基本概念、复张量 U-特征值性质和数值计算、埃尔米特张量基本性质和分解算法, 以及其在量子纠缠中的应用. 本书的具体内容如下:

　　第 1 章绪论. 本章对张量概念、特征值、张量分解、复张量与量子态等作了一些介绍, 便于读者对张量有个基本的了解.

　　第 2 章复张量. 本章研究复张量特征值性质, 定义了复张量的酉特征值, 简记 U-特征值, 对称复张量的酉对称特征值, 简记 US-特征值, 相应的特征向量; 得到对称复张量非零 US-特征值的个数的一个上界, 以及基于代数方程组求解 US-特征对的计算方法; 研究复张量的最佳秩 1 逼近; 这些结果可以应用于量子纠缠的几何测度的计算研究.

　　第 3 章多复变量实值函数球面优化与 US-特征对计算. 本章研究高阶对称复张量的 US-特征对的迭代算法. 研究复变量球面优化, 包括: 多复变量实值函数的一阶和二阶 Taylor 多项式、优化条件、凸函数等. 提出 US-特征对计算的高阶幂迭代算法, 并证明该算法收敛性.

　　第 4 章 U-特征值计算的迭代算法. 本章研究非对称复张量 U-特征值计算的三种迭代算法. 首先建立了非对称复张量的 U-特征对与其对称嵌入所得到的对称复张量的 US-特征对之间的一一对应关系. 基于张量分块以及对称嵌入理论, 提出了计算非对称复张量 U-特征对的三个迭代算法, 证明了算法的收敛性, 并进行了相应的数值计算.

　　第 5 章最大 U-特征值计算的多项式优化方法. 本章研究采用多项式优化方法计算复张量的最大 US-特征值; 提出了一种计算复张量最大 U-特征值的 Jacobi 半定松弛方法, 将最大 U-特征值计算问题转化为多项式优化问题.

　　第 6 章纯态量子态纠缠测度的数值计算. 本章介绍了量子纯态纠缠几何测度

的相关概念, 建立了量子纯态与复张量之间的关系, 采用第 3—5 章给出的 U-和 US-特征值的计算算法, 通过求解量子纯态所对应的复张量的最大 U-和 US-特征值, 进而得到量子纯态的纠缠几何测度.

第 7 章埃尔米特张量与混合量子态. 本章研究埃尔米特张量基本性质及其与混合量子态的关系. 定义了埃尔米特张量, 推导了埃尔米特张量的性质, 包括: 酉相似变换、部分迹、非负的埃尔米特张量、埃尔米特张量的特征值、埃尔米特张量的秩 1 分解和正埃尔米特分解等, 以及埃尔米特张量在混合量子态中的应用.

第 8 章埃尔米特张量与混合量子态可分性判别和分解算法. 本章提出将混合量子态的可分性判定问题转化为埃尔米特张量的正埃尔米特分解问题, 采用 $E$-截断 $K$-矩方法, 给出判定混合量子态分解的优化模型, 采用半定松弛方法, 得到了 $k$ 阶半定松弛优化模型, 给出了混合量子态可分性判别和分解的半定松弛算法. 该算法适用于给出可分态的对称分解和非对称分解, 数值算例显示并非所有的对称可分态都有对称分解.

第 9 章对称埃尔米特可分性判别、分解及其应用. 本章证明了对称埃尔米特张量存在对称埃尔米特分解的一个充要条件. 如果将对称埃尔米特可分张量集合看作实数域上的线性空间, 则可得到该空间的维数公式和一组基. 如果某个张量是对称埃尔米特可分解的, 则利用对称埃尔米特基可以得到对称埃尔米特分解. 此外, 对称埃尔米特分解的可分条件可以用来判定对称混合量子态的对称可分性.

本书内容主要来自作者的研究论文 [86, 110, 121—123, 157, 194, 195, 205].

本书中的研究工作获得了国家自然科学基金面上项目 (No.11871472) 和国防科技大学科研计划项目 (ZK16-03-45) 的支持, 在此表示感谢. 同时, 我们还感谢论文的合作者、张量优化研究的领路人祁力群教授; 感谢论文的合作者张国峰副教授、白敏茹教授、张新珍副教授、滑冰、杨博等; 感谢在张量优化研究过程中交流讨论和支持的戴彧虹研究员、聂家旺教授、韩德仁教授、杨庆之教授、黄正海教授、凌晨教授、李董辉教授、魏益民教授、范金燕教授、王宜举教授、张立平副教授、叶科副研究员、江波教授、胡胜龙教授, 以及一批张量优化研究方向的青年才俊等; 感谢给予我们优化前沿理论指导的孙德峰教授和张立卫教授. 在今后的研究中, 我们将致力于复张量和埃尔米特张量在混合量子态纠缠值数值计算、量子计算、量子网络, 以及量子控制等量子信息问题中的应用.

作　者

2021 年 9 月

# 目　　录

# 第 1 章 绪 论

本章主要介绍张量的基本概念、张量主要研究内容, 以及张量与量子态的关系等.

## 1.1 什么是张量?

在不同的背景下, 张量具有不同的含义, 可以从这几个方面来理解张量: 张量是矩阵的自然推广、张量是多重线性函数、张量是一个客观存在、张量是一个物理量等.

### 1.1.1 张量是矩阵的推广

在大数据背景下, 张量 (tensor) 就是**多重数组** (multi-way array) 或者**超矩阵** (hypermatrix), 是矩阵的推广. 数域 $\mathbb{F}$ 上的一个 $m$ 阶张量定义为

$$\mathcal{T} = (t_{i_1 i_2 \cdots i_m}) \in \mathbb{F}^{n_1 \times n_2 \times \cdots \times n_m},$$

其中 $(n_1, n_2, \cdots, n_m)$ 称为张量 $\mathcal{T}$ 的维数. 当数域 $\mathbb{F} = \mathbb{R}$ 时, $\mathcal{T}$ 称为实张量; 当域 $\mathbb{F} = \mathbb{C}$ 时, $\mathcal{T}$ 称为复张量. 一阶张量是数域 $\mathbb{F}$ 上的向量, 二阶张量是数域 $\mathbb{F}$ 上的矩阵, 三阶或三阶以上的张量称为高阶张量. 所以, 张量可以归纳为多重数据 (multi-way data) 的范畴, 有些文献称其为高维数据.

例如, 一个 $3 \times 3 \times 3$ 的三阶张量 $\mathcal{A}$ 为

$$\mathcal{A} = \left( \begin{array}{ccc|ccc|ccc} 1 & 4 & 7 & 10 & 13 & 16 & 19 & 22 & 25 \\ 2 & 5 & 8 & 11 & 14 & 17 & 20 & 23 & 26 \\ 3 & 6 & 9 & 12 & 15 & 18 & 21 & 24 & 27 \end{array} \right),$$

或者表示为立方体的形式:

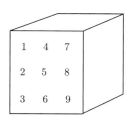

如果 $n_1 = n_2 = \cdots = n_m = n$, 则称张量 $\mathcal{T}$ 为数域 $\mathbb{F}$ 上的 $m$ 阶 $n$ 维**方张量**, $m$ 阶 $n$ 维方张量集合记为 $T[m]\mathbb{F}[n]$. 如果把 $\mathcal{T}$ 中元素的下标做任意置换后元素的值不变, 则称方张量 $\mathcal{T}$ 是**对称张量**, $m$ 阶 $n$ 维对称张量集合记为 $S[m]\mathbb{F}[n]$.

例如, 假设一个三阶 $n$ 维张量 $\mathcal{S} \in T[3]\mathbb{F}[n]$, 其中元素 $s_{ijk} = i+j+k-2(1 \leqslant i, j, k \leqslant n)$, 则该张量是对称张量, $\mathcal{S} \in S[3]\mathbb{F}[n]$.

### 1.1.2　张量是多重线性函数

2005 年, Lim 在文献 [112] 中提出, 张量可以被看作为多重线性函数. 假设 $\mathcal{T} = (t_{i_1 i_2 \cdots i_m}) \in \mathbb{F}^{n_1 \times n_2 \times \cdots \times n_m}$ 是数域 $\mathbb{F}$ 上的一个 $m$ 阶张量, 则它定义了一个 $\mathbb{F}^{n_1} \times \mathbb{F}^{n_2} \times \cdots \times \mathbb{F}^{n_m} \to \mathbb{F}$ 的**多重线性函数** (multilinear functional)

$$\varphi(\boldsymbol{x}_1, \boldsymbol{x}_2, \cdots, \boldsymbol{x}_m) := \sum_{i_1, i_2, \cdots, i_m=1}^{n_1, n_2, \cdots, n_m} t_{i_1 i_2 \cdots i_m} (\boldsymbol{x}_1)_{i_1} (\boldsymbol{x}_2)_{i_2} \cdots (\boldsymbol{x}_m)_{i_m},$$

这里 $\boldsymbol{x}_i \in \mathbb{F}^{n_i}$. 所以, 张量也可以归纳为多重线性代数的范畴.

例如, 矩阵 $A = (a_{ij}) \in \mathbb{R}^{2 \times 3}$ 唯一定义了一个 $\mathbb{R}^2 \times \mathbb{R}^3 \to \mathbb{R}$ 的双线性函数

$$\varphi(\boldsymbol{x}, \boldsymbol{y}) = \boldsymbol{x}^\top A \boldsymbol{y} = a_{11}x_1y_1 + a_{12}x_1y_2 + a_{13}x_1y_3 + a_{21}x_2y_1 + a_{22}x_2y_2 + a_{23}x_2y_3.$$

在本书中, 统一用 "$\top$" 表示转置. 这里 $\boldsymbol{x} \in \mathbb{R}^2$, $\boldsymbol{y} \in \mathbb{R}^3$. 又如, 张量 $\mathcal{A} = (a_{ijk}) \in \mathbb{R}^{2 \times 3 \times 4}$ 唯一定义了一个 $\mathbb{R}^2 \times \mathbb{R}^3 \times \mathbb{R}^4 \to \mathbb{R}$ 的三重线性函数

$$\varphi(\boldsymbol{x}, \boldsymbol{y}, \boldsymbol{z}) = \sum_{i,j,k=1}^{2,3,4} a_{ijk}x_iy_jz_k,$$

这里 $\boldsymbol{x} \in \mathbb{R}^2$, $\boldsymbol{y} \in \mathbb{R}^3$, $\boldsymbol{z} \in \mathbb{R}^4$.

若 $\mathcal{S} \in S[m]\mathbb{F}[n]$ 是 $m$ 阶 $n$ 维对称张量, 则它唯一定义了一个次数为 $m$ 的**齐次多项式** (homogeneous polynomial)[144]

$$F(x) \equiv \mathcal{S}\boldsymbol{x}^m := \sum_{i_1, i_2, \cdots, i_m=1}^{n_1, n_2, \cdots, n_m} \mathcal{S}_{i_1 i_2 \cdots i_m} x_{i_1} x_{i_2} \cdots x_{i_m},$$

这里 $\boldsymbol{x} \in \mathbb{F}^n$. 所以, 对称张量的研究有时可以采用代数几何的方法.

例如, 若矩阵 $S = (s_{ij}) \in S[2]\mathbb{F}[2]$, 则它唯一定义了一个二次型

$$F(\boldsymbol{x}) = \boldsymbol{x}^\top S \boldsymbol{x} = s_{11}x_1^2 + 2s_{12}x_1x_2 + s_{22}x_2^2.$$

又如, 设张量 $\mathcal{S} = (s_{ijk}) \in S[3]\mathbb{F}[3]$ 是对称的, 满足 $s_{111} = s_{222} = s_{333} = 1$, 其他元素为零, 则它唯一定义了一个三次齐次多项式

$$F(x) = x_1^3 + x_2^3 + x_3^3.$$

### 1.1.3 张量是一个客观存在

张量是一个客观存在, 不依赖于坐标系的存在而存在. 我们知道, 一阶张量是向量, 二阶张量是矩阵, 三阶及其以上阶的张量是高阶张量.

首先, 向量是一个客观存在. 例如, 三维空间中的一个向量 $\boldsymbol{v}$, 在某个标准直角坐标系 $\{\boldsymbol{i}, \boldsymbol{j}, \boldsymbol{k}\}$ 下, 几何上它表示为 $\boldsymbol{v} = x\boldsymbol{i} + y\boldsymbol{j} + z\boldsymbol{k}$, 代数上它表示为 $\boldsymbol{v} = (x, y, z)^\top$. 但是, 在另外标准直角坐标系 $\{\boldsymbol{i}', \boldsymbol{j}', \boldsymbol{k}'\}$ 下, 它可表示为 $\boldsymbol{v} = x'\boldsymbol{i}' + y'\boldsymbol{j}' + z'\boldsymbol{k}' = (x', y', z')^\top$. 假设这两个坐标系之间的关系是

$$(\boldsymbol{i}, \boldsymbol{j}, \boldsymbol{k})^\top = Q(\boldsymbol{i}', \boldsymbol{j}', \boldsymbol{k}')^\top.$$

那么, 向量 $\boldsymbol{v}$ 在两个坐标系的坐标表示关系是

$$\boldsymbol{v} = (x, y, z)(\boldsymbol{i}, \boldsymbol{j}, \boldsymbol{k})^\top = (x, y, z)Q(\boldsymbol{i}', \boldsymbol{j}', \boldsymbol{k}')^\top = (x', y', z')(\boldsymbol{i}', \boldsymbol{j}', \boldsymbol{k}')^\top,$$

于是, $(x', y', z') = (x, y, z)Q$, 或 $(x', y', z')^\top = Q^\top(x, y, z)^\top$.

其次, 矩阵是一个客观存在. 假设空间 $\mathbb{F}^{n_1 \times n_2}$ 上有一个矩阵 $M$, 在空间 $\mathbb{F}^{n_1}$ 和 $\mathbb{F}^{n_2}$ 的标准直角坐标系 $\{\boldsymbol{e}_1, \boldsymbol{e}_2, \cdots, \boldsymbol{e}_{n_1}\}$ 和 $\{\boldsymbol{f}_1, \boldsymbol{f}_2, \cdots, \boldsymbol{f}_{n_2}\}$ 下, 该矩阵表示为 $A$. 另外, 在空间 $\mathbb{F}^{n_1}$ 和 $\mathbb{F}^{n_2}$ 的一组标准直角坐标系 $\{\boldsymbol{e}_1', \boldsymbol{e}_2', \cdots, \boldsymbol{e}_{n_1}'\}$ 和 $\{\boldsymbol{f}_1', \boldsymbol{f}_2', \cdots, \boldsymbol{f}_{n_2}'\}$ 下, 该矩阵表示为 $B$. 并假定坐标系之间的关系

$$(\boldsymbol{e}_1, \boldsymbol{e}_2, \cdots, \boldsymbol{e}_{n_1})^\top = Q(\boldsymbol{e}_1', \boldsymbol{e}_2', \cdots, \boldsymbol{e}_{n_1}')^\top,$$
$$(\boldsymbol{f}_1, \boldsymbol{f}_2, \cdots, \boldsymbol{f}_{n_2})^\top = P(\boldsymbol{f}_1', \boldsymbol{f}_2', \cdots, \boldsymbol{f}_{n_2}')^\top.$$

若矩阵 $A$ 和 $B$ 有秩 1 分解 $A = \sum_{i=1}^r \boldsymbol{u}_i \boldsymbol{v}_i^\top$, $B = \sum_{i=1}^r \boldsymbol{u}_i' \boldsymbol{v}_i'^\top$. 由上面向量的讨论, 得到

$$B = \sum_{i=1}^r \boldsymbol{u}_i' \boldsymbol{v}_i'^\top = \sum_{i=1}^r (Q^\top \boldsymbol{u}_i)(\boldsymbol{v}_i^\top P) = Q^\top \left( \sum_{i=1}^r \boldsymbol{u}_i \boldsymbol{v}_i^\top \right) P = Q^\top A P.$$

其实, 矩阵 $A$ 和 $B$ 是矩阵 $M$ 在不同坐标系下的坐标表示, 矩阵 $M$ 也可以理解为如下

$$M = \sum_{i,j=1}^{n_1, n_2} a_{ij} \boldsymbol{e}_i \otimes \boldsymbol{f}_j = \sum_{i,j=1}^{n_1, n_2} b_{ij} \boldsymbol{e}_i' \otimes \boldsymbol{f}_j'.$$

在这个意义下, 矩阵是不依赖于空间坐标系的客观存在.

最后, 张量也是一个客观存在. 假设 $m$ 阶张量 $\mathcal{T} \in \mathbb{F}^{n_1 \times n_2 \times \cdots \times n_m}$, 在向量空间 $\mathbb{F}^{n_k}$ 的标准直角坐标系 $\{\boldsymbol{e}_1^{(k)}, \boldsymbol{e}_2^{(k)}, \cdots, \boldsymbol{e}_{n_k}^{(k)}\}$, $k = 1, 2, \cdots, m$ 下的数据张量为 $\mathcal{A} = (a_{i_1 i_2 \cdots i_m})$. 那么张量 $\mathcal{T}$ 可表示为一些秩 1 张量的和

$$\mathcal{T} = \sum_{i_1,i_2,\cdots,i_m=1}^{n_1,n_2,\cdots,n_m} a_{i_1 i_2 \cdots i_m} \boldsymbol{e}_{i_1}^{(1)} \otimes \boldsymbol{e}_{i_2}^{(2)} \otimes \cdots \otimes \boldsymbol{e}_{i_m}^{(m)}.$$

在这个意义下, 张量 $\mathcal{T}$ 也是一个客观存在, 在不同的坐标系下 $\mathcal{T}$ 有不同的数据张量表示.

假设张量 $\mathcal{T}$, 在向量空间 $\mathbb{F}^{n_k}$ 的另一组标准直角坐标系 $\{\boldsymbol{f}_1^{(k)}, \boldsymbol{f}_2^{(k)}, \cdots, \boldsymbol{f}_{n_k}^{(k)}\}$, $k = 1, 2, \cdots, m$ 下的数据张量为 $\mathcal{B} = (b_{i_1 i_2 \cdots i_m})$, 且坐标系之间的关系为

$$(\boldsymbol{e}_1^{(k)}, \boldsymbol{e}_2^{(k)}, \cdots, \boldsymbol{e}_{n_k}^{(k)})^{\top} = Q_k(\boldsymbol{f}_1^{(k)}, \boldsymbol{f}_2^{(k)}, \cdots, \boldsymbol{f}_{n_k}^{(k)})^{\top}, \quad k = 1, 2, \cdots, m.$$

那么, 数据张量 $\mathcal{A}$ 和 $\mathcal{B}$ 之间的关系为

$$\mathcal{B} = \mathcal{A} \times_1 Q_1 \times_2 Q_2 \times_3 \cdots \times_m Q_m.$$

其实, 物理张量也是一个实体的定义, 与坐标系的选择无关. 物理张量的表示有分量表示法和实体表示法, 这与前面介绍的数学上的张量定义是一致的 [1].

## 1.2  张量特征值

2005 年, 祁力群教授和 L. H. Lim 教授分别独立地定义了张量特征值. 假设 $\mathcal{A}$ 是一个对称的 $m$ 阶 $n$ 维实张量, $F(x) = \mathcal{A}x^m$ 是次数为 $m$ 的齐次多项式. 当 $m$ 为偶数时, 齐次多项式 $F(x)$ 的正定性在自动控制的 Lyapunov 直接法研究非线性自治系统的稳定性中起着重要作用. 当 $n \leqslant 3$ 时, $F(x)$ 的正定性可用 Sturm 定理来判别. 而当 $n \geqslant 3$ 且 $m \geqslant 4$ 时, 对 $F(x)$ 正定性判别在数学上是一个难题. 为解决 $F(x)$ 或者张量 $\mathcal{A}$ 的正定性判别问题, 祁力群教授提出了对称张量 Z-特征值和 H-特征值概念, 并由此提出其他不同特征值概念. 张量特征值与张量的最佳秩 1 逼近具有密切的关系. 张量特征值理论、计算及应用等是张量研究中的一个主要内容.

### 1.2.1  张量 Z-特征值和 H-特征值

2005 年, Qi [144] 提出了张量 Z-特征值和 H-特征值概念. 假设 $\mathcal{A} \in S[m]\mathbb{R}[n]$, $\lambda \in \mathbb{R}$, $\boldsymbol{x} \in \mathbb{R}^n$. 如果满足

$$\mathcal{A}\boldsymbol{x}^{m-1} = \lambda \boldsymbol{x}, \quad \boldsymbol{x}^{\top}\boldsymbol{x} = 1,$$

则称 $\lambda$ 是 $\mathcal{A}$ 的 **Z-特征值** (Z-eigenvalue), $\boldsymbol{x}$ 是 $\lambda$ 相应的 **Z-特征向量** (Z-eigenvector), 如果 $\lambda \in \mathbb{C}$, $\boldsymbol{x} \in \mathbb{C}^n$, 则称 $\lambda$ 是 $\mathcal{A}$ 的 **E-特征值**, $\boldsymbol{x}$ 是 $\lambda$ 相应的 **E-特征向量**.

如果 $\lambda \in \mathbb{R}$, $\boldsymbol{x} \in \mathbb{R}^n$ 满足

$$\mathcal{A}\boldsymbol{x}^{m-1} = \lambda \boldsymbol{x}^{[m-1]},$$

则称 $\lambda$ 是 $\mathcal{A}$ 的 **H-特征值** (H-eigenvalue), $\boldsymbol{x}$ 是 $\lambda$ 相应的 **H-特征向量** (H-eigenvector), 如果 $\lambda \in \mathbb{C}$, $\boldsymbol{x} \in \mathbb{C}^n$, 则称 $\lambda$ 是 $\mathcal{A}$ 的**特征值**, $\boldsymbol{x}$ 是 $\lambda$ 相应的**特征向量**. 这里

$$\boldsymbol{x}^{[m-1]} = (x_1^{m-1}, x_2^{m-1}, \cdots, x_m^{m-1})^\top.$$

假设 $\mathcal{A} \in S[m]\mathbb{R}[n]$, $m$ 是偶数, 那么 (1) $\mathcal{A}$ 总存在 Z-特征值, 而且 $\mathcal{A}$ 是正定 (半正定) 当且仅当 $\mathcal{A}$ 的所有 Z-特征值为正 (非负); (2) $\mathcal{A}$ 总存在 H-特征值, 而且 $\mathcal{A}$ 是正定 (半正定) 当且仅当 $\mathcal{A}$ 的所有 H-特征值为正 (非负).

下面定义另外几个特征值, 包括 D-特征值 (D-eigenvalue), M-特征值 (M-eigenvalue), U-特征值 (U-eigenvalue) 和广义特征值, 每个特征值的定义均有它的物理背景.

**(1) D-特征值** [153] 在扩散峰度成像模型中, 假定 $\mathcal{W}$ 是扩散峰度张量 (diffusion kurtosis tensor), 它是一个四阶对称张量; $\mathcal{D}$ 是扩散张量 (diffusion tensor), 它是一个二阶对称正定张量. 如果 $\lambda \in \mathbb{R}$ 和 $\boldsymbol{x} \in \mathbb{R}^n$ 满足

$$\mathcal{W}\boldsymbol{x}^3 = \lambda \mathcal{D}\boldsymbol{x}, \quad \mathcal{D}\boldsymbol{x}^2 = 1,$$

则称 $\lambda$ 是 $\mathcal{W}$ 的 **D-特征值**.

**(2) M-特征值** [150] 在固体力学中, 弹性张量 (elasticity tensor)$\mathcal{A} = (A_{ijkl})$ 是四阶部分对称张量, 即 $A_{ijkl} = A_{kjil} = A_{ilkj}$. 如果 $\lambda \in \mathbb{R}$, $\boldsymbol{x}, \boldsymbol{y} \in \mathbb{R}^n$ 满足

$$\mathcal{A} \cdot \boldsymbol{y}\boldsymbol{x}\boldsymbol{y} = \lambda\boldsymbol{x}, \quad \mathcal{A}\boldsymbol{x}\boldsymbol{y}\boldsymbol{x}\cdot = \lambda\boldsymbol{y}, \quad \boldsymbol{x}^\top\boldsymbol{x} = 1, \quad \boldsymbol{y}^\top\boldsymbol{y} = 1,$$

则称 $\lambda$ 是 $\mathcal{A}$ 的 **M-特征值**. 如果对于任意的单位向量 $\boldsymbol{x}, \boldsymbol{y} \in \mathbb{R}^n$, $\mathcal{A}\boldsymbol{x}\boldsymbol{y}\boldsymbol{x}\boldsymbol{y} > 0$, 则称张量 $\mathcal{A}$ 是**强椭圆的**. 弹性张量的 M-特征值总存在. 弹性张量 $\mathcal{A}$ 是强椭圆的当且仅当 $\mathcal{A}$ 的最小 M-特征值为正.

**(3) U-特征值与 US-特征值** [122] 假设复张量 $\mathcal{A} \in \mathbb{C}^{n_1 \times \cdots \times n_m}$. 如果 $\lambda \in \mathbb{R}$, $\boldsymbol{x}^{(k)} \in \mathbb{C}^{n_k}$, $k = 1, \cdots, m$, 满足

$$\langle \mathcal{A}, \boldsymbol{x}^{(1)} \cdots \boldsymbol{x}^{(k-1)}\boldsymbol{x}^{(k+1)} \cdots \boldsymbol{x}^{(m)} \rangle = \lambda(\boldsymbol{x}^{(k)})^*, \quad \|\boldsymbol{x}^{(k)}\|_2 = 1,$$

则称 $\lambda$ 是 $\mathcal{A}$ 的 **U-特征值**. 假设对称复张量 $\mathcal{S} \in S[m]\mathbb{C}[n]$. 如果 $\lambda \in \mathbb{R}$, $\boldsymbol{x} \in \mathbb{C}^n$, 满足

$$\langle \mathcal{S}, \boldsymbol{x}^{m-1} \rangle = \lambda\boldsymbol{x}^*, \quad \|\boldsymbol{x}\|_2 = 1,$$

则称 $\lambda$ 是 $\mathcal{S}$ 的 **US-特征值**. 这里 $\langle \cdot, \cdot \rangle$ 表示内积, 上标 * 表示复共轭. 最大的 U-特征值和 US-特征值分别对应于纯态量子态和对称纯态量子态的纠缠特征值, 并由此可以计算它们的纠缠几何测度.

**(4) 广义特征值 I** [16]　　假设 $\mathcal{A}, \mathcal{B} \in T[m]\mathbb{F}[n]$. 如果 $\lambda \in \mathbb{C}$, $\boldsymbol{x} \in \mathbb{C}^n$ 满足

$$\mathcal{A}\boldsymbol{x}^{m-1} = \lambda\mathcal{B}\boldsymbol{x}^{m-1}, \quad \boldsymbol{x} \neq \boldsymbol{0},$$

则称 $\lambda$ 是 $\mathcal{A}$ 的 $\mathcal{B}$ **特征值**, $\boldsymbol{x}$ 是相应的 $\mathcal{B}$ **特征向量**.

**(5) 广义特征值 II** [27]　　假设 $\mathcal{A} \in S[m]\mathbb{F}[n], \mathcal{B} \in S[m']\mathbb{F}[n]$. 如果 $\lambda \in \mathbb{C}$, $\boldsymbol{x} \in \mathbb{C}^n$ 满足

$$\mathcal{A}\boldsymbol{x}^{m-1} = \lambda\mathcal{B}\boldsymbol{x}^{m'-1}, \quad \mathcal{B}\boldsymbol{x}^{m'} = 1,$$

则称 $\lambda$ 是 $\mathcal{A}$ 的 $\mathcal{B}$ **特征值**, $\boldsymbol{x}$ 是相应的 $\mathcal{B}$ **特征向量**.

### 1.2.2　张量特征值与最佳秩 1 逼近的关系

与张量特征值联系最为紧密的是张量的秩 1 逼近问题. 所谓秩 1 张量是指多个向量的张量积, 即假设 $\boldsymbol{x}^{(k)} \in \mathbb{F}^{n_k}$, $k = 1, \cdots, m$, 它们的张量积 $\boldsymbol{x}^{(1)} \otimes \boldsymbol{x}^{(2)} \otimes \cdots \otimes \boldsymbol{x}^{(m)}$ 称为**秩 1 张量**. 有时简单地表示为 $\boldsymbol{x}^{(1)}\boldsymbol{x}^{(2)}\cdots\boldsymbol{x}^{(m)}$. 若 $\boldsymbol{x} \in \mathbb{F}^n$, 则张量 $\boldsymbol{x}^{\otimes m} := \boldsymbol{x} \otimes \boldsymbol{x} \otimes \cdots \otimes \boldsymbol{x}$ 称为**对称秩 1 张量**. 有时简单地表示为 $\boldsymbol{x}^m$.

假设 $\mathcal{A} \in \mathbb{F}^{n_1 \times n_2 \times \cdots \times n_m}$. 张量 $\mathcal{A}$ 的**最佳秩 1 逼近**是指下面优化问题

$$\min \ ||\mathcal{A} - \lambda\boldsymbol{x}^{(1)}\boldsymbol{x}^{(2)}\cdots\boldsymbol{x}^{(m)}||_F$$
$$\text{s.t.} \ \lambda \in \mathbb{R}, \ \boldsymbol{x}^{(k)} \in \mathbb{F}^{n_k}, \ ||\boldsymbol{x}^{(k)}||_2 = 1, k = 1, 2, \cdots, m$$

的解 $(\lambda_*, \boldsymbol{x}_*^{(1)}\boldsymbol{x}_*^{(2)}\cdots\boldsymbol{x}_*^{(m)})$. 假设 $\mathcal{S} \in S[m]\mathbb{F}[n]$ 是对称张量. $\mathcal{S}$ 的**对称最佳秩 1 逼近**是指下面优化问题

$$\min \ ||\mathcal{S} - \lambda\boldsymbol{x}^m||_F$$
$$\text{s.t.} \ \lambda \in \mathbb{R}, \ \boldsymbol{x} \in \mathbb{F}^n, \ ||\boldsymbol{x}||_2 = 1$$

的解 $(\lambda_*, \boldsymbol{x}_*^m)$.

令

$$f(\lambda, \boldsymbol{x}) := ||\mathcal{S} - \lambda\boldsymbol{x}^m||_F^2 = ||\mathcal{S}||^2 - \lambda\langle\mathcal{S}, \boldsymbol{x}^m\rangle - \lambda\langle\boldsymbol{x}^m, \mathcal{S}\rangle + \lambda^2.$$

要使 $f(\lambda, \boldsymbol{x})$ 取得最小, 则必有

$$\lambda = \frac{1}{2}(\langle\mathcal{S}, \boldsymbol{x}^m\rangle + \langle\boldsymbol{x}^m, \mathcal{S}\rangle).$$

此时,

$$f(\lambda, \boldsymbol{x}) = ||\mathcal{S}||^2 - \frac{1}{4}(\langle\mathcal{S}, \boldsymbol{x}^m\rangle + \langle\boldsymbol{x}^m, \mathcal{S}\rangle)^2. \tag{1.1}$$

**情况 1** 如果 $\mathcal{S} \in S[m]\mathbb{R}[n]$ 且 $\boldsymbol{x} \in \mathbb{R}^n$,那么 (1.1) 式中的函数

$$f(\lambda, \boldsymbol{x}) = ||\mathcal{S}||^2 - \mathcal{S}\boldsymbol{x}^m,$$

因此,$\mathcal{S}$ 的对称最佳秩 1 逼近问题就转化为下面的优化问题

$$\max \ F(\boldsymbol{x}) := \mathcal{S}\boldsymbol{x}^m$$
$$\text{s.t. } \boldsymbol{x}^\top \boldsymbol{x} = 1.$$

构造 Lagrange 函数 $L(\lambda, \boldsymbol{x}) = \mathcal{S}\boldsymbol{x}^m - \lambda((\boldsymbol{x}^\top \boldsymbol{x})^{m/2} - 1)$. 其 KKT 点,即满足 $\nabla_{\boldsymbol{x}} L = 0$ 和 $\boldsymbol{x}^\top \boldsymbol{x} = 1$ 的点 $\lambda$ 和 $\boldsymbol{x}$ 就是张量 $\mathcal{S}$ 的 Z-特征值和 Z-特征向量. 而且,特征值 $\lambda = \mathcal{S}\boldsymbol{x}^m = F(\boldsymbol{x})$. 因此,齐次多项式 $F(\boldsymbol{x})$ 正定的充要条件是张量 $\mathcal{S}$ 的 Z-特征值全部为正数.

**情况 2** 如果 $\mathcal{S} \in S[m]\mathbb{C}[n]$ 且 $\boldsymbol{x} \in \mathbb{C}^n$,那么 (1.1) 式中的函数

$$f(\lambda, \boldsymbol{x}) = ||\mathcal{S}||^2 - (\text{Re } \langle \mathcal{S}, \boldsymbol{x}^m \rangle)^2.$$

因此,$\mathcal{S}$ 的复对称最佳秩 1 逼近问题就转化为下面的优化问题

$$\max \ |\langle \mathcal{S}, \boldsymbol{x}^m \rangle|$$
$$\text{s.t. } \boldsymbol{x}^\top \boldsymbol{x} = 1.$$

其 KKT 点,对应于张量 $\mathcal{S}$ 的 US-特征值和 US-特征向量.

## 1.3 张 量 分 解

张量分解是张量研究中的一个重要研究课题,包括张量的 CP 分解、Tucker 分解、张量链分解等,是无监督多重数据 (multi-way data) 分析的标准工具. 张量分解类似于主成分分析或矩阵数据的奇异值分解,其数据结构特征是采用秩 1 张量表示数据,这降低了数据的规模和复杂性. 这种形式的降维 (dimensionality reduction) 有许多应用:包括数据分解为解释因子、降维、填补缺失数据和数据压缩. 它被用于分析多个领域的多重数据集 (multi-way data sets),包括神经科学、化学、网络安全、网络分析和链接预测、机器学习、高光谱成像、函数逼近等等. 这里只介绍张量的 CP 分解和 Tucker 分解.

### 1.3.1 张量的 CP 分解

假设张量 $\mathcal{T} = (t_{i_1 i_2 \cdots i_m}) \in \mathbb{F}^{n_1 \times n_2 \times \cdots \times n_m}$, $R$ 是正整数,矩阵 $A^{(k)} \in \mathbb{F}^{n_k \times R}$, $k = 1, 2, \cdots, m$. 如果

$$\mathcal{T} = \sum_{i=1}^{R} \boldsymbol{a}_i^{(1)} \otimes \boldsymbol{a}_i^{(2)} \otimes \cdots \otimes \boldsymbol{a}_i^{(m)}, \tag{1.2}$$

则称 (1.2) 是张量 $\mathcal{T}$ 的一个 **CP 分解** (Candecomp/Parafac tensor decomposition), 这里 $\boldsymbol{a}_i^{(k)}$ 是矩阵 $A^{(k)}$ 的第 $i$ 个列向量, $k = 1, 2, \cdots, m$; 或者表示为

$$\mathcal{T} = \sum_{i=1}^{R} \lambda_i \boldsymbol{a}_i^{(1)} \otimes \boldsymbol{a}_i^{(2)} \otimes \cdots \otimes \boldsymbol{a}_i^{(m)}, \tag{1.3}$$

这里 $\lambda_i \in \mathbb{F}$, $\boldsymbol{a}_i^{(k)}$ 是单位列向量. 张量 $\mathcal{T}$ 的分解 (1.2) 和 (1.3) 分别记为

$$\mathcal{T} \equiv [|A^{(1)}, A^{(2)}, \cdots, A^{(m)}|], \quad \text{或} \quad \mathcal{T} \equiv [|\lambda; A^{(1)}, A^{(2)}, \cdots, A^{(m)}|].$$

在张量 $\mathcal{T}$ 的所有分解中最小的正整数 $R$ 称为 $\mathcal{T}$ 的 **CP-秩**或者**秩** (rank), 记为 rank $\mathcal{T}$.

假设 $\mathcal{S} \in S[m]\mathbb{F}[n]$ 是一个对称张量, $R$ 是正整数, 矩阵 $A \in \mathbb{F}^{n \times R}$ 的列向量是单位列向量, $\lambda_i \in \mathbb{F}, i = 1, 2, \cdots, m$. 如果

$$\mathcal{S} = \sum_{i=1}^{R} \lambda_i \boldsymbol{a}_i^{\otimes m}, \tag{1.4}$$

则称 (1.4) 是张量 $\mathcal{S}$ 的一个**对称分解**. 张量 $\mathcal{S}$ 的所有对称分解中最小的正整数 $R$ 称为 $\mathcal{S}$ 的**对称秩**, 记为 rank$_\text{S}$ $\mathcal{S}$.

在张量 $\mathcal{T}$ 的 CP 分解 (1.3) 中, 如果 $R < \text{rank}\,\mathcal{T}$, 则

$$\mathcal{T} \approx \sum_{i=1}^{R} \lambda_i \boldsymbol{a}_i^{(1)} \otimes \boldsymbol{a}_i^{(2)} \otimes \cdots \otimes \boldsymbol{a}_i^{(m)} \tag{1.5}$$

称为张量 $\mathcal{T}$ 的低秩逼近. 它是下面最优问题的解

$$\min \left\| \mathcal{T} - \sum_{i=1}^{R} \lambda_i \boldsymbol{a}_i^{(1)} \otimes \boldsymbol{a}_i^{(2)} \otimes \cdots \otimes \boldsymbol{a}_i^{(m)} \right\|_F.$$

**数据压缩**　张量的低秩逼近应用十分广泛, 下面以数据压缩为例, 讨论 (1.5) 是如何实现张量数据 $\mathcal{T}$ 的压缩. 可以计算张量数据 $\mathcal{T}$ 的数据量是 $n_1 \times n_2 \times \cdots \times n_m$. 假设 $\mathcal{T}$ 是低秩张量且 rank $\mathcal{T} = R_0$, 我们以 $R < R_0$ 作 $\mathcal{T}$ 的一个低秩逼近 (1.5), 则 (1.5) 右边数据量为 $R \times (n_1 + n_2 + \cdots + n_m + 1)$.

例如, 假设 $\mathcal{T}$ 是一个 $10 \times 10 \times 10 \times 10$ 的秩为 10 的低秩张量, 取 $R = R_0 = 10$ 得到 $\mathcal{T}$ 的一个低秩逼近, 那么 $\mathcal{T}$ 的数据量是 $10^4$, 而逼近后的数据量是 $4 \times 10^2 + 10 = 410$. 这是一个无损压缩.

### 1.3.2 张量的 Tucker 分解

假设张量 $\mathcal{T} \in \mathbb{F}^{n_1 \times n_2 \times \cdots \times n_m}$, $\mathcal{G} \in \mathbb{F}^{T_1 \times T_2 \times \cdots \times T_m}$. 又设矩阵 $A^{(k)} \in \mathbb{F}^{n_k \times T_k}$, $\boldsymbol{a}_i^{(k)}$ 表示矩阵 $A^{(k)}$ 的第 $i$ 个列向量, $k = 1, 2, \cdots, m$. 如果

$$\mathcal{T} \equiv \mathcal{G} \times_1 A^{(1)} \times_2 A^{(2)} \times_3 \cdots \times_m A^{(m)} = \sum_{i_1, i_2, \cdots, i_m = 1}^{T_1, T_2, \cdots, T_m} \mathcal{G}_{i_1 i_2 \cdots i_m} \boldsymbol{a}_{i_1}^{(1)} \boldsymbol{a}_{i_2}^{(2)} \cdots \boldsymbol{a}_{i_m}^{(m)}, \quad (1.6)$$

则称 (1.6) 是张量 $\mathcal{T}$ 的一个 **Tucker 分解**, $\mathcal{G}$ 称为 $\mathcal{T}$ 的**核张量**, $A^{(k)}$ 称为**因子矩阵**, 其列向量正交. 记 $\mathcal{T} = [|G; A^{(1)}, A^{(2)}, \cdots, A^{(m)}|]$.

张量矩阵化是指把张量展开成一个矩阵. 假设张量 $\mathcal{T} \in \mathbb{F}^{n_1 \times n_2 \times \cdots \times n_m}$, 张量 $\mathcal{T}$ 的**模-$k$ 矩阵化** (mode-$k$ matricization) 就是把 $\mathcal{T}$ 的 $(i_1, i_2, \cdots, i_m)$ 位置的元素对应到矩阵 $(i_k, j)$ 位置的元素, 并把该矩阵记为 $T_{(k)}$, 其中

$$j = 1 + \sum_{u=1, u \neq k}^{m} (i_u - 1) J_u, \quad J_u = 1 \cdot \prod_{t=1, t \neq k}^{u-1} n_t.$$

假设张量 $\mathcal{T} \in \mathbb{F}^{3 \times 3 \times 3}$, 那么 $\mathcal{T}$ 的模-1 矩阵、模-2 矩阵和模-3 矩阵分别为

$$T_{(1)} = \begin{pmatrix} t_{111} & t_{121} & t_{131} & t_{112} & t_{122} & t_{132} & t_{113} & t_{123} & t_{133} \\ t_{211} & t_{221} & t_{231} & t_{212} & t_{222} & t_{232} & t_{213} & t_{223} & t_{233} \\ t_{311} & t_{321} & t_{331} & t_{312} & t_{322} & t_{332} & t_{313} & t_{323} & t_{333} \end{pmatrix},$$

$$T_{(2)} = \begin{pmatrix} t_{111} & t_{211} & t_{311} & t_{112} & t_{212} & t_{312} & t_{113} & t_{213} & t_{313} \\ t_{121} & t_{221} & t_{321} & t_{122} & t_{222} & t_{322} & t_{123} & t_{223} & t_{323} \\ t_{131} & t_{231} & t_{331} & t_{132} & t_{232} & t_{332} & t_{133} & t_{233} & t_{333} \end{pmatrix},$$

$$T_{(3)} = \begin{pmatrix} t_{111} & t_{211} & t_{311} & t_{121} & t_{221} & t_{321} & t_{131} & t_{231} & t_{331} \\ t_{112} & t_{212} & t_{312} & t_{122} & t_{222} & t_{322} & t_{132} & t_{232} & t_{332} \\ t_{113} & t_{213} & t_{313} & t_{123} & t_{223} & t_{323} & t_{133} & t_{233} & t_{333} \end{pmatrix}.$$

把矩阵 $T_{(k)}$ 的列秩定义为张量 $\mathcal{T}$ 的 **$k$-秩**, 记着 $\operatorname{rank}_k \mathcal{T}$. 如果 $R_k = \operatorname{rank} \mathcal{T}_{(k)}, k = 1, 2, \cdots, m$, 则称 $\mathcal{T}$ 是秩-$(R_1, R_2, \cdots, R_m)$ 张量, 并称 $(R_1, R_2, \cdots, R_m)$ 是张量 $\mathcal{T}$ 的 **Tucker 秩**. 张量的 Tucker 秩和张量的 CP 秩不能混淆. 假设张量 $\mathcal{W} = \mathcal{T} \times_k A$, 那么 $\mathcal{W}_{(k)} = A \mathcal{T}_{(k)}$.

**数据压缩**  张量的 Tucker 分解在不同领域具有广泛的应用. 例如, 化学的主成分分析、信号处理、扩展 Wiener 滤波、计算机视觉、张量脸、数据挖掘等. 当 $T_i < R_i, i = 1, 2, \cdots, m$ 时, 张量的 Tucker 分解 (1.6) 就变成了下面的张量逼近

$$\mathcal{T} \approx \mathcal{G} \times_1 A^{(1)} \times_2 A^{(2)} \times_3 \cdots \times_m A^{(m)}, \tag{1.7}$$

张量数据 $\mathcal{T}$ 的数据量被压缩到 $T_1 \times T_2 \times \cdots \times T_m$ 量级.

# 1.4  量子态与复张量

## 1.4.1  纯态量子态与复张量

例如, 3 个量子比特的纯态

$$|\psi\rangle = \frac{1}{2}|000\rangle + \frac{\sqrt{3}}{6}(|110\rangle + |011\rangle + |101\rangle) + \left(\frac{1}{2} + \frac{1}{2}\sqrt{-1}\right)|001\rangle,$$

其对应到一个复数域上的张量, 可以看作是 $\mathbb{C}^{2 \times 2 \times 2}$ 中的一个元素. 在坐标系

$$\{|000\rangle, |001\rangle, |010\rangle, |011\rangle, |100\rangle, |101\rangle, |110\rangle, |111\rangle\}$$

下, $|\psi\rangle$ 可以由数值张量 $\mathcal{X}_\psi \in \mathbb{C}^{2 \times 2 \times 2}$ 表示, 其元素

$$\mathcal{X}_{\psi 111} = \frac{1}{2}, \quad \mathcal{X}_{\psi 221} = \mathcal{X}_{\psi 212} = \mathcal{X}_{\psi 122} = \frac{\sqrt{3}}{6}, \quad \mathcal{X}_{\psi 112} = \frac{1}{2} + \frac{1}{2}\mathrm{i},$$

其他元素为零. 因此, 量子态 $|\psi\rangle$ 在给定的坐标系下可以用唯一的复张量 $\mathcal{X}_\psi$ 表示.

**纠缠几何测度**  一般地, 假设 $d$ 体纯态 $|\psi\rangle$ 在给定的坐标系下有唯一的复张量 $\mathcal{X}_\psi \in \mathbb{C}^{n_1 \times n_2 \times \cdots \times n_m}$ 表示. 它的**几何测度** (the geometric measure for pure states) 定义为最优问题

$$\min_{|\phi\rangle \in \mathrm{Separ}(H)} |||\psi\rangle - |\phi\rangle||$$

的最小值. 如果 $|\psi\rangle$ 的几何测度等于零, 则称量子态 $|\psi\rangle$ 是**可分态**, 否则称为**纠缠态**. 实际上, 几何测度问题对应于复张量的最佳逼近问题

$$\min_{\boldsymbol{u}^{(1)}, \boldsymbol{u}^{(2)}, \cdots, \boldsymbol{u}^{(m)}} ||\mathcal{X}_\psi - \boldsymbol{u}^{(1)} \boldsymbol{u}^{(2)} \cdots \boldsymbol{u}^{(m)}||_F$$

$$\mathrm{s.t.} \ ||\boldsymbol{u}^{(k)}||_2 = 1, \ \boldsymbol{u}^{(k)} \in \mathbb{C}^{n_k}.$$

易知, 如果 $\mathcal{X}_\psi$ 是秩 1 张量, 那么 $|\psi\rangle$ 是可分态, 否则为纠缠态.

因此, 纯态量子态纠缠测度的计算问题等价于复张量最佳秩 1 逼近的计算问题, 而该问题又等价于复张量最大 U-特征值的计算问题. 这是本书研究的一个重点内容.

### 1.4.2 混合量子态与埃尔米特张量

一个 $2m$ 阶复张量 $\mathcal{H} = (\mathcal{H}_{i_1\cdots i_m j_1\cdots j_m}) \in \mathbb{C}^{n_1\times\cdots\times n_m\times n_1\times\cdots\times n_m}$, 如果满足

$$\mathcal{H}_{i_1\cdots i_m j_1\cdots j_m} = \mathcal{H}^*_{j_1\cdots j_m i_1\cdots i_m},$$

则称张量 $\mathcal{H}$ 为**埃尔米特张量** (Hermitian tensor). 将埃尔米特张量的全体记为 $\mathbb{H}[n_1,\cdots,n_m]$.

一个混合量子态 $\rho$, 它的密度矩阵为

$$\rho = \sum_{i=1}^k \lambda_i |\psi_i\rangle\langle\psi_i|,$$

其中 $\lambda_i > 0$, $\sum_{i=1}^k \lambda_i = 1$, $|\psi_i\rangle$ 是量子纯态, $\langle\psi_i|$ 是 $|\psi_i\rangle$ 的复共轭转置. 假设 $|\psi_i\rangle$ 对应的复张量是 $\chi_{\psi_i}$, 那么混合态 $\rho$ 的密度矩阵唯一地对应于一个埃尔米特张量

$$\mathcal{H}_\rho = \sum_{i=1}^k \lambda_i \chi_{\psi_i} \otimes \chi^*_{\psi_i}.$$

**可分性判别** 如果混合量子态 $\rho$ 可以分解为

$$\rho = \sum_{i=1}^r p_i |\phi_i^{(1)}\cdots\phi_i^{(m)}\rangle\langle\phi_i^{(1)}\cdots\phi_i^{(m)}| \quad (p_i \geqslant 0),$$

其中 $|\phi_i^{(k)}\rangle \in \mathbb{C}^{n_k}$, 则称 $\rho$ 是**可分态**, 否则称为**纠缠态**.

混合态 $\rho$ 是可分态的充要条件是其对应的埃尔米特张量 $\mathcal{H}_\rho$ 有正埃尔米特分解, 即

$$\mathcal{H}_\rho = \sum_{i=1}^r p_i \boldsymbol{u}_i^{(1)} \otimes\cdots\otimes \boldsymbol{u}_i^{(m)} \otimes \boldsymbol{u}_i^{(1)*} \otimes\cdots\otimes \boldsymbol{u}_i^{(m)*}, \quad p_i \geqslant 0,$$

其中 $0 < \lambda_i \in \mathbb{R}$, $\boldsymbol{u}_i^{(j)} \in \mathbb{C}^{n_j}$, $\|\boldsymbol{u}_i^{(j)}\| = 1$. 混合量子态可分性判别问题是量子信息中的一个重要而又困难的问题. 本书将研究埃尔米特张量的分解理论及其在混合量子态可分性判别上的应用.

另外, 对于混合量子态纠缠几何测度的计算问题. 记 $\mathrm{Separ}[n_1, n_2, \cdots, n_m]$ 为量子混合可分态集合, 记 $\mathrm{Separ}\mathbb{H}[n_1, n_2, \cdots, n_m]$ 为对应的可分埃尔米特张量集合. 那么, 混合量子态 $\rho$ 的纠缠几何测度定义为

$$\min_{\rho_\phi \in \mathrm{Separ}[n_1, n_2, \cdots, n_m]} \|\rho - \rho_\phi\|.$$

它对应的埃尔米特张量 $\mathcal{H}$ 的优化问题为

$$\min_{\hat{\mathcal{H}} \in \mathrm{SeparH}[n_1, n_2, \cdots, n_m]} \|\mathcal{H} - \hat{\mathcal{H}}\|.$$

上面的优化问题对应于下面的埃尔米特张量 $\mathcal{H}$ 的正分解秩 $R$ 逼近问题

$$\min_{\boldsymbol{u}_i^{(1)}, \cdots, \boldsymbol{u}_i^{(m)}} \left\| \mathcal{H} - \sum_{i=1}^{R} p_i\, \boldsymbol{u}_i^{(1)} \otimes \cdots \otimes \boldsymbol{u}_i^{(m)} \otimes \boldsymbol{u}_i^{(1)*} \otimes \cdots \otimes \boldsymbol{u}_i^{(m)*} \right\|_F.$$

目前, 我们已经得到了该优化问题数值计算的负梯度算法、BFGS-Bk 算法和 BFGS-Hk 算法. 这些内容没有写到本书中.

# 第 2 章  复  张  量

本章对复张量进行研究. 定义复张量的酉特征值 (unitary eigenvalue), 简记 U-特征值 (U-eigenvalue); 对称复张量的酉对称特征值 (unitary symmetric eigenvalue), 简记 US-特征值 (US-eigenvalue); 以及相应的特征向量; 并得到对称复张量非零 US-特征值的不同个数的一个上界, 以及基于代数方程组求解的 US-特征对计算方法. 同时还研究复张量的最佳秩 1 逼近问题, 通过数值实验表明对称实张量的复对称最佳秩 1 逼近要优于实对称最佳秩 1 逼近, 这说明对称实张量的绝对值最大的 Z-特征值要小于绝对值最大的 US-特征值. 这些结果可以应用于量子纠缠的几何测度的计算研究.

## 2.1  引    言

张量即多重数组[93], 在 1927 年, 由 Hitchcock[76] 最早提出张量分解的概念, 而多重模型 (multi-way model) 则由 Cattell 于 1944 年[15] 提出. 最近, 张量分解已经扩展到其他领域, 例如信号处理[33,35]、数值线性代数[92,196]、计算机视觉[71,182]、数值分析、数据挖掘、图分析、神经科学等[97]. 有些张量分解问题是基于张量的最佳秩 1 逼近上进行研究[36,91,125,196].

2005 年, 高阶张量的特征值分别由 Qi[144] 和 Lim[112] 引入, 并得到广泛关注[94], 包括 E-特征值、E-特征向量、Z-特征值和 Z-特征向量等的计算[16,94,120,152,155]、E-特征多项式[14,106,124], 以及最佳秩 1 逼近问题等[146,147].

事实上, 量子纠缠的几何测度问题也是一个多重数组优化问题, 还是张量分解问题或高阶张量的最佳秩 1 逼近问题[70,84,147,198]. 最近, 文献 [84] 已经证明非负对称量子纯态的几何测度等于相应非负张量的最大 Z-特征值. 一个很自然的猜想就是: 对于一般对称实张量的量子纠缠的几何测度, 即最大 US-特征值, 是不是等于相应对称实张量的最大 Z-特征值?

然而, 对称实张量的最大 US-特征值与最大 Z-特征值是不一样的. 本章研究复张量的特征值以及复张量的最佳秩 1 逼近问题. 2.2 节介绍复张量基本概念. 2.3 节引入复张量的酉特征值. 2.4 节推导最佳秩 1 逼近和 U-特征值的关系. 2.5 节讨论对称复张量的 US-特征对理论. 2.6 节提出利用代数方程组求解对称复张量 US-特征对方法. 数值算例表明: 对于一个对称实张量, 其最佳复秩 1 逼近比实最佳秩 1 逼近更好, 即其绝对值最大的 Z-特征值小于或等于最大的 US-特征值.

换句话说, 对称实量子纯态的几何测度大于或等于其对应的绝对值最大的 Z-特征值. 因此上面的猜想是不对的.

## 2.2　复张量基本概念

**定义 2.2.1**　$d$ 阶**复张量** (complex tensor), 即为 $d$ 个下标, 元素为复数的张量, 表示为

$$\mathcal{T} = [\chi_{i_1 \cdots i_d}] \in \mathbb{H} = \mathbb{C}^{n_1 \times \cdots \times n_d}.$$

如果 $n_1 = n_2 = \cdots = n_d$, 则称张量 $\mathcal{T}$ 是一个**方张量** (square tensor). 如果方张量 $\mathcal{S} = [s_{i_1 \cdots i_d}]$ 的元素在任意的下标置换下均是不变的, 即

$$s_{i_1 \cdots i_d} = s_{i_{\pi(1)} \cdots i_{\pi(d)}},$$

这里 $\pi$ 表示 $(1, 2, \cdots, d)$ 的一个置换, 则称张量 $\mathcal{S}$ 是**对称复张量** (symmetric complex tensor). 记 $\mathrm{Sym}(d, n)$ 为所有对称 $d$ 阶 $n$ 维对称复张量集合. 如果 $\mathcal{S}$ 的所有元素是实数, 称其为**对称实张量** (symmetric real tensor).

下面定义张量的内积和范数. 对于任意的向量 $\boldsymbol{x}, \boldsymbol{y} \in \mathbb{C}^{n_i}$, $i = 1, 2, \cdots, d$, 定义向量的内积和范数为

$$\langle \boldsymbol{x}, \boldsymbol{y} \rangle = \boldsymbol{x}^{*\top} \boldsymbol{y} = \sum_{i=1}^{n_i} x_i^* y_i,$$

$$\|\boldsymbol{x}\| = \sqrt{\langle \boldsymbol{x}, \boldsymbol{x} \rangle} = \sqrt{\sum_{i=1}^{n_i} x_i^* x_i} = \sqrt{\sum_{i=1}^{n_i} |x_i|^2},$$

这里 $\boldsymbol{x}^*$ 表示 $\boldsymbol{x}$ 的复共轭, $\boldsymbol{x}^\top$ 表示 $\boldsymbol{x}$ 的转置. 对于 $\mathcal{A}, \mathcal{B} \in \mathbb{H}$, 定义张量的内积和 Frobenius 范数

$$\langle \mathcal{A}, \mathcal{B} \rangle \equiv \mathcal{A}^* \mathcal{B} := \sum_{i_1, \cdots, i_d = 1}^{n_1, \cdots, n_d} \mathcal{A}_{i_1 \cdots i_d}^* \mathcal{B}_{i_1 \cdots i_d},$$

$$\|\mathcal{A}\|_F := \sqrt{\langle \mathcal{A}, \mathcal{A} \rangle}.$$

**定义 2.2.2**　若干个向量的张量积称为一个**秩 1 张量** (rank-1 tensor), 即

$$\boldsymbol{x}^{(1)} \otimes \boldsymbol{x}^{(2)} \otimes \cdots \otimes \boldsymbol{x}^{(d)},$$

简记为 $\otimes_{i=1}^d \boldsymbol{x}^{(i)}$, 这里 $\boldsymbol{x}^{(i)} \in \mathbb{C}^{n_i}$. 其元素定义为

$$(\otimes_{i=1}^d \boldsymbol{x}^{(i)})_{i_1 i_2 \cdots i_d} = x_{i_1}^{(1)} x_{i_2}^{(2)} \cdots x_{i_d}^{(d)}.$$

令 $\boldsymbol{x} \in \mathbb{C}^n$, 称 $\otimes_{i=1}^d \boldsymbol{x}$ 为**对称秩 1 张量** (rank-1 symmetric tensor), 简记为 $\boldsymbol{x}^{\otimes d}$ 或 $\boldsymbol{x}^d$. 其元素定义为

$$(\otimes_{i=1}^d \boldsymbol{x})_{i_1 i_2 \cdots i_d} = x_{i_1} x_{i_2} \cdots x_{i_d}.$$

张量 $\mathcal{A}$ 与秩 1 张量的内积定义为

$$\langle \mathcal{A}, \otimes_{i=1}^d \boldsymbol{x}^{(i)} \rangle \equiv \mathcal{A}^* \boldsymbol{x}^{(1)} \cdots \boldsymbol{x}^{(d)} := \sum_{i_1, \cdots, i_d = 1}^{n_1, \cdots, n_d} \mathcal{A}_{i_1 \cdots i_d}^* x_{i_1}^{(1)} \cdots x_{i_d}^{(d)}.$$

对称张量 $\mathcal{S}$ 与对称秩 1 张量的内积定义为

$$\langle \mathcal{S}, \otimes_{i=1}^d \boldsymbol{x} \rangle \equiv \mathcal{S}^* \boldsymbol{x}^d := \sum_{i_1, \cdots, i_d = 1}^{n_1, \cdots, n_d} \mathcal{S}_{i_1 \cdots i_d}^* x_{i_1} \cdots x_{i_d}.$$

接下来, 定义另一种张量内积 $\langle \mathcal{A}, \otimes_{i=1, i \neq k}^d \boldsymbol{x}^{(i)} \rangle$ 和 $\langle \otimes_{i=1, i \neq k}^d \boldsymbol{x}^{(i)}, \mathcal{A} \rangle$, 其中 $\boldsymbol{x}^{(i)} \in \mathbb{C}^{n_i}$ 是 $\mathbb{C}^{n_k}$ 中的向量, 其第 $i_k$ 个坐标分量分别为

$$\langle \mathcal{A}, \otimes_{i=1, i \neq k}^d \boldsymbol{x}^{(i)} \rangle_{i_k} := \sum_{i_1, \cdots, i_{k-1}, i_{k+1}, \cdots, i_d = 1}^{n_1, \cdots, n_{k-1}, n_{k+1}, \cdots, n_d} \mathcal{A}_{i_1 \cdots i_k \cdots i_d}^* \, x_{i_1}^{(1)} \cdots x_{i_{k-1}}^{(k-1)} x_{i_{k+1}}^{(k+1)} \cdots x_{i_d}^{(d)},$$

$$\langle \otimes_{i=1, i \neq k}^d \boldsymbol{x}^{(i)}, \mathcal{A} \rangle_{i_k} := \sum_{i_1, \cdots, i_{k-1}, i_{k+1}, \cdots, i_d = 1}^{n_1, \cdots, n_{k-1}, n_{k+1}, \cdots, n_d} \mathcal{A}_{i_1 \cdots i_k \cdots i_d} \, x_{i_1}^{(1)*} \cdots x_{i_{k-1}}^{(k-1)*} x_{i_{k+1}}^{(k+1)*} \cdots x_{i_d}^{(d)*}.$$

类似地, 对称张量 $\mathcal{S}$ 与对称秩 1 张量 $\otimes_{i=1}^{d-1} \boldsymbol{x}$ 的内积定义为

$$\langle \mathcal{S}, \otimes_{i=1}^{d-1} \boldsymbol{x} \rangle_i \equiv (\mathcal{S}^* \boldsymbol{x}^{d-1})_i := \sum_{i_2, \cdots, i_d = 1}^n \mathcal{S}_{i i_2 \cdots i_d}^* x_{i_2} \cdots x_{i_d},$$

$$\langle \otimes_{i=1}^{d-1} \boldsymbol{x}, \mathcal{S} \rangle_i \equiv (\mathcal{S} \boldsymbol{x}^{*\,d-1})_i := \sum_{i_2, \cdots, i_d = 1}^n \mathcal{S}_{i i_2 \cdots i_d} x_{i_2}^* \cdots x_{i_d}^*.$$

## 2.3 复张量的酉特征值

**定义 2.3.1** 假设 $\mathcal{T} \in \mathbb{H}$ 是一个 $d$ 阶的复张量, $\lambda \in \mathbb{C}$. 称 $\lambda$ 是 $\mathcal{T}$ 的一个**酉特征值** (unitary eigenvalue, U-eigenvalue), 如果存在秩 1 张量 $\otimes_{i=1}^d \boldsymbol{x}^{(i)} \in \mathbb{H}$ 使得下式成立

$$\begin{cases} \langle \mathcal{T}, \otimes_{i=1, i \neq k}^d \boldsymbol{x}^{(i)} \rangle = \lambda \boldsymbol{x}^{(k)*}, \\ \langle \otimes_{i=1, i \neq k}^d \boldsymbol{x}^{(i)}, \mathcal{T} \rangle = \lambda \boldsymbol{x}^{(k)}, \quad k = 1, 2, \cdots, d. \\ \|\boldsymbol{x}^{(i)}\| = 1, \quad i = 1, 2, \cdots, d. \end{cases} \tag{2.1}$$

**定义 2.3.2**　假设 $\mathcal{S}$ 是一个 $d$ 阶 $n$ 维对称复张量，$\lambda \in \mathbb{C}$. 称 $\lambda$ 是 $\mathcal{S}$ 的一个**酉对称特征值** (unitary symmetric eigenvalue, US-eigenvalue)，如果存在非零向量 $\boldsymbol{x} \in \mathbb{C}^n$ 使得下式成立

$$\begin{cases} \mathcal{S}^* \boldsymbol{x}^{d-1} = \lambda \boldsymbol{x}^*, \\ \mathcal{S} \boldsymbol{x}^{*d-1} = \lambda \boldsymbol{x}, \\ \|\boldsymbol{x}\| = 1. \end{cases} \tag{2.2}$$

称 $\boldsymbol{x}$ 是特征值 $\lambda$ 的**酉对称特征向量** (unitary symmetric eigenvector, US-eigenvector)，称 $(\lambda, \boldsymbol{x})$ 是张量 $\mathcal{S}$ 的一个**酉对称特征对** (US-eigenpair).

**定理 2.3.1**　假定 $d$ 阶复张量 $\mathcal{A}, \mathcal{B}, \mathcal{T} \in \mathbb{H} = \mathbb{C}^{n_1 \times n_2 \times \cdots \times n_d}$. 那么

(a) $\langle \mathcal{A}, \mathcal{B} \rangle = \langle \mathcal{B}, \mathcal{A} \rangle^*$;

(b) 复张量 $\mathcal{T}$ 的所有 U-特征值均是实数;

(c) 对称复张量 $\mathcal{S}$ 的 US-特征对 $(\lambda, \boldsymbol{x})$ 可由下列方程组定义

$$\begin{cases} \mathcal{S}^* \boldsymbol{x}^{d-1} = \lambda \boldsymbol{x}^*, \\ \|\boldsymbol{x}\| = 1, \quad \lambda \in \mathbb{R}, \end{cases} \tag{2.3}$$

或

$$\begin{cases} \mathcal{S} \boldsymbol{x}^{*\,d-1} = \lambda \boldsymbol{x}, \\ \|\boldsymbol{x}\| = 1, \quad \lambda \in \mathbb{R}. \end{cases} \tag{2.4}$$

**证明**　(a) 该结果可以由张量的内积直接得到.

(b) 假定张量 $\mathcal{T}$ 有一个 U-特征值 $\lambda$ 和一个相应的秩 1 张量 $\otimes_{i=1}^{d} \boldsymbol{x}^{(i)}$. 那么由 (2.1) 得到

$$\langle \mathcal{T}, \otimes_{i=1}^{d} \boldsymbol{x}^{(i)} \rangle = \lambda, \quad \langle \otimes_{i=1}^{d} \boldsymbol{x}^{(i)}, \mathcal{T} \rangle = \lambda.$$

由结果 (a), $\lambda = \lambda^*$. 因此, $\lambda$ 是实数.

(c) 由结果 (b) 和 (2.2) 可以推出 (c). 证毕.

**注**　US-特征对分别与 Z-特征对 [144]、特征对 [94] 和 Q-特征对 [198] 有关系.

**定义 2.3.3**　给定一个对称实张量 $\mathcal{S}$, Z-特征对 $(\lambda, \boldsymbol{u})$ 定义为

$$\begin{cases} \mathcal{S} \boldsymbol{u}^{d-1} = \lambda \boldsymbol{u}, \\ \|\boldsymbol{u}\| = 1, \quad \lambda \in \mathbb{R}, \quad \boldsymbol{u} \in \mathbb{R}^n. \end{cases} \tag{2.5}$$

给定一个对称实张量 $\mathcal{S}$, 特征对 $(\lambda, \boldsymbol{u})$ 定义为

$$\begin{cases} \mathcal{S} \boldsymbol{u}^{d-1} = \lambda \boldsymbol{u}, \\ \|\boldsymbol{u}\| = 1, \quad \lambda \in \mathbb{C}, \quad \boldsymbol{u} \in \mathbb{C}^n. \end{cases} \tag{2.6}$$

给定一个对称复张量 $\mathcal{S}$, Q-特征对 $(\lambda, \boldsymbol{u})$ 定义为

$$\begin{cases} \mathcal{S}\boldsymbol{u}^{d-1} = \lambda\boldsymbol{u}^*, \\ ||\boldsymbol{u}|| = 1, \quad \lambda \in \mathbb{R}, \quad \boldsymbol{u} \in \mathbb{C}^n. \end{cases} \tag{2.7}$$

很显然, Z-特征对分别是 US-特征对、特征对和 Q-特征对的特殊情况. 如果特征对 $(\lambda, u)$ 是由 Kolda 和 Mayo 定义的, 那么特征值 $\lambda = \mathcal{S}\boldsymbol{u}^*\boldsymbol{u}^{d-1} \neq \mathcal{S}\boldsymbol{u}^d$, 除非 $\boldsymbol{u}$ 是一个实向量. Q-特征对的定义和 US-特征对的定义非常接近. 容易推出如果 $(\lambda, \boldsymbol{u})$ 是一个 Q-特征对, 那么 $(\lambda, \boldsymbol{u}^*)$ 是 US-特征对. 因此, 在本书, 我们讨论基于张量内积定义的 U-特征对和 US-特征对.

## 2.4 最佳秩 1 逼近和 U-特征值的关系

数学上常常研究实数域上张量的最佳逼近问题[54,93,137,146,197]. 假设有一个 $d$ 阶实张量 $\mathcal{T} = [\chi_{i_1 \cdots i_d}] \in \mathbb{R}^{n_1 \times \cdots \times n_d}$. 如果存在标量 $\lambda$ 和一组单位向量

$$\{\boldsymbol{u}^{(i)} \in \mathbb{R}^{n_i}, \ i = 1, 2, \cdots, d\},$$

使得秩 1 张量 $\bar{\mathcal{T}} \triangleq \lambda \otimes_{i=1}^{d} \boldsymbol{u}^{(i)}$ 最小化成本函数

$$f(\bar{\mathcal{T}}) = ||\mathcal{T} - \bar{\mathcal{T}}||^2,$$

那么 $\lambda \prod_{j=1}^{d} \boldsymbol{u}^{(j)}$ 称为张量 $\mathcal{T}$ 的最佳实秩 1 逼近. 类似地, 假定 $\mathcal{S}$ 是 $d$ 阶 $n$ 维对称实张量, 如果存在一个标量 $\lambda \in \mathbb{R}$ 和一个单位向量 $\boldsymbol{u} \in \mathbb{R}^n$ 使得实对称秩 1 张量 $\tilde{\mathcal{S}} \triangleq \lambda\boldsymbol{u}^d$ 最小化成本函数

$$f(\tilde{\mathcal{S}}) = ||\mathcal{S} - \tilde{\mathcal{S}}||^2,$$

那么 $\lambda\boldsymbol{u}^d$ 称为张量 $\mathcal{S}$ 的实对称最佳秩 1 逼近. 易知

$$\lambda = \max_{||\boldsymbol{u}||=1} \langle \mathcal{S}, \boldsymbol{u}^d \rangle = \sum_{i_1, \cdots, i_d=1}^{n_1, \cdots, n_d} \mathcal{S}_{i_1 \cdots i_d} u_{i_1} \cdots u_{i_d}.$$

Friedland[54] 和 Zhang[197] 等证明了对称实张量的最佳秩 1 逼近, 它本质可以是非对称的秩 1 张量, 可以是实对称秩 1 张量. 根据文献 [54,146,197], $\lambda\boldsymbol{u}^d$ 是 $\mathcal{T}$ 的最佳实秩 1 逼近当且仅当 $\lambda$ 是 $\mathcal{T}$ 的绝对值最大的 Z-特征值, $\boldsymbol{u}$ 为其相应的 Z-特征向量. 相应地, 复张量的复最佳秩 1 逼近可以定义如下[122]:

**定义 2.4.1** 假定 $\mathcal{A} = (\mathcal{A}_{i_1 \cdots i_d})$ 是一个 $d$ 阶复张量, $\mathcal{A} \in \mathbb{C}^{n_1 \times \cdots \times n_d}$. 如果复秩 1 张量 $\otimes_{i=1}^{d} \boldsymbol{z}^{(i)}$ 是优化问题

$$\min_{z^{(i)} \in \mathbb{C}^{n_i}, ||z^{(i)}||=1} ||\mathcal{A} - \otimes_{i=1}^{d} \boldsymbol{z}^{(i)}||_F^2 \tag{2.8}$$

的一个解, 则称 $\otimes_{i=1}^{d}\boldsymbol{z}^{(i)}$ 是张量 $\mathcal{A}$ 的一个**复最佳秩 1 逼近** (the best rank-1 complex approximation).

假定 $\mathcal{S} = (\mathcal{S}_{i_1 \cdots i_d})$ 是 $d$ 阶 $n$ 维对称复张量. 如果复对称秩 1 张量 $\otimes_{i=1}^{d}\boldsymbol{z}$ 是优化问题

$$\min_{\boldsymbol{z} \in \mathbb{C}^n, ||\boldsymbol{z}||=1} ||\mathcal{S} - \otimes_{i=1}^{d}\boldsymbol{z}||_F^2 \tag{2.9}$$

的一个解, 那么称 $\otimes_{i=1}^{d}\boldsymbol{z}$ 为张量 $\mathcal{S}$ 的一个**复对称最佳秩 1 逼近** (the best rank-1 symmetric complex approximation).

对于 $d$ 阶的对称复张量 $\mathcal{S} \in \mathrm{Sym}(d,n)$, 优化问题 (2.8) 与 (2.9) 是等价的. 也即对于一个对称复张量, 其复对称最佳秩 1 逼近同时也是其复最佳秩 1 逼近.

下面讨论特征对与最佳秩 1 逼近的关系. 注意到

$$||\mathcal{A} - \otimes_{i=1}^{d}\boldsymbol{z}^{(i)}||_F^2 = ||\mathcal{A}||_F^2 + ||\otimes_{i=1}^{d}\boldsymbol{z}^{(i)}||_F^2 - \langle\mathcal{A}, \otimes_{i=1}^{d}\boldsymbol{z}^{(i)}\rangle - \langle\otimes_{i=1}^{d}\boldsymbol{z}^{(i)}, \mathcal{A}\rangle. \tag{2.10}$$

因此, 定义 2.4.1 中的最小值优化问题 (2.8) 等价于下面的最大值优化问题:

$$\begin{aligned} \max \quad & 2\mathrm{Re}\ \langle\mathcal{A}, \otimes_{i=1}^{d}\boldsymbol{z}^{(i)}\rangle \\ \text{s.t.} \quad & ||\boldsymbol{z}^{(i)}|| = 1, \quad \boldsymbol{z}^{(i)} \in \mathbb{C}^{n_i}, i = 1, \cdots, d. \end{aligned} \tag{2.11}$$

优化问题 (2.11) 的 KKT 点满足下面的方程组:

$$\begin{cases} \langle\mathcal{A}, \otimes_{i=1, i \neq k}^{d}\boldsymbol{z}^{(i)}\rangle = \lambda \boldsymbol{z}^{(k)*}, \\ \langle\otimes_{i=1, i \neq k}^{d}\boldsymbol{z}^{(i)}, \mathcal{A}\rangle = \lambda \boldsymbol{z}^{(k)}, \quad k = 1, 2, \cdots, d. \\ \lambda \in \mathbb{C}, \quad ||\boldsymbol{z}^{(i)}|| = 1, \quad i = 1, 2, \cdots, d, \end{cases} \tag{2.12}$$

上述方程组 (2.12) 与复张量 $\mathcal{A}$ 的 U-特征值定义 (2.1) 是一致的. 即复张量 $\mathcal{A}$ 的最大 U-特征值 $\lambda_{\max}$ 也是优化问题 (2.11) 的最优值, $\lambda_{\max}$ 所对应的 U-特征向量得到的复秩 1 张量 $\otimes_{i=1}^{d}\boldsymbol{z}^{(i)}$ 是复张量 $\mathcal{A}$ 的一个复最佳秩 1 逼近.

类似地, 对于对称复张量 $\mathcal{S}$,

$$||\mathcal{S} - \otimes_{i=1}^{d}\boldsymbol{z}||_F^2 = ||\mathcal{S}||_F^2 + ||\otimes_{i=1}^{d}\boldsymbol{z}||_F^2 - \langle\mathcal{S}, \otimes_{i=1}^{d}\boldsymbol{z}\rangle - \langle\otimes_{i=1}^{d}\boldsymbol{z}, \mathcal{S}\rangle. \tag{2.13}$$

因此, 定义 2.4.1 中的最小值优化问题 (2.9) 等价于下面的最大值优化问题:

$$\begin{aligned} \max \quad & 2\mathrm{Re}\ \langle\mathcal{S}, \otimes_{i=1}^{d}\boldsymbol{z}\rangle \\ \text{s.t.} \quad & ||\boldsymbol{z}|| = 1, \quad \boldsymbol{z} \in \mathbb{C}^n. \end{aligned} \tag{2.14}$$

优化问题 (2.14) 的 KKT 点满足下面的方程组与对称复张量 $\mathcal{S}$ 的 US-特征值定义 (2.2) 是一致的. 即, 对称复张量 $\mathcal{S}$ 的最大 US-特征值 $\lambda_{\max}$ 也是优化问题 (2.14) 的最优值, $\lambda_{\max}$ 所对应的 US-特征向量得到的复对称秩 1 张量 $\otimes_{i=1}^{d}\boldsymbol{z}$ 是复张量 $\mathcal{S}$ 的一个复对称最佳秩 1 逼近.

## 2.5  对称复张量的 US-特征对

**定理 2.5.1** (Takagi 分解定理)  令 $A \in \mathbb{C}^{n \times n}$ 是一个对称复矩阵. 那么存在一个酉矩阵 $U \in \mathbb{C}^{n \times n}$ 使得

$$A = U^{\top}\mathrm{diag}(\lambda_1, \cdots, \lambda_n)U, \quad \lambda_1 \geqslant \cdots \geqslant \lambda_n \geqslant 0.$$

由 Takagi 分解定理可以得到下面的结果.

**定理 2.5.2**  令 $A \in \mathbb{C}^{n \times n}$ 是一个对称复矩阵, 酉矩阵 $U \in \mathbb{C}^{n \times n}$ 满足

$$A^* = U^{\top}\mathrm{diag}(\lambda_1, \cdots, \lambda_n)U, \quad \lambda_1 \geqslant \cdots \geqslant \lambda_n \geqslant 0.$$

令 $\boldsymbol{e}_i = (0, \cdots, 0, 1, 0, \cdots, 0)^{\top}$, $i = 1, \cdots, n$. 那么 $(\lambda_i, U^{*\top}\boldsymbol{e}_i)$ 和 $(-\lambda_i, \sqrt{-1} \cdot U^{*\top}\boldsymbol{e}_i)$, $i = 1, \cdots, n$ 均是 $A$ 的 US-特征对, 且不同 US-特征值的个数最多为 $2n$.

**证明**  令 $\boldsymbol{x}_i = U^{*\top}\boldsymbol{e}_i$, $i = 1, \cdots, n$. 那么 $\boldsymbol{e}_i = U\boldsymbol{x}_i$. 因为

$$\mathrm{diag}(\lambda_1, \cdots, \lambda_n)\boldsymbol{e}_i = \lambda_i\boldsymbol{e}_i = \lambda_i\boldsymbol{e}_i^*,$$

则

$$\mathrm{diag}(\lambda_1, \cdots, \lambda_n)(U\boldsymbol{x}_i) = \lambda_i(U\boldsymbol{x}_i)^* = \lambda_i(U^*\boldsymbol{x}_i^*),$$

$$U^{\top}\mathrm{diag}(\lambda_1, \cdots, \lambda_n)U\boldsymbol{x}_i = \lambda_i\boldsymbol{x}_i^*,$$

$$A^*\boldsymbol{x}_i = \lambda_i\boldsymbol{x}_i^*,$$

从而 $(\lambda_i, U^{*\top}\boldsymbol{e}_i)$ 是 $A$ 的一个 US-特征对.

又因为 $A^*(\sqrt{-1}\boldsymbol{x}_i) = \sqrt{-1}A^*\boldsymbol{x}_i = \sqrt{-1}\lambda_i\boldsymbol{x}_i^* = -\lambda_i(\sqrt{-1}\boldsymbol{x}_i)^*$, $(-\lambda_i, \sqrt{-1} \cdot U^{*\top}\boldsymbol{e}_i)$ 也是 $A$ 的一个 US-特征对, 所以, $\pm\lambda_i$, $i = 1, \cdots, n$ 均是 $A$ 的 US-特征值.

另一方面, 假定 $(\lambda, \boldsymbol{x})$ 是 $A$ 的一个 US-特征对. 那么

$$\mathrm{diag}(\lambda_1, \cdots, \lambda_n)(U\boldsymbol{x}) = \lambda(U\boldsymbol{x})^*.$$

令 $(y_1, y_2, \cdots, y_n)^{\top} = U\boldsymbol{x} \neq \boldsymbol{0}$. 由上式得到

$$\lambda_i y_i = \lambda y_i^*, \quad i = 1, 2, \cdots, n.$$

于是 $|\lambda| = |\lambda_i|$, 即如果 $y_i \neq 0$, 则 $\lambda = \pm\lambda_i$. 因此, 不同 US-特征值的个数最多为 $2n$. 证毕.

如果 $\lambda_1 = \cdots = \lambda_k > \lambda_{k+1}$, $1 \leqslant k \leqslant n$, 那么 $\lambda_1$ 对应的所有 US-特征向量为线性向量空间 $\mathrm{span}\{U^{*\top}\boldsymbol{e}_1, \cdots, U^{*\top}\boldsymbol{e}_k\}$ 中的单位向量. 因此有下面定理.

**定理 2.5.3** 假定 $A$ 是一个复对称矩阵, US-特征值 $\lambda_1 = \cdots = \lambda_k > \lambda_{k+1}$, $1 \leqslant k \leqslant n$. 那么 $\lambda_1$ 对应的 $A$ 的所有 US-特征向量集合是

$$U\mathrm{Seig}(A, \lambda_1) \equiv \left\{ \frac{\displaystyle\sum_{i=1}^{k} \alpha_i U^{*\top}\boldsymbol{e}_i}{\left\| \displaystyle\sum_{i=1}^{k} \alpha_i U^{*\top}\boldsymbol{e}_i \right\|} : \alpha_i \in \mathbb{R}, \ i = 1, \cdots, k, \ \sum_{i=1}^{k} \alpha_i^2 \neq 0 \right\};$$

$-\lambda_1$ 对应的所有 US-特征向量集合是

$$U\mathrm{Seig}(A, -\lambda_1) \equiv \left\{ \frac{\displaystyle\sum_{i=1}^{k} \alpha_i \sqrt{-1} U^{*\top}\boldsymbol{e}_i}{\left\| \displaystyle\sum_{i=1}^{k} \alpha_i \sqrt{-1} U^{*\top}\boldsymbol{e}_i \right\|} : \alpha_i \in \mathbb{R}, \ i = 1, \cdots, k, \ \sum_{i=1}^{k} \alpha_i^2 \neq 0 \right\}.$$

**证明** 令 $\boldsymbol{x}_i = U^{*\top}\boldsymbol{e}_i$, $i = 1, \cdots, k$. 则 $A^*\boldsymbol{x}_i = \lambda_1 \boldsymbol{x}_i^*$. 对每一个 $\alpha_i \in \mathbb{R}$, $i = 1, \cdots, k$. 如果 $\sum_{i=1}^{k} \alpha_i^2 \neq 0$, 则

$$A^* \left( \sum_{i=1}^{k} \alpha_i \boldsymbol{x}_i \right) = \sum_{i=1}^{k} A^*(\alpha_i \boldsymbol{x}_i) = \lambda_1 \sum_{i=1}^{k} \alpha_i \boldsymbol{x}_i^* = \lambda_1 \left( \sum_{i=1}^{k} \alpha_i \boldsymbol{x}_i \right)^*.$$

因此, $\dfrac{\sum_{i=1}^{k} \alpha_i \boldsymbol{x}_i}{\| \sum_{i=1}^{k} \alpha_i \boldsymbol{x}_i \|}$ 也是相应于 $\lambda_1$ 的一个 US-特征向量. 对于 $-\lambda_1$ 的情形, 类似可证. 证毕.

下面定理讨论 US-特征对与非线性代数方程组解的关系.

**定理 2.5.4** 假定 $\mathcal{S} \in \mathrm{Sym}(d, n)$ 是一个 $d$ 阶 $n$ 维对称复张量. 则

(a) 如果 $d \geqslant 3$, $d$ 是奇数, 且 $\lambda \neq 0$, 那么方程组 (2.2) 等价于

$$\mathcal{S}^* \boldsymbol{x}^{d-1} = \boldsymbol{x}^*, \quad \boldsymbol{x} \neq \boldsymbol{0}, \tag{2.15}$$

而且 US-特征对 (2.3) 的个数是方程组 (2.15) 解的个数的两倍;

(b) 如果 $d \geqslant 3$, $d$ 是偶数, 且 $\lambda \neq 0$, 那么方程组 (2.2) 等价于

$$\mathcal{S}^* \boldsymbol{x}^{d-1} = \pm \boldsymbol{x}^*, \quad \boldsymbol{x} \neq \boldsymbol{0}, \tag{2.16}$$

而且 US-特征对 (2.3) 的个数等于方程组 (2.16) 解的个数.

**证明**　(a) 令 $(\lambda, \boldsymbol{x})$ 是 $\mathcal{S}$ 的一个 US-特征对. 则 $\lambda$ 是实数. 如果 $\lambda \neq 0, d > 2$ 且 $d$ 是奇数, 那么记 $\hat{\lambda} \equiv \dfrac{1}{\lambda^{1/(d-2)}}$ 是一个实数. 令 $\boldsymbol{y} = \hat{\lambda}\boldsymbol{x}$. 把 $\boldsymbol{y}$ 代入 (2.3) 式, 得到

$$\mathcal{S}^* \boldsymbol{y}^{d-1} = \boldsymbol{y}^*.$$

另一方面, 对于 (2.15) 的每一个解 $\boldsymbol{y}(\neq \boldsymbol{0})$, 令

$$(\lambda, \boldsymbol{x}) = \pm(1/\|\boldsymbol{y}\|^{d-2}, \boldsymbol{y}/\|\boldsymbol{y}\|),$$

那么 $(\lambda, \boldsymbol{x})$ 是 $\mathcal{S}$ 的 US-特征对. 因此, (2.3) 和 (2.15) 是等价的. 而且 (2.3) 特征对的个数等于方程组 (2.15) 解的个数的两倍.

(b) 令 $(\lambda, \boldsymbol{x})$ 是 $\mathcal{S}$ 的一个 US-特征对. 那么 $\lambda$ 是实数. 如果 $\lambda \neq 0, d > 2$ 且 $d$ 是偶数, 那么记 $\hat{\lambda} \equiv \dfrac{1}{|\lambda|^{1/(d-2)}}$ 是实数. 令 $\boldsymbol{y} = \hat{\lambda}\boldsymbol{x}$. 把 $\boldsymbol{y}$ 代入 (2.3). 如果 $\lambda > 0$, 那么 $\mathcal{S}^* \boldsymbol{y}^{d-1} = \boldsymbol{y}^*$; 如果 $\lambda < 0$, 那么 $\mathcal{S}^* \boldsymbol{y}^{d-1} = -\boldsymbol{y}^*$.

如果 $\mathcal{S}^* \boldsymbol{y}^{d-1} = \boldsymbol{y}^*$, 令 $(\lambda, \boldsymbol{x}) = (1/\|\boldsymbol{y}\|^{d-2}, \boldsymbol{y}/\|\boldsymbol{y}\|)$; 如果 $\mathcal{S}^* \boldsymbol{y}^{d-1} = -\boldsymbol{y}^*$, 令 $(\lambda, \boldsymbol{x}) = (-1/\|\boldsymbol{y}\|^{d-2}, \boldsymbol{y}/\|\boldsymbol{y}\|)$, 则对于 (2.16) 的每一个解 $\boldsymbol{y}(\neq \boldsymbol{0})$, 可以推出 $(\lambda, \boldsymbol{x})$ 是 $\mathcal{S}$ 的 US-特征对. 因此, (2.3) 和 (2.16) 是等价的, 特征对 (2.3) 的个数等于方程组 (2.16) 解的个数. 证毕.

**定理 2.5.5**　假设 $d \geqslant 3, n \geqslant 2, \mathcal{S} \in \mathrm{Sym}(d,n)$. 如果 (2.15) 有有限个解, 则

(a) 如果 $d$ 是奇数, (2.15) 式非零解的个数最多是 $\dfrac{(d-1)^{2n} - 1}{d-2}$;

(b) 如果 $d$ 是偶数, (2.16) 式非零解的个数最多是 $\dfrac{2((d-1)^{2n} - 1)}{d-2}$;

(c) $\mathcal{S}$ 最多有 $\dfrac{2((d-1)^{2n} - 1)}{d(d-2)}$ 个不同的非零 US-特征值;

(d) 对于非零 US-特征值, $\mathcal{S}$ 的所有 US-特征对为

$$\begin{cases} \pm\left(\dfrac{1}{\|\boldsymbol{x}\|^{d-2}}, \dfrac{\boldsymbol{x}}{\|\boldsymbol{x}\|}\right), & \text{如果 } d \text{ 是奇数}, \\[3mm] \left(\dfrac{1}{\|\boldsymbol{x}\|^{d-2}}, \dfrac{\boldsymbol{x}}{\|\boldsymbol{x}\|}\right), \left(\dfrac{-1}{\|\boldsymbol{x}\|^{d-2}}, \dfrac{e^{\pi\sqrt{-1}/d}\boldsymbol{x}}{\|\boldsymbol{x}\|}\right), & \text{如果 } d \text{ 是偶数}, \end{cases}$$

这里 $\boldsymbol{x}$ 是 (2.15) 式的解.

**证明**　(a) 假设 $d$ 是奇数. 令 $\boldsymbol{x} = \boldsymbol{y} + \boldsymbol{z}\sqrt{-1}, \boldsymbol{y}, \boldsymbol{z} \in \mathbb{R}^n$, 那么 (2.15) 式可以改写为

$$\begin{cases} \operatorname{Re}(\mathcal{S}^*(\boldsymbol{y}+\boldsymbol{z}\sqrt{-1})^{d-1}) = \boldsymbol{y}, \\ \operatorname{Im}(\mathcal{S}^*(\boldsymbol{y}+\boldsymbol{z}\sqrt{-1})^{d-1}) = -\boldsymbol{z}. \end{cases} \tag{2.17}$$

把 (2.17) 式变为下面齐次方程组

$$\begin{cases} \operatorname{Re}(\mathcal{S}^*(\boldsymbol{y}+\boldsymbol{z}\sqrt{-1})^{d-1}) = t^{d-2}\boldsymbol{y}, \\ \operatorname{Im}(\mathcal{S}^*(\boldsymbol{y}+\boldsymbol{z}\sqrt{-1})^{d-1}) = -t^{d-2}\boldsymbol{z}, \end{cases} \tag{2.18}$$

这里每一个齐次多项式次数为 $d-1$. 由 Bezout 定理, 在射影空间 $\mathbb{P}^{2n}$ 一般有 $(d-1)^{2n}$ 个解 (见 [14, Remark 2.1]). 去除平凡解 $(0,0,t)$, $t \neq 0$, 剩下 $(d-1)^{2n}-1$ 个解.

假定 $(t, \boldsymbol{y}, \boldsymbol{z})$ 是 (2.18) 式的 $t \neq 0$ 的非零解. 那么 $\left(\dfrac{\boldsymbol{y}}{t}, \dfrac{\boldsymbol{z}}{t}\right)$ 是 (2.17) 的一个非零解. 令 $\xi = e^{\frac{2\pi\sqrt{-1}}{d-2}}$, $e^{\sqrt{-1}\theta} := \cos\theta + \sqrt{-1}\sin\theta$, 这是 Euler 公式. 那么, 对于 $k = 0, 1, d-3$, $(\xi^k t, \boldsymbol{y}, \boldsymbol{z})$ 均是 (2.18) 的不同解, 且 $\left(\dfrac{\boldsymbol{y}}{\xi^k t}, \dfrac{\boldsymbol{z}}{\xi^k t}\right)$ 是 (2.17) 的不同解. 可是, 这里仅存在最多一个 $k$ ($k = 0, 1, d-3$) 使得 $\left(\dfrac{\boldsymbol{y}}{\xi^k t}, \dfrac{\boldsymbol{z}}{\xi^k t}\right)$ 是 (2.17) 的实数解. 因此, (2.17) 最多有 $\dfrac{(d-1)^{2n}-1}{d-2}$ 个不同的非零实数解. 于是 (2.15) 有最多 $\dfrac{(d-1)^{2n}-1}{d-2}$ 个不同的非零解.

(b) 这个结果可由 (a) 的证明类似得到.

(c) 假定 $d$ 是奇数. 如果 $\boldsymbol{x} \neq \boldsymbol{0}$ 是 (2.15) 的一个解, 那么 $\eta\boldsymbol{x}$ 也是 (2.15) 的一个解, 如果满足

$$\eta^{d-1} = \eta^*, \quad \eta(\neq 0) \in \mathbb{C}. \tag{2.19}$$

于是 $\eta^d = |\eta|^2$. 因为 $d > 2$, 所以 $|\eta| = 1$. 从而 $\eta^d = 1$. 因此, (2.19) 有 $d$ 个不同解. 由定理 2.5.4 (a), 得到所有 $\pm(1/\|\boldsymbol{x}\|^{d-2}, \eta\boldsymbol{x}/\|\boldsymbol{x}\|)$ 均是 $\mathcal{S}$ 的 US-特征对. 因此, $\mathcal{S}$ 最多有 $\dfrac{2((d-1)^{2n}-1)}{d(d-2)}$ 个不同的非零 US-特征值.

假设 $d$ 是偶数. 令 $\eta = e^{\pi\sqrt{-1}/d}$. 则 $\boldsymbol{x} \in \mathbb{C}^n$ 是 (2.15) 式的一个非零解, 即 $\mathcal{S}^*\boldsymbol{x}^{d-1} = \boldsymbol{x}^*$. 那么 $\eta\boldsymbol{x}$ 是 $\mathcal{S}^*\boldsymbol{x}^{d-1} = -\boldsymbol{x}^*$ 的一个解. 因此, $\left(\dfrac{1}{\|\boldsymbol{x}\|^{d-2}}, \dfrac{\boldsymbol{x}}{\|\boldsymbol{x}\|}\right)$ 和 $\left(\dfrac{-1}{\|\boldsymbol{x}\|^{d-2}}, \dfrac{\eta\boldsymbol{x}}{\|\boldsymbol{x}\|}\right)$ 均是 $\mathcal{S}$ 的 US-特征对. 于是 $\mathcal{S}$ 最多有 $\dfrac{2((d-1)^{2n}-1)}{d(d-2)}$ 个不同的非零 US-特征值.

(d) 因此, $\mathcal{S}$ 的所有 US-特征对具有如下形式

$$
\begin{cases}
\pm\left(\dfrac{1}{||\boldsymbol{x}||^{d-2}},\dfrac{\boldsymbol{x}}{||\boldsymbol{x}||}\right), & \text{如果 } d \text{ 是奇数}, \\[3mm]
\left(\dfrac{1}{||\boldsymbol{x}||^{d-2}},\dfrac{\boldsymbol{x}}{||\boldsymbol{x}||}\right), \left(\dfrac{-1}{||\boldsymbol{x}||^{d-2}},\dfrac{e^{\pi\sqrt{-1}/d}\boldsymbol{x}}{||\boldsymbol{x}||}\right), & \text{如果 } d \text{ 是偶数},
\end{cases}
$$

这里 $\boldsymbol{x}$ 是 (2.15) 的解. 证毕.

**注 1**  令 $\mathcal{S}$ 是一个对称 $2\times 2\times 2\times 2$ 张量, 非零元如下:

$$\mathcal{S}_{1111}=2,\quad \mathcal{S}_{1112}=-1,\quad \mathcal{S}_{1122}=-1,\quad \mathcal{S}_{1222}=-2,\quad \mathcal{S}_{2222}=1.$$

那么方程组 (2.15) 非零解个数是 40, 说明这个上界是紧的.

**注 2**  在文献 [14] 中, Cartwright 和 Sturmfels 指出任意对称实张量均有有限个 E-特征值. 同时他们还指出满足 $\boldsymbol{x}\cdot\bar{\boldsymbol{x}}=1$ 的特征值 (由 Kold 和 May 定义) 数量可以是无限个 (见 [14, Example 5.8]), 这就意味着方程组 $\mathcal{S}\boldsymbol{x}^{d-1}=\boldsymbol{x}$ 有无限个非零解, 这里 $\mathcal{S}$ 是一个对称的 $3\times 3\times 3$ 张量, 其非零元为 $\mathcal{S}_{111}=2, \mathcal{S}_{122}=\mathcal{S}_{212}=\mathcal{S}_{221}=\mathcal{S}_{133}=\mathcal{S}_{313}=\mathcal{S}_{331}=1$.

**注 3**  令 $\mathcal{S}$ 同注 2. 那么, 对所有的 $0<a<1$, $\boldsymbol{x}=(-0.5, a\sqrt{-1}, \sqrt{1-a^2}\cdot\sqrt{-1})$ 均是 $\mathcal{S}\boldsymbol{x}^{d-1}=\boldsymbol{x}^*$ 的非零解. 这就说明方程组 (2.15) 有无穷个非零解.

## 2.6 利用代数方程组求解对称复张量的 US-特征对

**定理 2.6.1**  设 $\mathcal{S}$ 是一个对称复张量, $\lambda$ 是 $\mathcal{S}$ 的 US-特征值. 那么 $-\lambda$ 也是 $\mathcal{S}$ 的 US-特征值.

**证明**  由定理 2.5.2 和定理 2.5.5 知道, 如果 $\lambda$ 是 $\mathcal{S}$ 的 US-特征值, 那么 $-\lambda$ 也是 $\mathcal{S}$ 的 US-特征值. 证毕.

1. 对称矩阵的对称最佳秩 1 逼近

**定理 2.6.2**  设对称复矩阵 $A\in\mathbb{C}^{n\times n}$, 酉矩阵 $U\in\mathbb{C}^{n\times n}$ 满足

$$A^*=U^\top\mathrm{diag}(\lambda_1,\cdots,\lambda_n)U,\quad \lambda_1\geqslant\cdots\geqslant\lambda_n\geqslant 0,$$

那么对所有的 $\boldsymbol{x}\in U\mathrm{Seig}(A,\lambda_1)\cup U\mathrm{Seig}(A,-\lambda_1)$ 和 $\eta\in\mathbb{C}, |\eta|=1$, $(\eta\boldsymbol{x})\otimes(\eta\boldsymbol{x})$ 均是 $A$ 的对称最佳秩 1 逼近.

**证明**  如果 $\boldsymbol{x}\in U\mathrm{Seig}(A,\lambda_1)\cup U\mathrm{Seig}(A,-\lambda_1), \eta\in\mathbb{C}$ 且 $|\eta|=1$, 那么 $|A^*(\eta\boldsymbol{x})^2|=|\eta^2 A^*\boldsymbol{x}^2|=|A^*\boldsymbol{x}^2|=\lambda_1=G(A)$. 因此, $(\eta\boldsymbol{x})\otimes(\eta\boldsymbol{x})$ 是 $A$ 的对称最佳秩 1 逼近. 证毕.

**2. 阶数 $d \geqslant 3$ 的 US-特征对计算**

对称最佳秩 1 逼近问题是求解单位向量 $\hat{\boldsymbol{x}} \in \mathbb{C}^n$, 满足

$$\text{Q1}: \quad \mathcal{S}^* \hat{\boldsymbol{x}}^d = \max\{||\mathcal{S}^* \boldsymbol{x}^d|| : \boldsymbol{x} \in \mathbb{C}^n, ||\boldsymbol{x}|| = 1\}.$$

由定理 2.6.1, 问题 Q1 等价于下面的问题 Q2,

$$\text{Q2}: \quad \max\{|\lambda| : \mathcal{S}^* \boldsymbol{x}^{d-1} = \lambda \boldsymbol{x}^*, \boldsymbol{x} \in \mathbb{C}^n, ||\boldsymbol{x}|| = 1, \ \lambda \in \mathbb{R}\}.$$

**定理 2.6.3**  设 $\mathcal{S} \in \text{Sym}(d, n)$, 那么

(a) 对称最佳秩 1 逼近问题等价于下面的优化问题 Q3,

$$\text{Q3}: \quad \min\{||\boldsymbol{x}|| : \mathcal{S}^* \boldsymbol{x}^{d-1} = \boldsymbol{x}^*, \boldsymbol{x} \neq \boldsymbol{0} \in \mathbb{C}^n\};$$

(b) 如果 $\tilde{\boldsymbol{x}} \in \mathbb{C}^n$ 是问题 Q3 的一个解, 那么 $G(\mathcal{S}) = 1/||\tilde{\boldsymbol{x}}||^{d-2}$, 而且对每一个 $\eta \in \mathbb{C}$ 满足 $|\eta| = 1$, $\dfrac{\eta}{||\tilde{\boldsymbol{x}}||^{2d-2}} \tilde{\boldsymbol{x}}^d$ 是 $\mathcal{S}$ 的对称最佳秩 1 逼近.

**证明**  (a) 首先, 对称最佳秩 1 逼近问题 Q1 等价于 Q2. 其次, 由定理 2.5.5 (d), 假定 $\boldsymbol{x}$ 是 $\mathcal{S}^* \boldsymbol{x}^{d-1} = \boldsymbol{x}^*$ 的非零解, 那么如果 $d$ 是奇数, 则 $\mathcal{S}$ 的 US-特征对为 $\pm \left( \dfrac{1}{||\boldsymbol{x}||^{d-2}}, \dfrac{\boldsymbol{x}}{||\boldsymbol{x}||} \right)$; 那么如果 $d$ 是偶数, 则 $\mathcal{S}$ 的 US-特征对为 $\left( \dfrac{1}{||\boldsymbol{x}||^{d-2}}, \dfrac{\boldsymbol{x}}{||\boldsymbol{x}||} \right)$ 和 $\left( \dfrac{-1}{||\boldsymbol{x}||^{d-2}}, \dfrac{e^{\pi\sqrt{-1}/d} \boldsymbol{x}}{||\boldsymbol{x}||} \right)$. 因此, Q3 等价于 Q2. 从而 Q3 等价于 Q1.

(b) 假设 $\tilde{\boldsymbol{x}} \in \mathbb{C}^n$ 是 Q3 的一个解, 那么

$$G(\mathcal{S}) = 1/||\tilde{\boldsymbol{x}}||^{d-2} = \left| \mathcal{S}^* \left( \dfrac{\tilde{\boldsymbol{x}}}{||\tilde{\boldsymbol{x}}||} \right)^d \right|.$$

如果 $\eta \in \mathbb{C}$ 且 $|\eta| = 1$, 则

$$\left| \mathcal{S}^* \left( \dfrac{\eta\tilde{\boldsymbol{x}}}{||\tilde{\boldsymbol{x}}||} \right)^d \right| = |\eta^d| \left| \mathcal{S}^* \left( \dfrac{\tilde{\boldsymbol{x}}}{||\tilde{\boldsymbol{x}}||} \right)^d \right| = \left| \mathcal{S}^* \left( \dfrac{\tilde{\boldsymbol{x}}}{||\tilde{\boldsymbol{x}}||} \right)^d \right| = G(\mathcal{S}).$$

$$G(\mathcal{S}) \left( \dfrac{\eta\tilde{\boldsymbol{x}}}{||\tilde{\boldsymbol{x}}||} \right)^d = \dfrac{\eta}{||\tilde{\boldsymbol{x}}||^{2d-2}} \tilde{\boldsymbol{x}}^d,$$

因此, $\dfrac{\eta}{||\tilde{\boldsymbol{x}}||^{2d-2}} \tilde{\boldsymbol{x}}^d$ 是 $\mathcal{S}$ 的对称最佳秩 1 逼近. 证毕.

寻找 US-特征对问题等价于求方程组 $\mathcal{S}^*\boldsymbol{x}^{d-1} = \boldsymbol{x}^*$ 解的问题, 即所有特征对均可以看成是代数族上的点. 如果有有限个 US-特征对, 那么计算代数族 (求解方程组) 就是一个对称最佳秩 1 逼近的一个算法, 然后把这有限个解按照特征值大小排序. 因此, 定理 2.6.3 实际上就是把对称最佳秩 1 逼近问题转化为代数方程组求解问题.

令 $\boldsymbol{x} = \boldsymbol{y} + \boldsymbol{z}\sqrt{-1}$, $\boldsymbol{y}, \boldsymbol{z} \in \mathbb{R}^n$. 那么 Q3 等价于下面的优化问题

$$\text{Q4}: \min\left\{\boldsymbol{y}^\top\boldsymbol{y} + \boldsymbol{z}^\top\boldsymbol{z} : \begin{cases} \text{Re } \mathcal{S}^*(\boldsymbol{y} + \boldsymbol{z}\sqrt{-1})^{d-1} = \boldsymbol{y}, \\ \text{Im } \mathcal{S}^*(\boldsymbol{y} + \boldsymbol{z}\sqrt{-1})^{d-1} = -\boldsymbol{z}, \end{cases} \boldsymbol{y} \neq \boldsymbol{0} \text{ 或 } \boldsymbol{z} \neq \boldsymbol{0} \in \mathbb{R}^n\right\}.$$

**例 2.6.1** 假设 $\mathcal{S}$ 是 3 阶 2 维的对称实张量, 即 $d = 3$, $n = 2$. 那么 Q4 等价于下面的优化问题

$$\min \quad \boldsymbol{y}^\top\boldsymbol{y} + \boldsymbol{z}^\top\boldsymbol{z}$$
$$\text{s.t.} \quad \sum_{j=1,k=1}^{2} \mathcal{S}_{ijk}(y_j y_k - z_j z_k) = y_i, \ i = 1, 2, \tag{2.20}$$
$$\sum_{j=1,k=1}^{2} \mathcal{S}_{ijk}(2 y_j z_k) = -z_i, \ i = 1, 2, \tag{2.21}$$
$$\boldsymbol{y} \neq \boldsymbol{0} \text{ 或者 } \boldsymbol{z} \neq \boldsymbol{0} \in \mathbb{R}^2.$$

通过求解方程组 (2.20) 和 (2.21), 就可以得到 $\mathcal{S}$ 的正的 US-特征值和相应的 US-特征向量, 从而得到最大的 US-特征值以及对称最佳秩 1 逼近.

表 2.1 和表 2.2 就是分别计算的 3 阶 2 维两个对称实张量的 US-特征对. 通过观察这两个数值实验, 还发现下面有趣的结果:

(1) 假定 $\boldsymbol{u}$ 是张量 $\mathcal{S}$ 相应于 US-特征值 $\lambda$ 的复的 US-特征向量. 令 $\eta = (-1 + \sqrt{-3})/2$. 那么 $\boldsymbol{u}$, $\eta\boldsymbol{u}$, $\eta^2\boldsymbol{u}$ 和 $\boldsymbol{u}^*$, $(\eta\boldsymbol{u})^*$, $(\eta^2\boldsymbol{u})^*$ 均是 $\mathcal{S}$ 相应于 $\lambda$ 的 US-特征向量. 实际上, 由定理 2.5.5 的证明可知: 如果 $\eta$ 是一个 $d$ 次单位根, 即 $\eta^d = 1$, 那么 $\eta^k\boldsymbol{u}$ $(k = 1, 2, \cdots, d)$ 均是 $\mathcal{S}$ 相应于 $\lambda$ 的 US-特征向量; 而且如果 $\mathcal{S}$ 是实张量, 那么 $\boldsymbol{u}^*$ 也还是 $\mathcal{S}$ 相应于 $\lambda$ 的 US-特征向量, 因此一个 US-特征值对应于 $2d$ 个不同的 US-特征向量; 但是如果 $\mathcal{S}$ 是复张量, 那么 $\boldsymbol{u}^*$ 就不是相应于 $\lambda$ 的 US-特征对, 此时一个 US-特征值对应于 $d$ 个不同的 US-特征向量.

(2) 假定 $\boldsymbol{u}$ 是一个实 US-特征向量, 那么 $\boldsymbol{u} = \boldsymbol{u}^*$, $\eta\boldsymbol{u} = (\eta^2\boldsymbol{u})^*$, $\eta^2\boldsymbol{u} = (\eta\boldsymbol{u})^*$. 因此, $\lambda$ 仅对应于 3 个不同的 US-特征向量 $\boldsymbol{u}$, $\eta\boldsymbol{u}$ 和 $\eta^2\boldsymbol{u}$.

(3) 对称实张量 $\mathcal{S}$ 至少存在一个实 US-特征向量, 因为 Z-特征对对于对称实张量始终存在.

(4) 对于对称实张量 $\mathcal{S}$, 表 2.1 说明其对称最佳秩 1 逼近可以在其实对称最佳秩 1 逼近中获得, 尽管这个张量的元素并不全是非负的; 而表 2.2 说明该张量

的对称最佳秩 1 逼近只能在复对称最佳秩 1 逼近中得到, 其实对称最佳秩 1 逼近不能达到其对称最佳秩 1 逼近, 换句话说, 其绝对值最大的 Z-特征值小于最大的 US-特征值.

**表 2.1**　张量 $\mathcal{S}$ 的 US-特征对 ($S_{111} = 2$, $S_{112} = 1$, $S_{122} = -1$, $S_{222} = 1$)

|  | 特征值 ($\lambda > 0$) | 特征向量 ($\boldsymbol{u}$) |
|---|---|---|
| 1 | 0.326409 | $(-0.188256 - 0.32607\sqrt{-1}, -0.463206 - 0.802296\sqrt{-1})^\top$ |
| 2 | 0.326409 | $(-0.188256 + 0.32607\sqrt{-1}, -0.463206 + 0.802296\sqrt{-1})^\top$ |
| 3 | 2.12132 | $(0.541675 - 0.454519\sqrt{-1}, 0.664463 - 0.241845\sqrt{-1})^\top$ |
| 4 | 2.12132 | $(-0.541675 + 0.454519\sqrt{-1}, 0.664463 + 0.241845\sqrt{-1})^\top$ |
| 5 | 2.12132 | $(-0.122788 - 0.696364\sqrt{-1}, -0.541675 + 0.454519\sqrt{-1})^\top$ |
| 6 | 2.12132 | $(-0.122788 + 0.696364\sqrt{-1}, -0.541675 - 0.454519\sqrt{-1})^\top$ |
| 7 | 2.12132 | $(0.664463 - 0.241845\sqrt{-1}, -0.122788 + 0.696364\sqrt{-1})^\top$ |
| 8 | 2.12132 | $(0.664463 + 0.241845\sqrt{-1}, -0.122788 - 0.696364\sqrt{-1})^\top$ |
| 9 | 2.17445 | $(0.253551 - 0.439164\sqrt{-1}, -0.430943 + 0.746415\sqrt{-1})^\top$ |
| 10 | 2.17445 | $(0.253551 + 0.439164\sqrt{-1}, -0.430943 - 0.746415\sqrt{-1})^\top$ |
| 11 | 2.35468 | $(-0.48629 - 0.842279\sqrt{-1}, -0.116283 - 0.201409\sqrt{-1})^\top$ |
| 12 | 2.35468 | $(-0.48629 + 0.842279\sqrt{-1}, -0.116283 + 0.201409\sqrt{-1})^\top$ |
| 13 | 0.326409 | $(0.376513, 0.926411)^\top$ |
| 14 | 2.17445 | $(-0.507103, 0.861886)^\top$ |
| 15 | 2.35468 | $(0.97258, 0.232567)^\top$ |

**表 2.2**　张量 $\mathcal{S}$ 的 US-特征对 ($S_{111} = 2$, $S_{112} = -1$, $S_{122} = -2$, $S_{222} = 1$)

|  | 特征值 ($\lambda > 0$) | 特征向量 ($\boldsymbol{u}$) |
|---|---|---|
| 1 | 2.23607 | $(-0.494041 - 0.855703\sqrt{-1}, 0.0769673 + 0.133311\sqrt{-1})^\top$ |
| 2 | 2.23607 | $(-0.494041 + 0.855703\sqrt{-1}, 0.0769673 - 0.133311\sqrt{-1})^\top$ |
| 3 | 2.23607 | $(0.180365 - 0.312401\sqrt{-1}, -0.466335 + 0.807716\sqrt{-1})^\top$ |
| 4 | 2.23607 | $(0.180365 + 0.312401\sqrt{-1}, -0.466335 - 0.807716\sqrt{-1})^\top$ |
| 5 | 2.23607 | $(0.313676 - 0.543303\sqrt{-1}, 0.389368 - 0.674405\sqrt{-1})^\top$ |
| 6 | 2.23607 | $(0.313676 + 0.543303\sqrt{-1}, 0.389368 + 0.674405\sqrt{-1})^\top$ |
| 7 | 3.16228 | $(-0.443605 - 0.550649\sqrt{-1}, -0.550649 + 0.443605\sqrt{-1})^\top$ |
| 8 | 3.16228 | $(-0.443605 + 0.550649\sqrt{-1}, -0.550649 - 0.443605\sqrt{-1})^\top$ |
| 9 | 3.16228 | $(-0.255074 - 0.659498\sqrt{-1}, 0.659498 - 0.255074\sqrt{-1})^\top$ |
| 10 | 3.16228 | $(-0.255074 + 0.659498\sqrt{-1}, 0.659498 + 0.255074\sqrt{-1})^\top$ |
| 11 | 3.16228 | $(0.698679 - 0.108848\sqrt{-1}, -0.108848 - 0.698679\sqrt{-1})^\top$ |
| 12 | 3.16228 | $(0.698679 + 0.108848\sqrt{-1}, -0.108848 + 0.698679\sqrt{-1})^\top$ |
| 13 | 2.23607 | $(-0.627352, -0.778736)^\top$ |
| 14 | 2.23607 | $(-0.360729, 0.932671)^\top$ |
| 15 | 2.23607 | $(0.988081, -0.153935)^\top$ |

# 第 3 章 多复变量实值函数球面优化与 US-特征对计算

本章目标是计算高阶对称复张量的酉对称特征对 (US-Eigenpairs, US-特征对), 该问题与对称复张量的最佳秩 1 逼近和对称多体纯态量子纠缠值等问题的研究是一致的. 这也是多复变量实值函数的优化问题. 首先研究复变量球面优化, 包括: 多复变量实值函数的一阶和二阶 Taylor 多项式、优化条件、凸函数等. 然后, 提出迭代算法, 并证明该算法能够使计算结果近似到一个 US-特征对. 而且, 如果张量的 US-特征对是有限的, 那么算法是收敛的.

## 3.1 引　　言

为求对称实张量的最佳秩 1 逼近问题, De Lathauwer 等提出对称高阶幂方法 (symmetric higher-order power method, S-HOPM) [34]. 该方法可以计算对称实张量的特征对. Kofidis 和 Regalia 通过文献 [91] 中的算例 1, 发现 S-HOPM 并不收敛. Kolda 和 Mayo 在文献 [94] 中指出 S-HOPM 能够通过增加一个偏移参数项以确保算法收敛到某个特征对, 并且进一步提出了 SS-HOPM (shifted symmetric higher-order power method). 可是该方法不能用来计算对称复张量的最佳复秩 1 逼近问题, 哪怕给出的张量是实对称的, SS-HOPM 也无法计算出它的最佳复秩 1 逼近. 因此, 本章提出可以求解对称复张量的最佳复秩 1 逼近问题的高阶幂方法 (CSS-HOPM), 并证明了算法的收敛性.

## 3.2 多复变量实值函数的球面优化

### 3.2.1 一阶和二阶 Taylor 多项式

考虑复变量函数 $f : \mathbb{C} \to \mathbb{C}$. 如果 $f$ 在点 $x$ 处可导, 其导数为

$$f'(x) := \lim_{\Delta x \to 0} \frac{f(x + \Delta x) - f(x)}{\Delta x}.$$

在复数意义下 $f$ 可导的充分必要条件是 $f$ 满足 Cauchy-Riemann 条件. 然而, 在很多实际应用中, 有些函数在复数意义下是不可导的. 例如, 在一些优化问题中, 目标函数是一个多复变量实值函数, 那么在任意点 $x \in \mathbb{C}$ 处, 该函数在复数意义

下是不可导的 (除非它是一个常数函数)$^{[9]}$. 为解决这个问题, 本章基于实函数导数, 引入 Wirtinger 导数算子$^{[160]}$.

假设 $f : \mathbb{C}^n \to \mathbb{R}$ 是一个多复变量实值函数. 令 $\boldsymbol{x} = \boldsymbol{a} + \boldsymbol{b}\mathrm{i} \in \mathbb{C}^n$, $\boldsymbol{a}, \boldsymbol{b} \in \mathbb{R}^n$. 记实导数算子为

$$\frac{\partial}{\partial \boldsymbol{a}} = \left( \frac{\partial}{\partial a_1}, \cdots, \frac{\partial}{\partial a_n} \right)^{\top}, \quad \frac{\partial}{\partial \boldsymbol{b}} = \left( \frac{\partial}{\partial b_1}, \cdots, \frac{\partial}{\partial b_n} \right)^{\top},$$

那么, Wirtinger 导数算子定义为

$$\frac{\partial}{\partial \boldsymbol{x}} := \frac{1}{2} \left( \frac{\partial}{\partial \boldsymbol{a}} - \mathrm{i} \frac{\partial}{\partial \boldsymbol{b}} \right), \quad \frac{\partial}{\partial \boldsymbol{x}^*} := \frac{1}{2} \left( \frac{\partial}{\partial \boldsymbol{a}} + \mathrm{i} \frac{\partial}{\partial \boldsymbol{b}} \right).$$

显然

$$\frac{\partial}{\partial \boldsymbol{a}} = \frac{\partial}{\partial \boldsymbol{x}} + \frac{\partial}{\partial \boldsymbol{x}^*}, \quad \frac{\partial}{\partial \boldsymbol{b}} = \mathrm{i} \frac{\partial}{\partial \boldsymbol{x}} - \mathrm{i} \frac{\partial}{\partial \boldsymbol{x}^*}.$$

定义 Hessian 矩阵:

$$\mathcal{H}(\boldsymbol{x}) := \left( \begin{array}{cc} \mathcal{H}_{\boldsymbol{x}\boldsymbol{x}}(\boldsymbol{x}) & \mathcal{H}_{\boldsymbol{x}\boldsymbol{x}^*}(\boldsymbol{x}) \\ \mathcal{H}_{\boldsymbol{x}^*\boldsymbol{x}}(\boldsymbol{x}) & \mathcal{H}_{\boldsymbol{x}^*\boldsymbol{x}^*}(\boldsymbol{x}) \end{array} \right),$$

这里

$$(\mathcal{H}_{\boldsymbol{x}\boldsymbol{x}})_{kl}(\boldsymbol{x}) = \frac{\partial}{\partial x_l} \left( \frac{\partial f(\boldsymbol{x})}{\partial x_k} \right), \quad (\mathcal{H}_{\boldsymbol{x}\boldsymbol{x}^*})_{kl}(\boldsymbol{x}) = \frac{\partial}{\partial x_l^*} \left( \frac{\partial f(\boldsymbol{x})}{\partial x_k} \right),$$

$$(\mathcal{H}_{\boldsymbol{x}^*\boldsymbol{x}})_{kl}(\boldsymbol{x}) = \frac{\partial}{\partial x_l} \left( \frac{\partial f(\boldsymbol{x})}{\partial x_k^*} \right), \quad (\mathcal{H}_{\boldsymbol{x}^*\boldsymbol{x}^*})_{kl}(\boldsymbol{x}) = \frac{\partial}{\partial x_l^*} \left( \frac{\partial f(\boldsymbol{x})}{\partial x_k^*} \right).$$

**命题 3.2.1** (一阶和二阶 Taylor 公式$^{[96]}$)　假设 $f(\boldsymbol{x})$ 是一个多复变量实值函数, 且一阶和二阶可导. 那么, 其一阶 Taylor 公式为

$$f(\boldsymbol{x} + \Delta \boldsymbol{x}) = f(\boldsymbol{x}) + 2\mathrm{Re} \left[ \left( \frac{\partial f(\boldsymbol{x})}{\partial \boldsymbol{x}} \right)^{\top} \Delta \boldsymbol{x} \right] + o(\|\Delta \boldsymbol{x}\|), \tag{3.1}$$

$$f(\boldsymbol{x} + \Delta \boldsymbol{x}) = f(\boldsymbol{x}) + 2\mathrm{Re} \left[ \left( \frac{\partial f(\boldsymbol{x})}{\partial \boldsymbol{x}} \right)^{\top} \Delta \boldsymbol{x} \right] + \frac{1}{2} \mathcal{H}(\boldsymbol{x} + \theta \Delta \boldsymbol{x}, \Delta \boldsymbol{x}). \tag{3.2}$$

二阶 Taylor 公式为

$$f(\boldsymbol{x} + \Delta \boldsymbol{x}) = f(\boldsymbol{x}) + 2\mathrm{Re} \left[ \left( \frac{\partial f(\boldsymbol{x})}{\partial \boldsymbol{x}} \right)^{\top} \Delta \boldsymbol{x} \right] + \frac{1}{2} \mathcal{H}(\boldsymbol{x}, \Delta \boldsymbol{x}) + o(\|\Delta \boldsymbol{x}\|^2), \tag{3.3}$$

这里 $0 < \theta < 1$, 且

$$\mathcal{H}(\boldsymbol{x}, \Delta\boldsymbol{x}) := (\Delta\boldsymbol{x}^{\top}, \Delta\boldsymbol{x}^{*\top})\mathcal{H}(\boldsymbol{x}) \begin{pmatrix} \Delta\boldsymbol{x} \\ \Delta\boldsymbol{x}^* \end{pmatrix}.$$

**定义 3.2.1** 称实值函数 $f(\boldsymbol{x})(\boldsymbol{x} \in \mathbb{C}^n)$ 在点 $\boldsymbol{x}$ 处一阶可微 (简称: 可微) 如果它有一阶偏导数 $\dfrac{\partial f(\boldsymbol{x})}{\partial \boldsymbol{x}}$ 和 $\dfrac{\partial f(\boldsymbol{x})}{\partial \boldsymbol{x}^*}$, 且在点 $\boldsymbol{x}$ 处有形如 (3.1) 式的一阶 Taylor 公式. 类似地, 称函数 $f(\boldsymbol{x})$ 在点 $\boldsymbol{x}$ 处二阶可微, 如果它有二阶偏导数 $\dfrac{\partial^2 f(\boldsymbol{x})}{\partial \boldsymbol{x}\partial \boldsymbol{x}}, \dfrac{\partial^2 f(\boldsymbol{x})}{\partial \boldsymbol{x}\partial \boldsymbol{x}^*}, \dfrac{\partial^2 f(\boldsymbol{x})}{\partial \boldsymbol{x}^*\partial \boldsymbol{x}}$ 和 $\dfrac{\partial^2 f(\boldsymbol{x})}{\partial \boldsymbol{x}^*\partial \boldsymbol{x}^*}$, 且在点 $\boldsymbol{x}$ 处有形如 (3.3) 式的二阶 Taylor 公式.

**定理 3.2.1** 假设函数 $y = f(\boldsymbol{x}) \in \mathbb{R} (\boldsymbol{x} \in \mathbb{C}^n)$ 可微. 如果 $\dfrac{\partial f(\boldsymbol{x})}{\partial \boldsymbol{x}^*} \neq \boldsymbol{0}$, 那么 $\dfrac{\partial f(\boldsymbol{x})}{\partial \boldsymbol{x}^*}$ 是函数 $f(\boldsymbol{x})$ 的最快增长方向.

**证明** 令 $\boldsymbol{u} \in \mathbb{C}^n$ 是一个单位向量. 由 (3.1) 式, 可得

$$\lim_{\rho \to 0^+} \frac{f(\boldsymbol{x} + \rho\boldsymbol{u}) - f(\boldsymbol{x})}{\rho} = \lim_{\rho \to 0^+} \frac{2\rho\mathrm{Re}\left[\left(\dfrac{\partial f(\boldsymbol{x})}{\partial \boldsymbol{x}}\right)^{\top}\boldsymbol{u}\right] + o(\rho)}{\rho} \leqslant 2\left\|\frac{\partial f(\boldsymbol{x})}{\partial \boldsymbol{x}^*}\right\|.$$

上面的等式仅当 $u = \dfrac{\partial f(\boldsymbol{x})}{\partial \boldsymbol{x}^*} \bigg/ \left\|\dfrac{\partial f(\boldsymbol{x})}{\partial \boldsymbol{x}^*}\right\|$ 时成立. 因此, 如果 $\dfrac{\partial f(\boldsymbol{x})}{\partial \boldsymbol{x}^*} \neq \boldsymbol{0}$, $\dfrac{\partial f(\boldsymbol{x})}{\partial \boldsymbol{x}^*}$ 是函数 $f(\boldsymbol{x})$ 的最快增长方向. 证毕.

类似实变量函数的梯度, 这里定义多复变量实值函数的梯度、稳定点和 Hessian 函数正定如下:

**定义 3.2.2** 假设 $f(\boldsymbol{x})$ 是一个多复变量实值函数. 定义

$$\nabla f(\boldsymbol{x}) := 2\frac{\partial f(\boldsymbol{x})}{\partial \boldsymbol{x}^*}$$

为 $f(\boldsymbol{x})$ 的梯度. 如果 $\nabla f(\boldsymbol{x})|_{\boldsymbol{x}=\hat{\boldsymbol{x}}} = \boldsymbol{0}$, 则称点 $\hat{\boldsymbol{x}}$ 为 $f(\boldsymbol{x})$ 的稳定点 (critical point). 如果对任意的 $\boldsymbol{0} \neq \Delta\boldsymbol{x} \in \mathbb{C}^n$, 有 $\mathcal{H}(\boldsymbol{x}, \Delta\boldsymbol{x}) > 0(< 0)$, 则称函数 $\mathcal{H}(\boldsymbol{x})$ 在点 $\boldsymbol{x}$ 处是正定的 (负定的).

**注** 由于 $\dfrac{\partial f(\boldsymbol{x})}{\partial \boldsymbol{x}^*} = \left(\dfrac{\partial f(\boldsymbol{x})}{\partial \boldsymbol{x}}\right)^*$, 因此, 如果 $\dfrac{\partial f(\boldsymbol{x})}{\partial \boldsymbol{x}}\bigg|_{\boldsymbol{x}=\hat{\boldsymbol{x}}} = \boldsymbol{0}$, 也称点 $\hat{\boldsymbol{x}}$ 为 $f(\boldsymbol{x})$ 的稳定点.

### 3.2.2　一阶和二阶优化条件

**定理 3.2.2** (一阶优化必要条件[96])　如果多复变量实值函数 $f(\boldsymbol{x})$ 可微, 且在点 $\boldsymbol{x} \in \mathbb{C}^n$ 处取得极值, 那么 $\boldsymbol{x}$ 是函数 $f(\boldsymbol{x})$ 的一个稳定点.

**定理 3.2.3** (二阶优化充分条件[96])　如果多复变量实值函数 $f(\boldsymbol{x})$ 在点 $\boldsymbol{x}$ 处二次可微 (即 $\nabla f(\boldsymbol{x}) = \boldsymbol{0}$), 那么:

(1) 如果 $\mathcal{H}(\boldsymbol{x})$ 是负定的, 则 $f(\boldsymbol{x})$ 在点 $\boldsymbol{x}$ 处取得极大值;

(2) 如果 $\mathcal{H}(\boldsymbol{x})$ 是正定的, 则 $f(\boldsymbol{x})$ 在点 $\boldsymbol{x}$ 处取得极小值.

### 3.2.3　单位球上的凸函数

令 $\boldsymbol{x} = \boldsymbol{a} + \boldsymbol{b}\mathrm{i} \in \Omega \subseteq \mathbb{C}^n$, $\boldsymbol{a}, \boldsymbol{b} \in \mathbb{R}^n$. 映射 $P : \Omega \subseteq \mathbb{C}^n \to \mathbb{R}^{2n}$ 满足

$$P(\boldsymbol{x}) = \begin{pmatrix} \boldsymbol{a} \\ \boldsymbol{b} \end{pmatrix}.$$

如果 $P(\Omega)$ 在 $\mathbb{R}^{2n}$ 中是凸的, 则称集合 $\Omega$ 是 $\mathbb{C}^n$ 上的凸集. 如果 $f(\boldsymbol{a}, \boldsymbol{b})$ 是凸集合 $P(\Omega)$ 上的凸函数, 则称实值函数 $f(\boldsymbol{x})$ 是凸集合 $\Omega$ 上的凸函数.

**定理 3.2.4**　设 $f : \Omega \subseteq \mathbb{C}^n \to \mathbb{R}$. 如果 $f$ 可微, 那么 $f$ 是凸函数的充要条件是: $\Omega$ 是凸集, 而且

$$f(\boldsymbol{y}) \geqslant f(\boldsymbol{x}) + 2\mathrm{Re}\left[\left(\frac{\partial f(\boldsymbol{x})}{\partial \boldsymbol{x}}\right)^{\top}(\boldsymbol{y} - \boldsymbol{x})\right] \tag{3.4}$$

对所有的 $\boldsymbol{x}, \boldsymbol{y} \in \Omega$ 成立.

**证明**　令 $\boldsymbol{x}_P = P(\boldsymbol{x})$, $\boldsymbol{y}_P = P(\boldsymbol{y})$ 且 $F(\boldsymbol{x}_P) = f(\boldsymbol{x})$. 由实变量凸函数理论, $F(\boldsymbol{x}_P)$ 是凸函数充要条件为 $P(\Omega)$ 是凸集, 且

$$F(\boldsymbol{y}_P) \geqslant F(\boldsymbol{x}_P) + \left(\frac{\partial F(\boldsymbol{x}_P)}{\partial \boldsymbol{x}_P}\right)^{\top}(\boldsymbol{y}_P - \boldsymbol{x}_P). \tag{3.5}$$

令 $\boldsymbol{y} = \boldsymbol{a}_y + \mathrm{i}\boldsymbol{b}_y$, $\boldsymbol{x} = \boldsymbol{a}_x + \mathrm{i}\boldsymbol{b}_x$. 那么,

$$\begin{aligned} 2\mathrm{Re}\left[\left(\frac{\partial f(\boldsymbol{x})}{\partial \boldsymbol{x}}\right)^{\top}(\boldsymbol{y} - \boldsymbol{x})\right] &= \left(\frac{\partial f(\boldsymbol{x})}{\partial \boldsymbol{a}_x}\right)^{\top}(\boldsymbol{a}_y - \boldsymbol{a}_x) + \left(\frac{\partial f(\boldsymbol{x})}{\partial \boldsymbol{b}_x}\right)^{\top}(\boldsymbol{b}_y - \boldsymbol{b}_x) \\ &= \left(\frac{\partial F(\boldsymbol{x}_P)}{\partial \boldsymbol{x}_P}\right)^{\top}(\boldsymbol{y}_P - \boldsymbol{x}_P). \end{aligned}$$

则 (3.4) 成立当且仅当 (3.5) 成立. 证毕.

**定理 3.2.5**　设 $f : \Omega \subseteq \mathbb{C}^n \to \mathbb{R}$. 如果 $f$ 二次可微, 那么 $f$ 是凸函数当且仅当 $\Omega$ 是凸集且 $f$ 的 Hessian 矩阵在 $\Omega$ 上是半正定的, 即 $\mathcal{H}(\boldsymbol{x}, \Delta\boldsymbol{x}) \geqslant 0$ 对所有的 $\boldsymbol{x} \in \Omega$ 和 $\Delta\boldsymbol{x} \in \mathbb{C}^n$ 成立.

**证明**　由一阶 Taylor 公式 (3.2), 得到

$$f(\boldsymbol{y}) = f(\boldsymbol{x}) + 2\mathrm{Re}\left[\left(\frac{\partial f(\boldsymbol{x})}{\partial \boldsymbol{x}}\right)^{\top}(\boldsymbol{y}-\boldsymbol{x})\right] + \frac{1}{2}\mathcal{H}(\boldsymbol{x}+\theta(\boldsymbol{y}-\boldsymbol{x}), \boldsymbol{y}-\boldsymbol{x}),$$

这里 $0 < \theta < 1$. 由本定理的假设条件和定理 3.2.4, 得到本定理的结论. 证毕.

**定理 3.2.6**　令 $\Omega = \{\boldsymbol{x} : \|\boldsymbol{x}\| \leqslant 1, \boldsymbol{x} \in \mathbb{C}^n\}$, $\Sigma = \{\boldsymbol{x} : \|\boldsymbol{x}\| = 1, \boldsymbol{x} \in \mathbb{C}^n\}$. 设 $f$ 是 $\Omega$ 上凸的实值非常数函数, 且连续可微. 那么,

(1) 优化问题 $\max_{\boldsymbol{x} \in \Omega} f(\boldsymbol{x})$ 与 $\max_{\boldsymbol{x} \in \Sigma} f(\boldsymbol{x})$ 等价.

(2) 令 $\boldsymbol{w} \in \Omega$, $\|\boldsymbol{w}\| = 1$, 满足 $\dfrac{\partial f(\boldsymbol{w})}{\partial \boldsymbol{x}^*} \neq \boldsymbol{0}$. 如果 $\boldsymbol{v} = \dfrac{\partial f(\boldsymbol{w})}{\partial \boldsymbol{x}^*}\Big/\left\|\dfrac{\partial f(\boldsymbol{w})}{\partial \boldsymbol{x}^*}\right\| \neq \boldsymbol{w}$, 那么

$$f(\boldsymbol{v}) - f(\boldsymbol{w}) \geqslant 2\mathrm{Re}\left[\left(\frac{\partial f(\boldsymbol{w})}{\partial \boldsymbol{x}}\right)^{\top}(\boldsymbol{v}-\boldsymbol{w})\right] > 0.$$

(3) 如果 $\boldsymbol{x}$ 是 $\max_{\boldsymbol{x} \in \Sigma} f(\boldsymbol{x})$ 的最大值点, 那么 $\dfrac{\partial f(\boldsymbol{x})}{\partial \boldsymbol{x}^*} \neq \boldsymbol{0}$ 且

$$\boldsymbol{x} = \frac{\partial f(\boldsymbol{x})}{\partial \boldsymbol{x}^*}\Big/\left\|\frac{\partial f(\boldsymbol{x})}{\partial \boldsymbol{x}^*}\right\|.$$

**证明**　(1) 令 $\hat{\boldsymbol{x}} \in \Omega$ 满足 $f(\hat{\boldsymbol{x}}) = \max_{\boldsymbol{x} \in \Omega} f(\boldsymbol{x})$. 如果 $\|\hat{\boldsymbol{x}}\| < 1$, 那么 $\hat{\boldsymbol{x}}$ 是 $\Omega$ 的内点. 对于每一个 $\boldsymbol{x} \in \Omega$, 由线段原理 [161, Theorem 2.33], 存在 $\theta > 0$ 使得 $\tilde{\boldsymbol{x}} = \hat{\boldsymbol{x}} + \theta(\hat{\boldsymbol{x}} - \boldsymbol{x}) \in \Omega$, 即

$$\hat{\boldsymbol{x}} = \frac{1}{\theta+1}\tilde{\boldsymbol{x}} + \frac{\theta}{\theta+1}\boldsymbol{x},$$

满足

$$f(\hat{\boldsymbol{x}}) \leqslant \frac{1}{\theta+1}f(\tilde{\boldsymbol{x}}) + \frac{\theta}{\theta+1}f(\boldsymbol{x}). \tag{3.6}$$

因为 $f(\tilde{\boldsymbol{x}}) \leqslant f(\hat{\boldsymbol{x}})$ 且 $f(\boldsymbol{x}) \leqslant f(\hat{\boldsymbol{x}})$, 由 (3.6) 得到 $f$ 是 $\Omega$ 上的常数函数, 也即, $f(x) = f(\hat{\boldsymbol{x}})$, 矛盾. 因此 $f$ 在 $\Omega$ 上的最大值会在 $\Omega$ 的边界上取得.

(2) 由 $\|\boldsymbol{w}\| = 1$ 且 $\boldsymbol{0} \neq \boldsymbol{v} = \dfrac{\partial f(\boldsymbol{w})}{\partial \boldsymbol{x}^*}\Big/\left\|\dfrac{\partial f(\boldsymbol{w})}{\partial \boldsymbol{x}^*}\right\| \neq \boldsymbol{w}$, 那么,

$$\mathrm{Re}\left[\left(\frac{\partial f(\boldsymbol{w})}{\partial \boldsymbol{x}}\right)^{\top}\boldsymbol{w}\right] < \mathrm{Re}\left[\left(\frac{\partial f(\boldsymbol{w})}{\partial \boldsymbol{x}}\right)^{\top}\boldsymbol{v}\right].$$

因为 $\Omega$ 是凸集, $\boldsymbol{v}, \boldsymbol{w} \in \Omega$, $f$ 在 $\Omega$ 上是凸的, 因此, 由 (3.4) 式, 得到

$$f(\boldsymbol{v}) - f(\boldsymbol{w}) \geqslant 2\mathrm{Re}\left[\left(\frac{\partial f(\boldsymbol{w})}{\partial \boldsymbol{x}}\right)^{\top}(\boldsymbol{v} - \boldsymbol{w})\right] > 0.$$

(3) 如果 $\boldsymbol{x}$ 是 $\max_{\boldsymbol{x} \in \Sigma} f(\boldsymbol{x})$ 的最小值点, 且 $\dfrac{\partial f(\boldsymbol{x})}{\partial \boldsymbol{x}^*} = \boldsymbol{0}$, 那么由 $f$ 在 $\Omega$ 上的凸函数性质, 得到

$$f(\boldsymbol{w}) - f(\boldsymbol{x}) \geqslant 2\mathrm{Re}\left\langle\frac{\partial f(\boldsymbol{x})}{\partial \boldsymbol{x}^*}, \boldsymbol{w} - \boldsymbol{x}\right\rangle = 0, \quad \forall \boldsymbol{w} \in \Omega.$$

则 $\boldsymbol{x}$ 是 $f$ 在 $\Omega$ 上的最小值点. 因此, $\dfrac{\partial f(\boldsymbol{x})}{\partial \boldsymbol{x}^*} \neq \boldsymbol{0}$.

假设 $\boldsymbol{x}$ 是 $\max_{\boldsymbol{x} \in \Sigma} f(\boldsymbol{x})$ 的最大值点, 且 $\boldsymbol{x} \neq \dfrac{\partial f(\boldsymbol{x})}{\partial \boldsymbol{x}^*} \Big/ \left\|\dfrac{\partial f(\boldsymbol{x})}{\partial \boldsymbol{x}^*}\right\|$. 令 $\boldsymbol{v} = \dfrac{\partial f(\boldsymbol{x})}{\partial \boldsymbol{x}^*} \Big/ \left\|\dfrac{\partial f(\boldsymbol{x})}{\partial \boldsymbol{x}^*}\right\| \in \Sigma$. 由结论 (2), 得到 $f(\boldsymbol{v}) - f(\boldsymbol{x}) > \boldsymbol{0}$, 假设不成立. 因此, $\boldsymbol{x} = \dfrac{\partial f(\boldsymbol{x})}{\partial \boldsymbol{x}^*} \Big/ \left\|\dfrac{\partial f(\boldsymbol{x})}{\partial \boldsymbol{x}^*}\right\|$. 证毕.

## 3.3 高阶复张量的最佳秩 1 逼近

令

$$g_1(\lambda, \boldsymbol{x}) = \|\mathcal{S} - \lambda \otimes_{i=1}^d \boldsymbol{x}\|^2, \quad g_2(\boldsymbol{x}) = \|\mathcal{S} - \otimes_{i=1}^d \boldsymbol{x}\|^2, \quad h(\boldsymbol{x}) = \frac{\langle \mathcal{S}, \boldsymbol{x}^d\rangle + \langle \boldsymbol{x}^d, \mathcal{S}\rangle}{2}. \tag{3.7}$$

如果 $\mathcal{S}$ 是一个 $d$ 阶对称实张量, 标量 $\lambda \in \mathbb{R}$ 和单位向量 $\boldsymbol{x} \in \mathbb{R}^n$, 那么, 张量 $\mathcal{S}$ 的实对称最佳秩 1 逼近 (the best symmetric real rank-one approximation) 可以由 $g_1(\lambda, \boldsymbol{x})$[34] 或 $g_2(\boldsymbol{x})$[171] 的最小值优化问题来定义. 下面就给出最佳秩 1 逼近与多项式最优化问题的关系, 对于非对称情况的相关证明可以参考文献 [34,91].

**定理 3.3.1** 设 $\mathcal{S}$ 是一个 $d$ 阶对称实张量. 那么最小优化问题

$$\min_{\lambda \in \mathbb{R}, \ \boldsymbol{x} \in \mathbb{R}^n} g_1(\lambda, \boldsymbol{x})$$
$$\text{s.t. } \|\boldsymbol{x}\| = 1$$

等价于最大优化问题

$$\max_{\boldsymbol{x} \in \mathbb{R}^n} |h(\boldsymbol{x})|$$
$$\text{s.t. } \|\boldsymbol{x}\| = 1,$$

其中 $\lambda = h(\boldsymbol{x})$.

设 $\mathcal{S}$ 是一个 $d$ 阶对称复张量. 令 $\lambda \in \mathbb{R}$, $\boldsymbol{x} \in \mathbb{C}^n$ 且 $\|\boldsymbol{x}\| = 1$, 那么, 张量 $\mathcal{S}$ 的复对称最佳秩 1 逼近可以由 $g_1(\lambda, \boldsymbol{x})$ 或 $g_2(\boldsymbol{x})$ 的最小优化定义[122,184]. 对称复张量的最佳秩 1 逼近性质如下:

**定理 3.3.2** 设 $\mathcal{S}$ 是一个 $d$ 阶对称复张量, 那么
(1) 最小优化问题

$$\min_{\lambda \in \mathbb{R}, \, \boldsymbol{x} \in \mathbb{C}^n} g_1(\lambda, \boldsymbol{x})$$
$$\text{s.t. } \|\boldsymbol{x}\| = 1 \tag{3.8}$$

等价于最大优化问题

$$\max_{\boldsymbol{x} \in \mathbb{C}^n} |h(\boldsymbol{x})|$$
$$\text{s.t. } \|\boldsymbol{x}\| = 1, \tag{3.9}$$

这里 $\lambda = h(\boldsymbol{x}) \in \mathbb{R}$;
(2) 最小优化问题

$$\min_{\boldsymbol{x} \in \mathbb{C}^n} g_2(\boldsymbol{x})$$
$$\text{s.t. } \|\boldsymbol{x}\| = 1 \tag{3.10}$$

等价于最大优化问题

$$\max_{\boldsymbol{x} \in \mathbb{C}^n} h(\boldsymbol{x})$$
$$\text{s.t. } \|\boldsymbol{x}\| = 1. \tag{3.11}$$

**证明** 由于 $\|\boldsymbol{x}\| = 1$, 那么

$$\langle \boldsymbol{x}^d, \boldsymbol{x}^d \rangle = \sum_{i_1, \cdots, i_d = 1}^n x_{i_1}^* \cdots x_{i_d}^* \, x_{i_1} \cdots x_{i_d} = \prod_{k=1}^d \sum_{i_k=1}^n x_{i_k}^* x_{i_k} = 1.$$

由 (3.7) 式, 得到

$$g_1(\lambda, \boldsymbol{x}) = \langle \mathcal{S} - \lambda \boldsymbol{x}^d, \mathcal{S} - \lambda \boldsymbol{x}^d \rangle = \langle \mathcal{S}, \mathcal{S} \rangle - 2\lambda h(\boldsymbol{x}) + \lambda^2, \tag{3.12}$$

$$g_2(\boldsymbol{x}) = \langle \mathcal{S} - \boldsymbol{x}^d, \mathcal{S} - \boldsymbol{x}^d \rangle = 1 + \langle \mathcal{S}, \mathcal{S} \rangle - 2h(\boldsymbol{x}). \tag{3.13}$$

如果单位向量 $\boldsymbol{x}$ 是确定的, 那么, $g_1(\lambda, \boldsymbol{x})$ 的最小值在 $\lambda = h(\boldsymbol{x})$ 时取得. 这表明 (3.8) 的最小值等价于下面的最小优化问题

$$\min_{\boldsymbol{x} \in \mathbb{C}^n} g_1(h(\boldsymbol{x}), \boldsymbol{x})$$
$$\text{s.t. } \|\boldsymbol{x}\| = 1. \tag{3.14}$$

因为

$$g_1(h(\boldsymbol{x}), \boldsymbol{x}) = \langle \mathcal{S}, \mathcal{S} \rangle - h(\boldsymbol{x})^2, \tag{3.15}$$

所以, 由公式 (3.12) 和 (3.15) 得到结论 (1), 由公式 (3.13) 得到结论 (2). 证毕.

**定理 3.3.3** 设 $S$ 是一个 $d$ 阶对称复张量. 那么, 最小优化问题 (3.8) 和 (3.10) 等价于最大优化问题

$$\max_{\|\boldsymbol{x}\|=1, \boldsymbol{x} \in \mathbb{C}^n} |\langle \mathcal{S}, \boldsymbol{x}^d \rangle| = \max_{\|\boldsymbol{x}\|=1, \boldsymbol{x} \in \mathbb{C}^n} |\mathcal{S}^* \boldsymbol{x}^d|. \tag{3.16}$$

**证明**    一方面, 由于 $h(\boldsymbol{x}) = \mathrm{Re}(\mathcal{S}^*\boldsymbol{x}^d)$. 因此,

$$\max_{||\boldsymbol{x}||=1,\boldsymbol{x}\in\mathbb{C}^n} h(\boldsymbol{x}) \leqslant \max_{||\boldsymbol{x}||=1,\boldsymbol{x}\in\mathbb{C}^n} |h(\boldsymbol{x})| \leqslant \max_{||\boldsymbol{x}||=1,\boldsymbol{x}\in\mathbb{C}^n} |\mathcal{S}^*\boldsymbol{x}^d|.$$

另一方面, 假定 $|\hat{\lambda}|$ 是 (3.16) 的最大值, 其中 $\hat{\lambda} = \mathcal{S}^*\hat{\boldsymbol{x}}^d$.
令 $\boldsymbol{u} = \left(\dfrac{|\hat{\lambda}|}{\hat{\lambda}}\right)^{1/d} \hat{\boldsymbol{x}}$. 那么, $||\boldsymbol{u}|| = 1$ 且

$$\mathcal{S}^*\boldsymbol{u}^d = \frac{|\hat{\lambda}|}{\hat{\lambda}}\mathcal{S}^*\hat{\boldsymbol{x}}^d = |\hat{\lambda}|.$$

因此,

$$\max_{||\boldsymbol{x}||=1,\boldsymbol{x}\in\mathbb{C}^n} h(\boldsymbol{x}) = \max_{||\boldsymbol{x}||=1,\boldsymbol{x}\in\mathbb{C}^n} |h(\boldsymbol{x})| = \max_{||\boldsymbol{x}||=1,\boldsymbol{x}\in\mathbb{C}^n} |\mathcal{S}^*\boldsymbol{x}^d|.$$

所以, 由定理 3.3.2 可知, 最小优化问题 (3.8) 和 (3.10) 等价于最大优化问题 (3.16). 证毕.

接下来讨论如下形式的复对称最佳秩 1 逼近.

**定义 3.3.1**    给定一个对称复张量 $\mathcal{S} \in \mathrm{Sym}(d, n)$, 如果存在复对称秩 1 张量 $\otimes_{i=1}^d \boldsymbol{u}$, 其中 $\boldsymbol{u} \in \mathbb{C}^n$, $||\boldsymbol{u}|| = 1$, 使得函数 $|\langle\mathcal{S}, \otimes_{i=1}^d \boldsymbol{x}\rangle| = |\mathcal{S}^*\boldsymbol{x}^d|$ 在 $\boldsymbol{x} \in \mathbb{C}^n$ 的单位球面上取最大值, 那么称秩 1 张量 $\lambda \otimes_{i=1}^d \boldsymbol{u}$ 为张量 $\mathcal{S}$ 的复对称最佳秩 1 张量, 其中 $\lambda = \mathcal{S}^*\boldsymbol{u}^d$. 即

$$|\lambda| = |\langle\mathcal{S}, \otimes_{i=1}^d \boldsymbol{u}\rangle| = \max_{||\boldsymbol{x}||=1,\boldsymbol{x}\in\mathbb{C}^n} |\langle\mathcal{S}, \otimes_{i=1}^d \boldsymbol{x}\rangle| = \max_{||\boldsymbol{x}||=1,\boldsymbol{x}\in\mathbb{C}^n} |\mathcal{S}^*\boldsymbol{x}^d|. \tag{3.17}$$

根据文献 [122], 如果 $\lambda$ 是 $\mathcal{S}$ 的最大 US-特征值, 那么 $\lambda\boldsymbol{u}^d$ 是张量 $\mathcal{S}$ 的复对称最佳秩 1 逼近, $(\lambda, \boldsymbol{u})$ 是 $\mathcal{S}$ 的一个 US-特征对.

## 3.4    算法与收敛性分析

设 $\mathcal{S}$ 是 $d$ 阶 $n$ 维对称复张量. 本节研究下述球面优化问题的求解:

$$\begin{aligned} \max_{\boldsymbol{x}\in\mathbb{C}^n} \quad & |\mathcal{S}^*\boldsymbol{x}^d| \\ \mathrm{s.t.} \quad & ||\boldsymbol{x}|| = 1. \end{aligned} \tag{3.18}$$

令

$$f(\boldsymbol{x}) = (\mathcal{S}^*\boldsymbol{x}^d)(\mathcal{S}\boldsymbol{x}^{*d}) + \alpha(\boldsymbol{x}^{*\top}\boldsymbol{x})^d = |\mathcal{S}^*\boldsymbol{x}^d|^2 + \alpha||\boldsymbol{x}||^{2d}, \quad \alpha \in \mathbb{R}, \ \boldsymbol{x} \in \mathbb{C}^n. \tag{3.19}$$

那么, 优化问题 (3.18) 等价于

$$\begin{aligned} \max_{\boldsymbol{x}\in\mathbb{C}^n} \quad & f(\boldsymbol{x}), \\ \mathrm{s.t.} & ||\boldsymbol{x}|| = 1. \end{aligned} \tag{3.20}$$

由于 $f(\boldsymbol{x})$ 为多复变量实值函数. 定义

$$
\begin{aligned}
\beta(\mathcal{S}) &:= \max_{\boldsymbol{x}, \boldsymbol{y} \in \mathbb{C}^n} |\boldsymbol{y}^{*\top}(\mathcal{S}^* \boldsymbol{x}^{d-2}) \boldsymbol{y}| \\
&\text{s.t. } ||\boldsymbol{x}|| = ||\boldsymbol{y}|| = 1,
\end{aligned}
\tag{3.21}
$$

这里 $\beta(\mathcal{S})$ 类似于 Kolda 和 Mayo 的 SS-HOPM 算法中的 $\beta(\mathcal{S})$[94]. 易见

$$
\max_{\boldsymbol{x} \in \mathbb{C}^n, \, ||\boldsymbol{x}|| = 1} |\mathcal{S}^* \boldsymbol{x}^d| \leqslant \beta(\mathcal{S}) \leqslant \sum_{k_1, \cdots, k_d = 1}^{n} |S_{k_1 \cdots k_d}|.
\tag{3.22}
$$

**定理 3.4.1** 如果 $\alpha > (d-1)\beta^2(\mathcal{S})$, 那么函数 $f(\boldsymbol{x})$ 在单位球 $\Omega = \{\boldsymbol{x} \in \mathbb{C}^n : ||\boldsymbol{x}|| \leqslant 1\}$ 上是凸的.

**证明** 首先计算 $f(\boldsymbol{x})$ 的一阶和二阶偏导数, 以及 Hessian 函数.

$$
\frac{\partial f(\boldsymbol{x})}{\partial \boldsymbol{x}} = d(\mathcal{S} \boldsymbol{x}^{*d}) \mathcal{S}^* \boldsymbol{x}^{d-1} + d\alpha (\boldsymbol{x}^{*\top} \boldsymbol{x})^{d-1} \boldsymbol{x}^*,
$$

$$
\frac{\partial f(\boldsymbol{x})}{\partial \boldsymbol{x}^*} = d(\mathcal{S}^* \boldsymbol{x}^d) \mathcal{S} \boldsymbol{x}^{*d-1} + d\alpha (\boldsymbol{x}^{*\top} \boldsymbol{x})^{d-1} \boldsymbol{x},
$$

$$
\frac{\partial^2 f(\boldsymbol{x})}{\partial \boldsymbol{x} \partial \boldsymbol{x}} = d(d-1)(\mathcal{S} \boldsymbol{x}^{*d}) \mathcal{S}^* \boldsymbol{x}^{d-2} + d(d-1)\alpha (\boldsymbol{x}^{*\top} \boldsymbol{x})^{d-2} \boldsymbol{x}^* \boldsymbol{x}^*,
$$

$$
\frac{\partial^2 f(\boldsymbol{x})}{\partial \boldsymbol{x} \partial \boldsymbol{x}^*} = d^2 (\mathcal{S} \boldsymbol{x}^{*d-1})(\mathcal{S}^* \boldsymbol{x}^{d-1}) + d\alpha (\boldsymbol{x}^{*\top} \boldsymbol{x})^{d-1} + d(d-1)\alpha (\boldsymbol{x}^{*\top} \boldsymbol{x})^{d-2} \boldsymbol{x} \boldsymbol{x}^*,
$$

$$
\frac{\partial^2 f(\boldsymbol{x})}{\partial \boldsymbol{x}^* \partial \boldsymbol{x}} = d^2 (\mathcal{S} \boldsymbol{x}^{*d-1})(\mathcal{S}^* \boldsymbol{x}^{d-1}) + d\alpha (\boldsymbol{x}^{*\top} \boldsymbol{x})^{d-1} + d(d-1)\alpha (\boldsymbol{x}^{*\top} \boldsymbol{x})^{d-2} \boldsymbol{x} \boldsymbol{x}^*,
$$

$$
\frac{\partial^2 f(\boldsymbol{x})}{\partial \boldsymbol{x}^* \partial \boldsymbol{x}^*} = d(d-1)(\mathcal{S}^* \boldsymbol{x}^d) \mathcal{S} \boldsymbol{x}^{*d-2} + d(d-1)\alpha (\boldsymbol{x}^{*\top} \boldsymbol{x})^{d-2} \boldsymbol{x} \boldsymbol{x},
$$

$$
\begin{aligned}
\boldsymbol{H}(\boldsymbol{x}, \Delta \boldsymbol{x}) &= 2d(d-1)\text{Re}\left((\Delta \boldsymbol{x})^\top [(\mathcal{S} \boldsymbol{x}^{*d}) \mathcal{S}^* \boldsymbol{x}^{d-2}] (\Delta \boldsymbol{x})\right) \\
&\quad + 2d^2 (\Delta \boldsymbol{x})^\top [(\mathcal{S} \boldsymbol{x}^{*d-1})(\mathcal{S}^* \boldsymbol{x}^{d-1})] (\Delta \boldsymbol{x}^*) \\
&\quad + 2d\alpha (\Delta \boldsymbol{x})^\top [(\boldsymbol{x}^{*\top} \boldsymbol{x})^{d-1}] (\Delta \boldsymbol{x}^*) \\
&\quad + d^2 \alpha (\boldsymbol{x}^{*\top} \boldsymbol{x})^{d-2} (\Delta \boldsymbol{x})^\top [(\boldsymbol{x} + \boldsymbol{x}^*)(\boldsymbol{x} + \boldsymbol{x}^*)] (\Delta \boldsymbol{x}^*) \\
&\geqslant 2d(d-1)\text{Re}\left((\Delta \boldsymbol{x})^\top [(\mathcal{S} \boldsymbol{x}^{*d}) \mathcal{S}^* \boldsymbol{x}^{d-2}] (\Delta \boldsymbol{x})\right) \\
&\quad + 2d\alpha (\Delta \boldsymbol{x})^\top [(\boldsymbol{x}^{*\top} \boldsymbol{x})^{d-1}] (\Delta \boldsymbol{x}^*).
\end{aligned}
\tag{3.23}
$$

假定 $\boldsymbol{x}$ 和 $\Delta \boldsymbol{x}$ 均是非零向量. 令 $\boldsymbol{u} = \boldsymbol{x}/||\boldsymbol{x}||$, $\boldsymbol{v} = \Delta \boldsymbol{x}/||\Delta \boldsymbol{x}||$, 那么

$$
2d(d-1)\text{Re}\left((\Delta \boldsymbol{x})^\top [(\mathcal{S} \boldsymbol{x}^{*d}) \mathcal{S}^* \boldsymbol{x}^{d-2}] (\Delta \boldsymbol{x})\right) + 2d\alpha (\Delta \boldsymbol{x})^\top [(\boldsymbol{x}^{*\top} \boldsymbol{x})^{d-1}] (\Delta \boldsymbol{x}^*)
$$

$$= 2d||\boldsymbol{x}||^{2d-2}||\Delta\boldsymbol{x}||^2 \left[(d-1)\mathrm{Re}\left((\boldsymbol{v})^\top [(\mathcal{S}\boldsymbol{u}^{*d})\mathcal{S}^*\boldsymbol{u}^{d-2}]\,(\boldsymbol{v})\right) + \alpha\right]$$

$$\geqslant 2d||\boldsymbol{x}||^{2d-2}||\Delta\boldsymbol{x}||^2\left(-(d-1)\beta^2(\mathcal{S}) + \alpha\right) > 0,$$

因为 $\Omega$ 是凸集. 因此, 由定理 3.2.5, $f(\boldsymbol{x})$ 是 $\Omega$ 上的凸函数. 证毕.

显然, 如果 $||\boldsymbol{x}|| = 1$, 那么

$$\left.\frac{\partial f(\boldsymbol{x})}{\partial \boldsymbol{x}^*}\right|_{||\boldsymbol{x}||=1} = d(\mathcal{S}^*\boldsymbol{x}^d)\mathcal{S}\boldsymbol{x}^{*d-1} + d\alpha\boldsymbol{x}. \tag{3.24}$$

因此, 由 (3.24) 式, 以及定理 3.2.6 和定理 3.4.1, 得到计算球面优化问题 (3.20) 的算法, 经计算, 可以获得张量 $\mathcal{S}$ 的一个 US-特征对.

**算法 3.4.1**    给定一个 $d$ 阶 $n$ 维对称复张量 $\mathcal{S}$.

**Step 1 (初始化)**    选择初始点 $\boldsymbol{x}_0 \in \mathbb{C}^n$ 满足 $||\boldsymbol{x}_0|| = 1$, 以及 $0 \leqslant \alpha \in \mathbb{R}$. 令 $\lambda_0 = \mathcal{S}^*\boldsymbol{x}_0^d$.

**Step 2 (迭代步骤)**    **for** $k = 1, 2, \cdots$, do

$$\hat{\boldsymbol{x}}_k \leftarrow (\lambda_{k-1}\mathcal{S}\boldsymbol{x}_{k-1}^{*d-1} + \alpha\boldsymbol{x}_{k-1}),$$

$$\boldsymbol{x}_k \leftarrow \hat{\boldsymbol{x}}_k/||\hat{\boldsymbol{x}}_k||, \; \lambda_k \leftarrow \mathcal{S}^*\boldsymbol{x}_k^d.$$

**end for.**

不失一般性, 假定偏移 (shift) 参数 $\alpha \geqslant 0$, 并使得 (3.19) 式中的函数 $f(\boldsymbol{x})$ 是凸的. 一个重要的结果是: 由定理 3.4.2, 如果 $\alpha > (d-1)\beta^2(\mathcal{S})$, 那么对于任意的初始点 $\boldsymbol{x}_0$ 满足 $||\boldsymbol{x}|| = 1$, 算法 3.4.1 得到的迭代序列 $\{|\lambda_k|\}$ 一定收敛于 $\mathcal{S}$ 的一个 US-特征值, 而 $\left\{\left(|\lambda_k|, \left(\frac{|\lambda_k|}{\lambda_k}\right)^{1/d}\boldsymbol{x}_k\right)\right\}$ 近似为 $\mathcal{S}$ 的一个 US-特征对. 定理 3.4.3 进一步指出, 如果 $\mathcal{S}$ 的 US-特征向量个数有限, 那么 $\left\{\left(\frac{|\lambda_k|}{\lambda_k}\right)^{1/d}\boldsymbol{x}_k\right\}$ 收敛于 $\mathcal{S}$ 的某个特征向量.

**定理 3.4.2**    设 $\mathcal{S}$ 是一个 $d$ 阶 $n$ 维对称复张量, $d \geqslant 3$. 假定 $\alpha > (d-1)\beta^2(\mathcal{S})$, 迭代序列 $\{(\lambda_k, \boldsymbol{x}_k)\}$ 由算法 3.4.1 得到. 令 $\hat{\boldsymbol{x}}_k = \left(\frac{|\lambda_k|}{\lambda_k}\right)^{1/d}\boldsymbol{x}_k$. 那么序列 $\{(|\lambda_k|, \hat{\boldsymbol{x}}_k)\}$ 近似于 $\mathcal{S}$ 的某个 US-特征对, 且序列 $\{|\lambda_k|\}$ 收敛于 $\mathcal{S}$ 的某个 US-特征值.

**证明**    令 $\Omega = \{\boldsymbol{x} \in \mathbb{C}^n : ||\boldsymbol{x}|| \leqslant 1\}$, $\partial\Omega = \{\boldsymbol{x} \in \mathbb{C}^n : ||\boldsymbol{x}|| = 1\}$. 由 (3.24), 得到

$$\begin{aligned}
\frac{\partial f(\boldsymbol{x}_{k-1})}{\partial \boldsymbol{x}^*} &= d(\mathcal{S}^*\boldsymbol{x}_{k-1}^d)\mathcal{S}\boldsymbol{x}_{k-1}^{*d-1} + d\alpha\boldsymbol{x}_{k-1} \\
&= d\lambda_{k-1}\mathcal{S}\boldsymbol{x}_{k-1}^{*d-1} + d\alpha\boldsymbol{x}_{k-1}.
\end{aligned} \tag{3.25}$$

因此, $\left\|\dfrac{\partial f(\boldsymbol{x}_{k-1})}{\partial \boldsymbol{x}^*}\right\| \leqslant d\lambda_{\max}^2 + d\alpha$, 这意味着 $\left\|\dfrac{\partial f(\boldsymbol{x}_{k-1})}{\partial \boldsymbol{x}^*}\right\|$ 是有界的, 其中 $\lambda_{\max}$ 是最大的 US-特征值.

另一方面, 由定理 3.4.1 可知, $f(\boldsymbol{x})$ 在单位球 $\Omega$ 上是凸的. 因为 $|\boldsymbol{x}_{k-1}| = |\boldsymbol{x}_k| = 1$ 且

$$\boldsymbol{x}_k = \frac{\partial f(\boldsymbol{x}_{k-1})}{\partial \boldsymbol{x}^*} \bigg/ \left\|\frac{\partial f(\boldsymbol{x}_{k-1})}{\partial \boldsymbol{x}^*}\right\|, \tag{3.26}$$

由定理 3.2.6, 得到

$$|\lambda_k|^2 - |\lambda_{k-1}|^2 = f(\boldsymbol{x}_k) - f(\boldsymbol{x}_{k-1}) \geqslant 0,$$

这个不等式包括 $\boldsymbol{x}_k = \boldsymbol{x}_{k-1}$ 的可能情况. 因此 $\{|\lambda_k|\}$ 是个非减序列. 又因为 $\{|\lambda_k|\}$ 是有界的, 所以序列 $\{|\lambda_k|\}$ 一定收敛于某个数 $\tilde{\lambda} > 0$.

于是

$$\lim_{k \to \infty} f(\boldsymbol{x}_k) - f(\boldsymbol{x}_{k-1}) = 0.$$

由定理 3.2.6, 得

$$\lim_{k \to \infty} \mathrm{Re}\left[\left(\frac{\partial f(\boldsymbol{x}_{k-1})}{\partial \boldsymbol{x}^*}\right)^{*\top}(\boldsymbol{x}_k - \boldsymbol{x}_{k-1})\right] = 0, \tag{3.27}$$

$$\lim_{k \to \infty} \mathrm{Re}\left[\left\|\frac{\partial f(\boldsymbol{x}_{k-1})}{\partial \boldsymbol{x}^*}\right\| - \left(\frac{\partial f(\boldsymbol{x}_{k-1})}{\partial \boldsymbol{x}^*}\right)^{*\top}\boldsymbol{x}_{k-1}\right] = 0, \tag{3.28}$$

$$\lim_{k \to \infty} \mathrm{Re}\left[1 - (\boldsymbol{x}_k^*)^{\top}\boldsymbol{x}_{k-1}\right] = 0. \tag{3.29}$$

因为 $\boldsymbol{x}_k, \boldsymbol{x}_{k-1} \in \partial\Omega$,

$$\lim_{k \to \infty} \boldsymbol{x}_k - \boldsymbol{x}_{k-1} = \boldsymbol{0}. \tag{3.30}$$

令 $\boldsymbol{\epsilon}_k = \boldsymbol{x}_k - \boldsymbol{x}_{k-1} \in \mathbb{C}^n$. 由 (3.26) 式, 得到

$$\frac{\partial f(\boldsymbol{x}_{k-1})}{\partial \boldsymbol{x}^*} = \left\|\frac{\partial f(\boldsymbol{x}_{k-1})}{\partial \boldsymbol{x}^*}\right\|(\boldsymbol{x}_{k-1} + \boldsymbol{\epsilon}_k). \tag{3.31}$$

由 (3.25) 和 (3.31) 式, 则

$$\left\|\frac{\partial f(\boldsymbol{x}_{k-1})}{\partial \boldsymbol{x}^*}\right\| = \left(\frac{\partial f(\boldsymbol{x}_{k-1})}{\partial \boldsymbol{x}^*}\right)^{*\top}(\boldsymbol{x}_{k-1} + \boldsymbol{\epsilon}_k)$$

$$= (d\lambda_{k-1}\mathcal{S}\boldsymbol{x}_{k-1}^{*d-1} + d\alpha\boldsymbol{x}_{k-1})^{*\top}\boldsymbol{x}_{k-1} + \left(\frac{\partial f(\boldsymbol{x}_{k-1})}{\partial \boldsymbol{x}^*}\right)^{*\top}\boldsymbol{\epsilon}_k$$

$$= (d|\lambda_{k-1}|^2 + d\alpha) + \left(\frac{\partial f(\boldsymbol{x}_{k-1})}{\partial \boldsymbol{x}^*}\right)^{*\top}\boldsymbol{\epsilon}_k. \tag{3.32}$$

把 (3.32) 式代入 (3.31) 式, 得到

$$\frac{\partial f(\boldsymbol{x}_{k-1})}{\partial \boldsymbol{x}^*} = (d|\lambda_{k-1}|^2 \boldsymbol{x}_{k-1} + d\alpha \boldsymbol{x}_{k-1}) + \left( \left( \frac{\partial f(\boldsymbol{x}_{k-1})}{\partial \boldsymbol{x}^*} \right)^{*\top} \boldsymbol{\epsilon}_k \right) \boldsymbol{x}_{k-1}$$
$$+ \left\| \frac{\partial f(\boldsymbol{x}_{k-1})}{\partial \boldsymbol{x}^*} \right\| \boldsymbol{\epsilon}_k. \tag{3.33}$$

因此, 由 (3.25) 和 (3.33) 式, 得到

$$\lambda_{k-1} \mathcal{S} \boldsymbol{x}_{k-1}^{*d-1} = |\lambda_{k-1}|^2 \boldsymbol{x}_{k-1} + F(\boldsymbol{\epsilon}_k), \tag{3.34}$$

这里

$$F(\boldsymbol{\epsilon}_k) = \frac{1}{d} \left( \left( \frac{\partial f(\boldsymbol{x}_{k-1})}{\partial \boldsymbol{x}^*} \right)^{*\top} \boldsymbol{\epsilon}_k \right) \boldsymbol{x}_{k-1} + \frac{1}{d} \left\| \frac{\partial f(\boldsymbol{x}_{k-1})}{\partial \boldsymbol{x}^*} \right\| \boldsymbol{\epsilon}_k.$$

令 $\hat{\boldsymbol{x}}_{k-1} = \left( \frac{|\lambda_{k-1}|}{\lambda_{k-1}} \right)^{1/d} \boldsymbol{x}_{k-1}$, 那么, $\hat{\boldsymbol{x}}_{k-1} \in \partial \Omega$, $\mathcal{S}^* \hat{\boldsymbol{x}}_{k-1}^d = |\lambda_{k-1}| \in \mathbb{R}$, $\boldsymbol{x}_{k-1} = \left( \frac{\lambda_{k-1}}{|\lambda_{k-1}|} \right)^{1/d} \hat{\boldsymbol{x}}_{k-1}$. 把 $\boldsymbol{x}_{k-1}$ 代入 (3.34) 式, 得到

$$\lambda_{k-1} \left( \left( \frac{\lambda_{k-1}^*}{|\lambda_{k-1}|} \right)^{1/d} \right)^{d-1} \mathcal{S} \hat{\boldsymbol{x}}_{k-1}^{*d-1} = |\lambda_{k-1}|^2 \left( \frac{\lambda_{k-1}}{|\lambda_{k-1}|} \right)^{1/d} \hat{\boldsymbol{x}}_{k-1} + F(\boldsymbol{\epsilon}_k),$$

$$\mathcal{S} \hat{\boldsymbol{x}}_{k-1}^{*d-1} = |\lambda_{k-1}| \hat{\boldsymbol{x}}_{k-1} + \frac{1}{|\lambda_{k-1}|} \left( \frac{\lambda_{k-1}^*}{|\lambda_{k-1}|} \right)^{1/d} F(\boldsymbol{\epsilon}_k). \tag{3.35}$$

因为 $|\lambda_k| > |\lambda_{k-1}| > |\lambda_{k-2}| > 0$, $\left\| \frac{\partial f(\boldsymbol{x}_{k-1})}{\partial \boldsymbol{x}^*} \right\|$ 有界的, 而且 $\lim_{k \to \infty} \boldsymbol{\epsilon}_k = \boldsymbol{0}$, 因此

$$\lim_{k \to \infty} \frac{1}{|\lambda_{k-1}|} \left( \frac{\lambda_{k-1}^*}{|\lambda_{k-1}|} \right)^{1/d} F(\boldsymbol{\epsilon}_k) = \boldsymbol{0}. \tag{3.36}$$

由 (3.35) 和 (3.36) 式可知: 如果 $k$ 充分大, 那么 $\mathcal{S} \hat{\boldsymbol{x}}_k^{*d-1} \approx |\lambda_k| \hat{\boldsymbol{x}}_k$, 即 $(|\lambda_k|, \hat{\boldsymbol{x}}_k)$ 近似于 $\mathcal{S}$ 的一个 US-特征对, 且 $\tilde{\lambda}$ 是 $\mathcal{S}$ 的一个 US-特征值. 证毕.

注　定理 3.4.2 指出, 由算法 3.4.1 得到的序列 $\{|\lambda_k|\}$ 收敛于 $\mathcal{S}$ 的一个 US-特征值, 但是序列 $\left\{ \left( |\lambda_k|, \left( \frac{|\lambda_k|}{\lambda_k} \right)^{1/d} \boldsymbol{x}_k \right) \right\}$ 只是近似于 $\mathcal{S}$ 的一个 US-特征对, 也即

序列 $\left\{\left(\dfrac{|\lambda_k|}{\lambda_k}\right)^{1/d} \boldsymbol{x}_k\right\}$ 不一定收敛. 然而, 定理 3.4.3 指出当 $\mathcal{S}$ 的 US-特征向量个

数有限时, 序列 $\left\{\left(\dfrac{|\lambda_k|}{\lambda_k}\right)^{1/d} \boldsymbol{x}_k\right\}$ 收敛于 $\mathcal{S}$ 的某个 US-特征向量.

**定理 3.4.3** 设 $\mathcal{S}$ 是一个 $d$ 阶 $n$ 维对称复张量, $d \geqslant 3$. 假定 $\alpha > (d-1)\beta^2(\mathcal{S})$, 迭代序列 $\{(\lambda_k, \boldsymbol{x}_k)\}$ 由算法 3.4.1 得到. 如果 $\mathcal{S}$ 的 US-特征向量个数有限, 那么存在一个 US-特征向量 $\tilde{\boldsymbol{x}}$ 使得 $\left(\dfrac{|\lambda_k|}{\lambda_k}\right)^{1/d} \boldsymbol{x}_k \to \tilde{\boldsymbol{x}}$.

**证明** 令 $\partial\Omega = \{\boldsymbol{x} \in \mathbb{C}^n : ||\boldsymbol{x}|| = 1\}$, $\hat{\boldsymbol{x}}_k = \left\{\left(\dfrac{|\lambda_k|}{\lambda_k}\right)^{1/d} \boldsymbol{x}_k\right\}$. 由于 $\{\hat{\boldsymbol{x}}_k\}$ 是

紧集 $\partial\Omega$ 上一个无限序列, 由 Bolzano-Weierstrass 定理, 它在 $\partial\Omega$ 上一定有一个聚点 $\tilde{\boldsymbol{x}} \in \partial\Omega$. 令 $\{\hat{\boldsymbol{x}}_{n_k}\}$ 是 $\{\hat{\boldsymbol{x}}_k\}$ 的一个子列, 满足

$$\lim_{k \to \infty} \hat{\boldsymbol{x}}_{n_k} = \tilde{\boldsymbol{x}}. \tag{3.37}$$

由 $f(\boldsymbol{x})$ 的连续性, 以及 (3.35) 和 (3.36) 式, 得到

$$\mathcal{S}\tilde{\boldsymbol{x}}^{*d-1} = \tilde{\lambda}\tilde{\boldsymbol{x}},$$

这里 $\tilde{\lambda}$ 是序列 $\{|\lambda_k|\}$ 的极限. 因此 $(\tilde{\lambda}, \tilde{\boldsymbol{x}})$ 是 $\mathcal{S}$ 的一个 US-特征对.

接下来只需要证明 $\tilde{\boldsymbol{x}}$ 是序列 $\{\hat{\boldsymbol{x}}_k\}$ 的唯一聚点. 因为已经假定 $\mathcal{S}$ 有有限多个特征向量, 因此 $\{\hat{\boldsymbol{x}}_k\}$ 只能有有限多个聚点. 令 $\tilde{\boldsymbol{x}}_t$, $t = 1, 2, \cdots, T$ 是 $\{\hat{\boldsymbol{x}}_k\}$ 的 $T$ 个所有不同的聚点. 假定 $\tilde{\boldsymbol{x}}_1 = \tilde{\boldsymbol{x}}$. 令

$$\epsilon_d = \frac{1}{3} \min_{1 \leqslant t_1 < t_2 \leqslant T} ||\tilde{\boldsymbol{x}}_{t_1} - \tilde{\boldsymbol{x}}_{t_2}||, \quad B_t = \{\boldsymbol{x} \in \partial\Omega : ||\boldsymbol{x} - \tilde{\boldsymbol{x}}_t|| < \epsilon_d\}, \quad t = 1, 2, \cdots, T.$$

那么,

$$||\boldsymbol{x} - \boldsymbol{y}|| > \epsilon_d, \quad \text{如果 } \boldsymbol{x} \in B_{t_1},\ \boldsymbol{y} \in B_{t_2},\ t_1 \neq t_2, \tag{3.38}$$

而且有有限个 $\hat{\boldsymbol{x}}_k$ 满足 $\hat{\boldsymbol{x}}_k \notin \bigcup_{t=1}^{T} B_t$, 即存在数 $K_1 \in \mathbb{Z}^+$ 使得

$$\hat{\boldsymbol{x}}_k \in \bigcup_{t=1}^{T} B_t, \quad \text{对于任意 } k \geqslant K_1. \tag{3.39}$$

由极限的定义, (3.37) 式推导出存在一个数 $K_2 \in \mathbb{Z}^+$ 使得

$$\hat{\boldsymbol{x}}_{n_k} \in B_1, \quad \text{对于任意 } k \geqslant K_2. \tag{3.40}$$

由极限的定义, (3.30) 式推导出存在一个数 $K_3 \in \mathbb{Z}^+$ 使得

$$||\boldsymbol{x}_{k+1} - \boldsymbol{x}_k|| < \epsilon_d, \quad \text{对于任意 } k \geqslant K_3. \tag{3.41}$$

令 $K = \max\{K_1, n_{K_2}, K_3\}$. 由 $B_t$ 的定义, 以及 (3.38)—(3.41) 式, 得到

$$\hat{\boldsymbol{x}}_k \in B_1, \quad \text{对于任意 } k \geqslant n_K.$$

因此, $\tilde{\boldsymbol{x}}$ 是 $\{\hat{\boldsymbol{x}}_k\}$ 唯一的聚点. 证毕.

## 3.5　数 值 实 验

**例 3.5.1**　令 $\mathcal{S}$ 为 Kofidis 和 Regalia 在文献 [91] 中算例 1, 以及 Kolda 与 Mayo 在文献 [94] 中算例 3.5 里所定义的 4 阶 3 维张量.

$$
\begin{aligned}
&S_{1111} = 0.2883, \quad S_{1112} = -0.0031, \quad S_{1113} = 0.1973, \quad S_{1122} = -0.2485, \\
&S_{1123} = -0.2939, \quad S_{1133} = 0.3847, \quad S_{1222} = 0.2972, \quad S_{1223} = 0.1862, \\
&S_{1233} = 0.0919, \quad S_{1333} = -0.3619, \quad S_{2222} = 0.1241, \quad S_{2223} = -0.3420, \\
&S_{2233} = 0.2127, \quad S_{2333} = 0.2727, \quad S_{3333} = -0.3054.
\end{aligned}
$$

首先考虑参数 $\alpha$ 的选取. 令

$$\alpha = 3099 > (d-1)^2 \left( \sum_{k_1, \cdots, k_d} |S_{k_1 \cdots k_d}| \right)^2 = 3098.26.$$

接下来我们选择迭代初始点 $\boldsymbol{x}_0 = (\mathrm{i}/2, (1+\mathrm{i})/2, 1/2)^\top$, 设置最大迭代步数 $k = 100000$. 计算得到 US-特征对 $(\lambda, \boldsymbol{x})$, 其中 $\lambda = 1.30197$,

$$\boldsymbol{x} = (0.474718 + 0.277627\mathrm{i}, -0.49178 - 0.298414\mathrm{i}, 0.261123 - 0.546336\mathrm{i})^\top.$$

对同样的迭代初始点, 我们使用 Kolda 与 Mayo 在文献 [94] 中所采用的参数, 令 $\alpha = 2$, 最大迭代步数 $k = 200$, 经计算, 我们得到相同的特征对. 如图 3.1 所示, 当参数 $\alpha$ 逐渐变大, 算法的收敛速率逐渐降低.

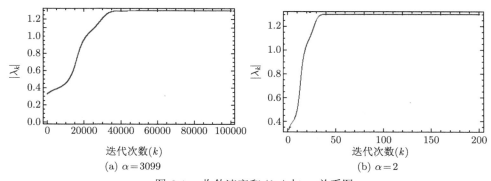

(a) $\alpha = 3099$　　　　　　　　　　　(b) $\alpha = 2$

图 3.1　收敛速率和 $|\lambda_k|$ 与 $\alpha$ 关系图

令 $\tilde{\boldsymbol{x}} = (x_1, x_2, 1)$, $\boldsymbol{x}_0 = \tilde{\boldsymbol{x}}/\|\tilde{\boldsymbol{x}}\|$, 其中 $x_1, x_2 \in [-10, 10]$ 为随机实数. 设置参数 $\alpha = 2$, 最大迭代步数 $k = 800$. 运行 100 步迭代, 得到 5 个 US-特征对, 如表 3.1 所示.

表 3.1    100 个随机实初始点下由算法 3.4.1计算实 US-特征对

| $\lambda$ | $\boldsymbol{x}$ |
| --- | --- |
| 1.09535 | $(-0.418259 + 0.418259i, 0.527978 - 0.527978i, 0.21517 - 0.21517i)$ |
| 0.889322 | $(-0.667184, -0.247076, 0.702723)$ |
| 0.816881 | $(0.841192, -0.26352, 0.472179)$ |
| 0.562917 | $(0.124559 - 0.124559i, -0.127011 + 0.127011i, 0.684363 - 0.684363i)$ |
| 0.363306 | $(0.267582, 0.644749, 0.716029)$ |

令 $\tilde{\boldsymbol{x}} = (x_1, x_2, 1)$, $\boldsymbol{x}_0 = \tilde{\boldsymbol{x}}/\|\tilde{\boldsymbol{x}}\|$, 其中 $x_1, x_2$ 为 $-(100 + 100i)$ 到 $100 + 100i$ 之间的随机复数. 设置参数 $\alpha = 2$, 最大迭代步数 $k = 800$. 运行 100 步迭代, 仅得到 1 个 US-特征值, 如表 3.2 所示.

表 3.2    100 个随机复初始点下由算法 3.4.1计算 US-特征对

| $\lambda$ | $\boldsymbol{x}$ |
| --- | --- |
| 1.30197 | $(0.474718 - 0.277627i, -0.49178 + 0.298414i, 0.261123 + 0.546336i)$ |
| 1.30197 | $(0.474718 + 0.277627i, -0.49178 - 0.298414i, 0.261123 - 0.546336i)$ |
| 1.30197 | $(-0.277627 + 0.474718i, 0.298414 - 0.49178i, 0.546336 + 0.261123i)$ |
| 1.30197 | $(-0.277627 - 0.474718i, 0.298414 + 0.49178i, 0.546336 - 0.261123i)$ |

下面我们给出算例说明, 如果设置参数 $\alpha > 0$, 且 $\alpha$ 很小, 那么数列 $\{|\lambda_k|\}$ 可能收敛到一个非 US-特征值的点. 因此, 必须将 $\alpha$ 选取得足够大.

**例 3.5.2**    令 $\mathcal{S}$ 为 Ni 在文献 [122] 的算例 2 里所定义的 3 阶 2 维张量. 其中 $S_{111} = 2, S_{112} = -1, S_{122} = -2, S_{222} = 1$. Ni 计算了其全部 15 个 US-特征对, 其中包含两个正的 US-特征值 $\lambda = 2.23607$ 和 $3.16228$. 我们选取随机实初始点, 设置参数 $\alpha = 3$, 最大迭代步数 $k = 200$, 采用算法 3.4.1进行 10 步迭代. 经计算获得实 US-特征对 $\lambda = 2.23607$, $\boldsymbol{x} = (0.988081, -0.153935)^{\top}$.

如果设置 $\alpha = 1$ 或 2, 我们依旧可以获得点列 $\{|\lambda_k|\}$ 的最终的收敛点 $\lambda$. 然而, 所有的 $\lambda < 2.23$, 表示其并非张量 $\mathcal{S}$ 的 US-特征值. 接下来我们在区间 $[0.2, 4]$ 内选取参数 $\alpha$, 计算所有的特征值 $\lambda$, 以此观察 $\alpha$ 和 $\lambda$ 之间的关系. 对每个 $\alpha$, 初始向量 $\boldsymbol{x}_0$ 为随机实值单位向量, 在 $\alpha \geqslant 3$ 的情况下, 我们可以通过算法 3.4.1计算得到张量 $\mathcal{S}$ 的实 US-特征对, 如图 3.2 (a) 所示. 对随机复初始点 $\boldsymbol{x}_0$, 我们同样计算得到特征值与参数 $\alpha$ 之间的关系. 得到复 US-特征对 $\lambda = 3.16228$ 及 $\boldsymbol{x} = (-0.255074 - 0.659498i, 0.659498 - 0.255074i)$, 如图 3.2 (b) 所示, 在复初始点情况下, $\alpha$ 可以任意选取.

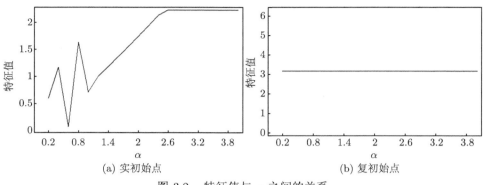

图 3.2　特征值与 $\alpha$ 之间的关系

下面的例子中, 我们重温算例 3.5.1 中的张量 $\mathcal{S} \in \mathrm{Sym}(4,3)$, 进一步观察如何选取参数 $\alpha$ 可以使得由算法 3.4.1 得到的点列 $\left\{\left(|\lambda_k|, \left(\dfrac{|\lambda_k|}{\lambda_k}\right)^{1/d} \boldsymbol{x}_k\right)\right\}$ 能够逼近 $\mathcal{S}$ 的一个 US-特征对.

**例 3.5.3**　令 $\mathcal{S} \in \mathrm{Sym}(4,3)$ 为算例 5.1 中的张量. 对每个 $\alpha$, 我们计算范数误差 $\|\mathcal{S}^* \boldsymbol{x}^{d-1} - \lambda \boldsymbol{x}^*\|$. 显然, 仅当 $\|\mathcal{S}^* \boldsymbol{x}^{d-1} - \lambda \boldsymbol{x}^*\| = 0$ 时 $(\lambda, \boldsymbol{x})$ 为一个 US-特征对. 我们令 $\alpha \in [0.01, 2]$, 最大迭代步骤为 $k = 200$. 首先, 对每个 $\alpha$, 我们选择实值单位随机向量 $\boldsymbol{x}_0$ 为初始点. 图 3.3 (a) 表明当 $\alpha > 0.5$ 时, $\lambda$ 为 US-特征值. 接下来, 对每个 $\alpha$, 我们选择复值单位随机向量 $\boldsymbol{x}_0$ 为初始点. 图 3.3 (b) 表明对区间内任意 $\alpha$, 得到的 $\lambda$ 均为 US-特征值.

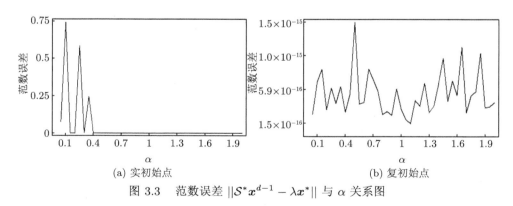

图 3.3　范数误差 $\|\mathcal{S}^* \boldsymbol{x}^{d-1} - \lambda \boldsymbol{x}^*\|$ 与 $\alpha$ 关系图

以上三个算例中所选取的张量均为实张量, 接下来, 我们选取对称复张量进行数值实验, 进一步探索由算法 3.4.1 所得到的点列 $\left\{\left(|\lambda_k|, \left(\dfrac{|\lambda_k|}{\lambda_k}\right)^{1/d} \boldsymbol{x}_k\right)\right\}$ 与参数 $\alpha$ 之间的关系.

**例 3.5.4** 我们通过算法 3.4.1 计算对称复张量 $\mathcal{S} \in \mathrm{Sym}(4,3)$ 的特征值. 张量元素表示如下:

$$S_{1111} = 1, \quad S_{1112} = \mathrm{i}, \quad S_{1113} = 2\mathrm{i}, \quad S_{1122} = -1,$$
$$S_{1123} = \mathrm{i}, \quad S_{1133} = 2, \quad S_{1222} = \mathrm{i}, \quad S_{1223} = 1,$$
$$S_{1233} = -1, \quad S_{1333} = \mathrm{i}, \quad S_{2222} = 1, \quad S_{2223} = -\mathrm{i},$$
$$S_{2233} = 2, \quad S_{2333} = 1, \quad S_{3333} = 2.$$

我们在 $0.01$ 到 $2$ 的区间内对 $\alpha$ 取值, 取样间隔为 $\Delta\alpha = 0.05$, 迭代步数 $k = 200$. 对每个参数 $\alpha$, 迭代初始点为随机单位向量. 范数误差 $||\mathcal{S}^* \boldsymbol{x}^{d-1} - \lambda \boldsymbol{x}^*||$ 与 $\alpha$ 的关系如图 3.4 (b) 所示. 显然, 如果范数误差足够小, $(\lambda, \boldsymbol{x})$ 为 $\mathcal{S}$ 的一个 US-特征对. 由图 3.4 (b) 可知, 经算法 3.4.1 计算, 图 3.4 (a) 中所示的结果中, 有 4 个不同的数值均为 $\mathcal{S}$ 的 US-特征值. 如表 3.3 所示.

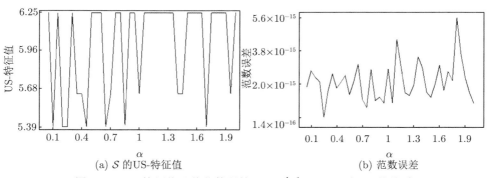

(a) $\mathcal{S}$ 的US-特征值   (b) 范数误差

图 3.4 US-特征值及其范数误差 $||\mathcal{S}^* \boldsymbol{x}^{d-1} - \lambda \boldsymbol{x}^*||$ 与 $\alpha$ 的关系

表 3.3 算法 3.4.1获得的复张量 US-特征对

| $\lambda$ | $\boldsymbol{x}$ |
|---|---|
| 6.24548 | $(-0.409364 - 0.309744\mathrm{i},\ 0.11225 + 0.607507\mathrm{i},\ 0.37712 - 0.461081\mathrm{i})$ |
| 5.39218 | $(-0.060711 + 0.108455\mathrm{i},\ 0.619565 - 0.168781\mathrm{i},\ 0.751922 + 0.0825672\mathrm{i})$ |
| 5.63632 | $(0.66168 + 0.306663\mathrm{i},\ 0.329921 + 0.120371\mathrm{i},\ 0.586258 - 0.0331812\mathrm{i})$ |

## 3.6 本章小结

本章建立了复变量优化问题的基础理论, 设计了计算对称复张量 US-特征值的算法. 我们的研究结果表明, 若参数 $\alpha > (d-1)\beta^2(\mathcal{S})$, 那么对于任意初始点 $\boldsymbol{x}_0$, 算法

3.4.1 所生成的点列 $\{|\lambda_k|\}$ 收敛到张量 $\mathcal{S}$ 的 US-特征值, 且 $\left\{\left(|\lambda_k|, \left(\dfrac{|\lambda_k|}{\lambda_k}\right)^{1/d} \boldsymbol{x}_k\right)\right\}$ 逼近 $\mathcal{S}$ 的一组 US-特征对. 进一步研究表明, 如果 $\mathcal{S}$ 存在有限多个 US-特征向量, 那么点列 $\left\{\left(\dfrac{|\lambda_k|}{\lambda_k}\right)^{1/d} \boldsymbol{x}_k\right\}$ 收敛到一个特征向量.

　　然而, 对于复张量 U-特征值的计算及算法参数 $\alpha$ 的选择仍有很多开放问题以待研究. 比如, 算法收敛速率可以进一步提高吗? 对于对称实张量, 由数值算例结果可知, 如果要确保 $\{|\lambda_k|\}$ 收敛到 US-特征值, 在实初始点的情况下, 必须使得参数 $\alpha$ 足够大, 但是对于复初始点, 该结论为何不成立? 从计算效率的角度考虑, 对称复张量的最佳存储方法是什么? 以上问题都需要进行进一步探究.

# 第 4 章　U-特征值计算的迭代算法

本章介绍三种迭代算法来计算非对称复张量 U-特征值. 首先建立非对称复张量的 U-特征对与其对称嵌入所得到的对称复张量的 US-特征对之间的一一对应关系. 基于张量分块以及对称嵌入理论, 提出了计算非对称复张量 U-特征对的算法 (算法 4.3.1). 由于对称嵌入所获得的对称复张量的规模通常较原张量要大得多, 因此极大地影响了算法 4.3.1 的计算效率. 为了克服这一问题, 我们又提出了直接计算非对称复张量 U-特征对的算法 (算法 4.3.2), 并证明了算法 4.3.1 和算法 4.3.2 的收敛性. 最后, 我们受到经典的 Gauss-Seidel 迭代的思想的启发, 又提出了算法 4.3.3, 该算法可以使计算时间与迭代步数得到显著减小, 提高计算效率.

## 4.1　复张量的分块

设向量 $\boldsymbol{x} \in \mathbb{C}^n$, 定义函数 $\mathrm{length}(\boldsymbol{x})$ 为向量 $\boldsymbol{x}$ 的长度. 若 $a$ 与 $b$ 为整数且 $a \leqslant b$, 记 $[a:b]$ 为一行向量 $(a, a+1, \cdots, b)$.

1. 向量分块

假设 $\boldsymbol{x} \in \mathbb{C}^n$ 是一个列向量, 我们把向量 $\boldsymbol{x}$ 分成 $k$ 块向量 $(\boldsymbol{x}_{[1]}^{\top}, \boldsymbol{x}_{[2]}^{\top}, \cdots, \boldsymbol{x}_{[k]}^{\top})^{\top}$ 是指把其下标 $[1:n]$ 按顺序分割成 $k$ 块, 即

$$[1:n] = (\boldsymbol{r}_1, \boldsymbol{r}_2, \cdots, \boldsymbol{r}_k),$$

这里

$$
\begin{aligned}
\boldsymbol{r}_1 &= [1 : \mathrm{length}(\boldsymbol{r}_1)], \\
\boldsymbol{r}_2 &= [1 + \mathrm{length}(\boldsymbol{r}_1) : \mathrm{length}(\boldsymbol{r}_1) + \mathrm{length}(\boldsymbol{r}_2)], \\
&\qquad \cdots\cdots \\
\boldsymbol{r}_k &= \left[ 1 + \sum_{t=1}^{k-1} \mathrm{length}(\boldsymbol{r}_k) : n \right].
\end{aligned}
$$

使得

$$
\begin{aligned}
\boldsymbol{x}_{[1]}^{\top} &= (x_1, \cdots, x_{\mathrm{length}(\boldsymbol{r}_1)}), \\
\boldsymbol{x}_{[2]}^{\top} &= (x_{1+\mathrm{length}(\boldsymbol{r}_1)}, \cdots, x_{\mathrm{length}(\boldsymbol{r}_1)+\mathrm{length}(\boldsymbol{r}_2)}),
\end{aligned}
$$

　　　　　　　　　　　　　　　······

$$\boldsymbol{x}_{[k]}^{\top} = (x_{1+\sum_{t=1}^{k-1} \text{length}(\boldsymbol{r}_k)}, \cdots, x_n).$$

**2. 矩阵分块**

对于一个 $n_1 \times n_2$ 的复矩阵 $M$, 我们将其分割成 $b_1 \times b_2$ 块是指将其行下标 $[1 : n_1]$ 与列下标 $[1 : n_2]$ 分割为

$$\boldsymbol{r}^{(1)} := [1 : n_1] = (\boldsymbol{r}_1^{(1)}, \cdots, \boldsymbol{r}_{b_1}^{(1)}), \quad \boldsymbol{r}^{(2)} := [1 : n_2] = (\boldsymbol{r}_1^{(2)}, \cdots, \boldsymbol{r}_{b_2}^{(2)}). \quad (4.1)$$

由表达式 (4.1) 可知, 经过分割后, 可以将矩阵 $M$ 看作一个由 $b_1 \times b_2$ 个子块构成的分块矩阵. 子块 $M_{[i_1 i_2]}$ 表示行下标对应于 $\boldsymbol{r}_1^{(i_1)}$, 列下标对应于 $\boldsymbol{r}_2^{(i_2)}$ 的子矩阵, 是一个 $\text{length}(\boldsymbol{r}_{i_1}^{(1)}) \times \text{length}(\boldsymbol{r}_{i_2}^{(2)})$ 矩阵, 其元素与原矩阵元素的对应关系是

$$(M_{[i_1 i_2]})_{t_1 t_2} = M_{(\rho_{i_1}^{(1)} + t_1)(\rho_{i_2}^{(2)} + t_2)},$$

这里 $\rho_{i_k}^{(k)} = \sum_{j=1}^{i_k - 1} \text{length}(\boldsymbol{r}_j^{(k)})$, $i = 1, \cdots, b_k$, $k = 1, 2$.

　　**例 4.1.1**　假设矩阵 $A \in \mathbb{R}^{9 \times 9}$, $B$ 是 $A$ 的一个 $3 \times 3$ 的分块矩阵, 其中: 行下标分块为 $[1, 2, 3|4, 5, 6|7, 8, 9]$, 列下标分块为 $[1, 2|3, 4, 5, 6|7, 8, 9]$, 那么子块 $B_{[2,3]} = (a_{ij})$, $i = 4, 5, 6$, $j = 7, 8, 9$. 如图 4.1 所示.

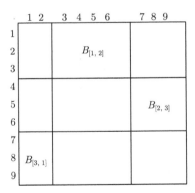

$$B_{[2,3]} = (a_{ij}), \ i = 4,5,6, \ j = 7,8,9$$

图 4.1　矩阵 $A$ 与其子块的结构关系图

**3. 复张量分块**

　　设 $\mathcal{T} \in \mathbb{C}^{n_1 \times \cdots \times n_m}$ 为一个 $m$ 阶的复张量. $\mathcal{T}$ 的每个下标所构成的向量分别为 $[1 : n_1]$, $[1 : n_2]$, $\cdots$, $[1 : n_m]$. 记第 $k$ 个下标构成的向量为 $\boldsymbol{r}^{(k)} \equiv [1 : n_k]$, 其中 $k = 1, \cdots, m$, 将其分割为

$$\boldsymbol{r}^{(k)} = (\boldsymbol{r}_1^{(k)}, \cdots, \boldsymbol{r}_{b_k}^{(k)}). \quad (4.2)$$

类似矩阵的情况, 记 $\rho_{i_k}^{(k)} = \sum_{j=1}^{i_k-1} \mathrm{length}(\boldsymbol{r}_j^{(k)})$, $i = 1, \cdots, b_k$, $k = 1, 2, \cdots, m$. 复张量 $\mathcal{T}$ 可以看作一个 $b_1 \times \cdots \times b_m$ 的分块张量.

令 $\boldsymbol{i} = \{i_1, \cdots, i_m\}$, 其中 $1 \leqslant i_k \leqslant b_k$, 则复张量 $\mathcal{T}$ 的第 $\boldsymbol{i}$ 个子块可以表示为

$$\mathcal{T}_{[\boldsymbol{i}]} = \mathcal{T}_{[i_1, \cdots, i_m]}.$$

令 $\boldsymbol{j} = \{j_1, \cdots, j_m\}$, 其中 $j_k = 1, \cdots, \mathrm{length}(\boldsymbol{r}_{i_k}^{(k)})$, 则子张量 $\mathcal{T}_{[\boldsymbol{i}]}$ 中下标为 $\boldsymbol{j}$ 的元素表示为

$$(\mathcal{T}_{[\boldsymbol{i}]})_{\boldsymbol{j}} = (\mathcal{T}_{[\boldsymbol{i}]})_{j_1 \cdots j_m} = \mathcal{T}_{(\rho_{i_1}^{(1)}+j_1) \cdots (\rho_{i_m}^{(m)}+j_m)}. \tag{4.3}$$

**例 4.1.2** 设 $\mathcal{T} \in \mathbb{C}^{10 \times 9 \times 8}$ 为一个 $m$ 阶的复张量, 将其三个下标区间分别作如下分割:

$$[1:10] = (1, 2, 3 \mid 4, 5 \mid 6, 7, 8 \mid 9, 10),$$
$$[1:9] = (1, 2, 3 \mid 4, 5, 6 \mid 7, 8, 9),$$
$$[1:8] = (1, 2, 3, 4 \mid 5, 6, 7, 8),$$

则按照上面的分割, 有 $b_1 = 4$, $b_2 = 3$, $b_3 = 2$. 复张量 $\mathcal{T}$ 可看作 $4 \times 3 \times 2$ 的一个分块张量. 令 $\boldsymbol{i} = \{3, 1, 2\}$, 则子张量块 $\mathcal{T}_{[\boldsymbol{i}]} = \mathcal{T}_{[312]}$ 为一个 $3 \times 3 \times 4$ 的子张量, 且

$$\mathcal{T}_{[312]} = (\mathcal{T}_{ijk}), \quad i = 6, 7, 8, \ j = 1, 2, 3, \ k = 5, 6, 7, 8.$$
$$(\mathcal{T}_{[312]})_{123} = \mathcal{T}_{627}.$$

**4. 复张量的 $\boldsymbol{p}$ 置换**

**定义 4.1.1** 设 $\mathcal{T} \in \mathbb{C}^{n_1 \times \cdots \times n_m}$ 是一个 $m$ 阶复张量, $\boldsymbol{p} = \{p_1, \cdots, p_m\}$ 为 $[1:m]$ 的一个置换. 复张量 $\mathcal{T}$ 的 $\boldsymbol{p}$ 置换张量, 记为 $\mathcal{T}^{\langle \boldsymbol{p} \rangle}$, 如果满足

$$(\mathcal{T}^{\langle \boldsymbol{p} \rangle})_{\boldsymbol{p}(\boldsymbol{j})} = \mathcal{T}_{\boldsymbol{j}},$$

这里 $\boldsymbol{j} = \{j_1, \cdots, j_m\}$, $\boldsymbol{p}(\boldsymbol{j}) = \{j_{p_1}, \cdots, j_{p_m}\}$. $\mathcal{T}^{\langle \boldsymbol{p} \rangle}$ 也简称为 $\mathcal{T}$ 的一个 $\boldsymbol{p}$ 置换.

**引理 4.1.1** 令 $\mathcal{T} \in \mathbb{C}^{n_1 \times \cdots \times n_m}$. 将 $\mathcal{T}$ 按照 (4.2) 分割成 $b_1 \times \cdots \times b_m$ 的分块张量. 令 $\boldsymbol{p} = \{p_1, \cdots, p_m\}$ 为 $[1:m]$ 的一个 $\boldsymbol{p}$ 置换. 对于 $\mathcal{T}$ 的第 $\boldsymbol{i} = \{i_1, \cdots, i_m\}$ 个子块, 有

$$(\mathcal{T}^{\langle \boldsymbol{p} \rangle})_{[\boldsymbol{p}(\boldsymbol{i})]} = (\mathcal{T}_{[\boldsymbol{i}]})^{\langle \boldsymbol{p} \rangle}.$$

引理 4.1.1 的证明与文献 [158] 中的引理 2.1 类似, 此处不再赘述.

## 4.2    复张量的对称嵌入

本节介绍复张量对称嵌入算子 $\mathbf{sym}(\cdot)$ 的定义, 以及对称嵌入后的对称复张量与原张量特征对之间的关系.

**定义 4.2.1**    令 $n = n_1 + \cdots + n_m$, $\mathcal{A} \in \mathbb{C}^{n_1 \times \cdots \times n_m}$. 假设 $\mathcal{S} \in \mathbb{C}^{n \times \cdots \times n}$ 是一个 $m \times m \times \cdots \times m$ 的分块张量, 其第 $\boldsymbol{i} = \{i_1, \cdots, i_m\}$ 子块满足

$$\mathcal{S}_{[\boldsymbol{i}]} = \begin{cases} \mathcal{A}^{\langle \boldsymbol{i} \rangle}, & \text{如果 } \boldsymbol{i} \text{ 是}[1:m]\text{的一个置换}, \\ 0, & \text{其他情况}, \end{cases}$$

则称 $\mathcal{S}$ 是 $\mathcal{A}$ 的一个复对称嵌入, 记为 $\mathcal{S} = \mathbf{sym}(\mathcal{A})$.

**定理 4.2.1**    假设复张量 $\mathcal{A} \in \mathbb{C}^{n_1 \times \cdots \times n_m}$, $\mathcal{S} = \mathbf{sym}(\mathcal{A}) \in \mathbb{C}^{n \times \cdots \times n}$, $n = n_1 + \cdots + n_m$, 则 $\mathcal{S}$ 是对称复张量.

**证明**    证明过程类似文献 [158] 中的引理 2.2.

**例 4.2.1**    设复张量 $\mathcal{A} \in \mathbb{C}^{3 \times 4 \times 5}$, 那么 $\mathcal{A}$ 的对称嵌入张量的维数 $n = 3 + 4 + 5 = 12$, 即 $\mathcal{S} = \mathbf{sym}(\mathcal{A}) \in \mathbb{C}^{12 \times 12 \times 12}$. $\mathcal{S}$ 由 $3 \times 3 \times 3$ 个子张量块构成. 这些子块分别标记为第 $[i, j, k]$ $(i, j, k \in \{1, 2, 3\})$ 个子张量块, 记为 $\mathcal{S}_{[ijk]}$. 则它们分别为: 如果 $[i, j, k]$ 不是 $[1, 2, 3]$ 的某个置换, 则 $\mathcal{S}_{[ijk]} = \mathbf{0}$; 否则, 它们是 $\mathcal{A}$ 的某个对应置换, 即 (图 4.2)

$$\mathcal{S}_{[123]} = \mathcal{A}^{\langle 123 \rangle}, \quad \mathcal{S}_{[132]} = \mathcal{A}^{\langle 132 \rangle}, \quad \mathcal{S}_{[213]} = \mathcal{A}^{\langle 213 \rangle},$$

$$\mathcal{S}_{[231]} = \mathcal{A}^{\langle 231 \rangle}, \quad \mathcal{S}_{[312]} = \mathcal{A}^{\langle 312 \rangle}, \quad \mathcal{S}_{[321]} = \mathcal{A}^{\langle 321 \rangle}.$$

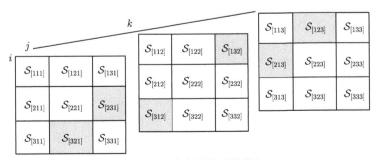

图 4.2    3 阶张量的对称嵌入

我们做复张量 $\mathcal{A}$ 的对称嵌入张量 $\mathcal{S}$ 目的是想通过 $\mathcal{S}$ 计算 $\mathcal{A}$ 的特征值和特征向量. 那么, 复张量 $\mathcal{A}$ 与其对称嵌入张量 $\mathcal{S}$ 的特征值和特征向量有什么关系?

**定理 4.2.2** 设复张量 $\mathcal{A} \in \mathbb{C}^{n_1 \times \cdots \times n_m}$, $\mathcal{S} = \mathbf{sym}(\mathcal{A})$, $n = n_1 + \cdots + n_m$. 设 $\lambda_{\mathcal{S}}$ 为 $\mathcal{S}$ 的一个非零的 US-特征值, 其对应的 US-特征向量为 $\boldsymbol{x} \in \mathbb{C}^n$. 将 $\boldsymbol{x}$ 分割为 $m$ 个子块, 即

$$\boldsymbol{x} = (\boldsymbol{x}^{(1)\top}, \cdots, \boldsymbol{x}^{(m)\top})^\top,$$

其中, $\boldsymbol{x}^{(i)} \in \mathbb{C}^{n_i}$, $i \in [m]$. 则下面的结论成立:

(a) 对 $i = 1, \cdots, m$, 有 $\|\boldsymbol{x}^{(i)}\| = \dfrac{1}{\sqrt{m}}$, 也即, 所有的 $\boldsymbol{x}^{(i)}$ 有着相同的范数 $\dfrac{1}{\sqrt{m}}$;

(b) 设 $\lambda_{\mathcal{A}} = \dfrac{(\sqrt{m})^m}{m!} \lambda_{\mathcal{S}}$, 则 $\lambda_{\mathcal{A}}$ 为 $\mathcal{A}$ 的 U-特征值, 其对应的 U-特征向量为

$$\{\sqrt{m}\boldsymbol{x}^{(1)}, \cdots, \sqrt{m}\boldsymbol{x}^{(m)}\}.$$

**证明** (a) 由于 $\lambda_{\mathcal{S}}$ 为 $\mathcal{S}$ 的一个 US-特征值, 对应的 US-特征向量为 $\boldsymbol{x} \in \mathbb{C}^n$, 我们有

$$\langle \mathcal{S}, \boldsymbol{x}^{m-1} \rangle_{[i]} = \lambda_{\mathcal{S}} \boldsymbol{x}^{(i)*}, \quad i = 1, \cdots, m. \tag{4.4}$$

根据复张量内积的定义, 我们有

$$\begin{aligned}
\langle \mathcal{S}, \boldsymbol{x}^{m-1} \rangle_{[i]} &= \sum_{i_2, \cdots, i_m = 1}^{m} \langle \mathcal{S}_{[ii_2 \cdots i_m]}, \boldsymbol{x}^{(i_2)} \cdots \boldsymbol{x}^{(i_m)} \rangle \\
&= \sum_{[i_2, \cdots, i_m] \in \boldsymbol{p}(1,2,\cdots,i-1,i+1,\cdots,m)} \langle \mathcal{S}_{[ii_2 \cdots i_m]}, \boldsymbol{x}^{(i_2)} \cdots \boldsymbol{x}^{(i_m)} \rangle \\
&= \sum_{[i_2, \cdots, i_m] \in \boldsymbol{p}(1,2,\cdots,i-1,i+1,\cdots,m)} \langle \mathcal{A}^{\langle ii_2 \cdots i_m \rangle}, \boldsymbol{x}^{(i_2)} \cdots \boldsymbol{x}^{(i_m)} \rangle \\
&= (m-1)! \langle \mathcal{A}, \boldsymbol{x}^{(1)} \cdots \boldsymbol{x}^{(i-1)} \boldsymbol{x}^{(i+1)} \cdots \boldsymbol{x}^{(m)} \rangle. \tag{4.5}
\end{aligned}$$

比较 (4.4) 的右边与 (4.5), 我们有

$$(m-1)! \langle \mathcal{A}, \boldsymbol{x}^{(1)} \cdots \boldsymbol{x}^{(i-1)} \boldsymbol{x}^{(i+1)} \cdots \boldsymbol{x}^{(m)} \rangle = \lambda_{\mathcal{S}} \boldsymbol{x}^{(i)*}. \tag{4.6}$$

接着可以推出

$$(m-1)! \langle \mathcal{A}, \boldsymbol{x}^{(1)} \cdots \boldsymbol{x}^{(m)} \rangle = \lambda_{\mathcal{S}} \langle \boldsymbol{x}^{(i)*}, \boldsymbol{x}^{(i)} \rangle. \tag{4.7}$$

另一方面, 我们有

$$\lambda_{\mathcal{S}} = \langle \mathcal{S}, \boldsymbol{x}^m \rangle = \sum_{i_1, \cdots, i_m = 1}^{m} \langle \mathcal{S}_{[i_1, \cdots, i_m]}, \boldsymbol{x}^{(i_1)} \cdots \boldsymbol{x}^{(i_m)} \rangle = m! \langle \mathcal{A}, \boldsymbol{x}^{(1)} \cdots \boldsymbol{x}^{(m)} \rangle. \tag{4.8}$$

由于 $\lambda_{\mathcal{S}} \neq 0$, 根据 (4.7) 及 (4.8), 对于所有 $i = 1:m$, 我们有

$$\langle \boldsymbol{x}^{(i)*}, \boldsymbol{x}^{(i)} \rangle = \frac{1}{m}, \quad \text{i.e.} \quad \|\boldsymbol{x}^{(i)}\| = \frac{1}{\sqrt{m}}. \tag{4.9}$$

(b) 根据 (4.6) 及 (4.9), 我们有 $\|\sqrt{m}\boldsymbol{x}^{(i)}\| = 1$, 且有

$$\langle \mathcal{A}, (\sqrt{m}\boldsymbol{x}^{(1)}) \cdots (\sqrt{m}\boldsymbol{x}^{(i-1)})(\sqrt{m}\boldsymbol{x}^{(i+1)}) \cdots (\sqrt{m}\boldsymbol{x}^{(m)}) \rangle = \frac{(\sqrt{m})^m \lambda_{\mathcal{S}}}{m!} \sqrt{m}\boldsymbol{x}^{(i)*}. \tag{4.10}$$

根据复张量 U-特征值的定义, 我们有

$$\lambda_{\mathcal{A}} = \frac{(\sqrt{m})^m}{m!} \lambda_{\mathcal{S}} \tag{4.11}$$

为 $\mathcal{A}$ 的一个 U-特征值, 其对应的特征向量为 $\{\sqrt{m}\boldsymbol{x}^{(1)}, \cdots, \sqrt{m}\boldsymbol{x}^{(m)}\}$. 证毕.

## 4.3   计算复张量 U-特征值的迭代算法

本节介绍计算复张量 U-特征对的三种迭代算法. 算法 4.3.1 是基于对称嵌入的思想, 其本质仍然是计算复对称张量的 US-特征对. 算法 4.3.2 是一种直接求解非对称复张量 U-特征对的高阶幂方法. 算法 4.3.3 是基于 Gauss-Seidel 迭代的思想, 在算法 4.3.2 基础之上改进得到的新的迭代算法.

设非对称复张量 $\mathcal{A} \in \mathbb{C}^{n_1 \times \cdots \times n_m}$, 我们可以采用文献 [123] 中的算法 4.1 来计算 $\mathcal{A}$ 的对称嵌入所得到的对称复张量 $\mathcal{S} = \mathbf{sym}(\mathcal{A})$ 的 US-特征对, 再利用定理 4.2.2 的结论, 得到原张量 $\mathcal{A}$ 的 U-特征对. 有如下的算法:

**算法 4.3.1** (非对称复张量 U-特征对的对称嵌入迭代算法)

**Step 1 (初始化)** 令 $\mathcal{S} = \mathbf{sym}(\mathcal{A})$, $n = n_1 + \cdots + n_m$. 选择一个初始点 $\boldsymbol{x}_0 \in \mathbb{C}^n$, 其中 $\|\boldsymbol{x}_0\| = 1$, 且 $0 < \alpha_{\mathcal{S}} \in \mathbb{R}$. 令 $\lambda_0 = \mathcal{S}^* \boldsymbol{x}_0^m$.

**Step 2 (迭代过程)**

for $k = 1, 2, \cdots$, do

$$\hat{\boldsymbol{x}}_k = \lambda_{k-1} \mathcal{S} \boldsymbol{x}_{k-1}^{*m-1} + \alpha_{\mathcal{S}} \boldsymbol{x}_{k-1},$$
$$\boldsymbol{x}_k = \hat{\boldsymbol{x}}_k / \|\hat{\boldsymbol{x}}_k\|,$$
$$\lambda_k = \mathcal{S}^* \boldsymbol{x}_k^m.$$

end for.

**返回值**

US-特征值 $\lambda_{\mathcal{S}} = |\lambda_k|$, US-特征向量 $\boldsymbol{x} = \left(\frac{\lambda_{\mathcal{S}}}{\lambda_k}\right)^{1/m} \boldsymbol{x}_k$.

令 $\boldsymbol{x} = (\boldsymbol{x}^{(1)\top}, \cdots, \boldsymbol{x}^{(m)\top})^\top$, $\boldsymbol{x}^{(i)} \in \mathbb{C}^{n_i}$, $i = 1:m$.

U-特征值 $\lambda_{\mathcal{A}} = \dfrac{(\sqrt{m})^m}{m!} \lambda_{\mathcal{S}}$.

U-特征向量 $\{\sqrt{m}\boldsymbol{x}^{(1)}, \cdots, \sqrt{m}\boldsymbol{x}^{(m)}\}$.

对于非对称复张量 $\mathcal{A}$, 根据定理 4.2.1, 它的对称嵌入 $\mathcal{S} = \mathbf{sym}(\mathcal{A})$ 的规模比 $\mathcal{A}$ 本身要大很多, 这对于算法 4.3.1 的计算效率影响很大. 因此, 我们给出下面的带偏移参数的高阶幂方法, 可以直接计算非对称复张量 $\mathcal{A}$ 的 U-特征值.

**算法 4.3.2** (非对称复张量 U-特征对的带偏移参数的高阶幂方法)

**Step 1 (初始化)**   选择初始点 $\hat{\boldsymbol{x}}_0^{(i)} \in \mathbb{C}^{n_i}$, 其中 $\|\hat{\boldsymbol{x}}_0^{(i)}\| \neq 0$, $i = 1:m$. 令 $\boldsymbol{x}_0^{(i)} = \hat{\boldsymbol{x}}_0^{(i)}/\sqrt{\sum_{j=1}^m \|\hat{\boldsymbol{x}}_0^{(j)}\|^2}$, $i = 1:m$, $\lambda_0 = \langle \mathcal{A}, \boldsymbol{x}_0^{(1)} \cdots \boldsymbol{x}_0^{(m)} \rangle$. 令 $0 < \alpha_{\mathcal{A}} \in \mathbb{R}$.

**Step 2 (迭代步骤)**

for $k = 1, 2, \cdots$, do

for $i = 1, 2, \cdots, m$, do

$$\hat{\boldsymbol{x}}_k^{(i)} = \lambda_{k-1}\mathcal{A}\boldsymbol{x}_{k-1}^{(1)*} \cdots \boldsymbol{x}_{k-1}^{(i-1)*}\boldsymbol{x}_{k-1}^{(i+1)*} \cdots \boldsymbol{x}_{k-1}^{(m)*} + \alpha_{\mathcal{A}}\boldsymbol{x}_{k-1}^{(i)}.$$

end for.

for $i = 1, 2, \cdots, m$, do

$$\boldsymbol{x}_k^{(i)} = \frac{\hat{\boldsymbol{x}}_k^{(i)}}{\sqrt{\sum_{j=1}^m \|\hat{\boldsymbol{x}}_k^{(j)}\|^2}}.$$

end for.

$$\lambda_k = \langle \mathcal{A}, \boldsymbol{x}_k^{(1)} \cdots \boldsymbol{x}_k^{(m)} \rangle.$$

end for.

返回值

U-特征值 $\lambda_{\mathcal{A}} = (\sqrt{m})^m |\lambda_k|$.

U-特征向量 $\left\{\sqrt{m}\left(\dfrac{|\lambda_k|}{\lambda_k}\right)^{1/m}\boldsymbol{x}^{(1)}, \cdots, \sqrt{m}\left(\dfrac{|\lambda_k|}{\lambda_k}\right)^{1/m}\boldsymbol{x}^{(m)}\right\}$.

下面的定理给出了算法 4.3.1 与算法 4.3.2 的关系, 说明了它们的收敛性.

**定理 4.3.1**   设 $\mathcal{A} \in \mathbb{C}^{n_1 \times \cdots \times n_m}$, $\mathcal{S} = \mathbf{sym}(\mathcal{A})$, $\alpha_{\mathcal{S}} = m!(m-1)! \, \alpha_{\mathcal{A}}$, $n = n_1 + \cdots + n_m$. 选择点列 $\hat{\boldsymbol{x}}_0^{(i)} \in \mathbb{C}^{n_i}$, 其中 $\|\hat{\boldsymbol{x}}_0^{(i)}\| \neq \boldsymbol{0}$, $i \in [1:m]$. 对所有 $i \in [1:m]$, 令

$$\boldsymbol{x}_0^{(i)} = \hat{\boldsymbol{x}}_0^{(i)} \Big/ \sqrt{\sum_{j=1}^m \|\hat{\boldsymbol{x}}_0^{(j)}\|^2}, \quad \boldsymbol{x}_0 = (\boldsymbol{x}_0^{(1)\top}, \cdots, \boldsymbol{x}_0^{(m)\top})^\top.$$

(a) 以 $\boldsymbol{x}_0$ 为算法 4.3.1 的初始点, $\lambda_{\mathcal{S}_k}$ 与 $\boldsymbol{x}_k$ 为算法 4.3.1 的第 $k$ 步迭代值.

(b) 以 $\{\boldsymbol{x}_0^{(1)}, \cdots, \boldsymbol{x}_0^{(m)}\}$ 为算法 4.3.2 的初始点，$\lambda_{\mathcal{A}_k}$ 与 $\{\boldsymbol{x}_k^{(1)}, \cdots, \boldsymbol{x}_k^{(m)}\}$ 为算法 4.3.2 的第 $k$ 步迭代值.

那么

$$\boldsymbol{x}_k = (\boldsymbol{x}_k^{(1)\top}, \cdots, \boldsymbol{x}_k^{(m)\top})^\top, \quad \lambda_{\mathcal{S}_k} = m!\lambda_{\mathcal{A}_k}.$$

**证明**   将 $\boldsymbol{x}_k$ 分割为 $\boldsymbol{x}_k = (\bar{\boldsymbol{x}}_k^{(1)\top}, \cdots, \bar{\boldsymbol{x}}_k^{(m)\top})^\top$，其中 $\bar{\boldsymbol{x}}_k^{(i)} \in \mathbb{C}^{n_i}$. 类似 (4.5)，

$$\langle \mathcal{S}, \boldsymbol{x}_k^{m-1}\rangle_{[i]} = (m-1)!\langle \mathcal{A}, \bar{\boldsymbol{x}}_k^{(1)} \cdots \bar{\boldsymbol{x}}_k^{(i-1)}\bar{\boldsymbol{x}}_k^{(i+1)} \cdots \bar{\boldsymbol{x}}_k^{(m)}\rangle. \tag{4.12}$$

$$\lambda_{\mathcal{S}_k} = \langle \mathcal{S}, \boldsymbol{x}_k^m\rangle = m!\langle \mathcal{A}, \bar{\boldsymbol{x}}_k^{(1)} \cdots \bar{\boldsymbol{x}}_k^{(m)}\rangle. \tag{4.13}$$

接下来，用数学归纳法证明定理 4.3.1.

令 $k = 0$，由 $\boldsymbol{x}_0$ 及 $\{\boldsymbol{x}_0^{(1)}, \boldsymbol{x}_0^{(2)}, \cdots, \boldsymbol{x}_0^{(m)}\}$ 的定义，我们有

$$\bar{\boldsymbol{x}}_0^{(i)} = \boldsymbol{x}_0^{(i)} \quad (i = 1, 2, \cdots, m), \quad \boldsymbol{x}_0 = (\boldsymbol{x}_0^{(1)\top}, \cdots, \boldsymbol{x}_0^{(m)\top})^\top.$$

由 (4.13)，有

$$\lambda_{\mathcal{S}_0} = m!\langle \mathcal{A}, \bar{\boldsymbol{x}}_0^{(1)} \cdots \bar{\boldsymbol{x}}_0^{(m)}\rangle = m!\langle \mathcal{A}, \boldsymbol{x}_0^{(1)} \cdots \boldsymbol{x}_0^{(m)}\rangle = m!\lambda_{\mathcal{A}_0}.$$

因此, 定理结论对 $k = 0$ 成立. 假设定理结论对第 $k-1$ 步迭代成立, 我们有

$$\bar{\boldsymbol{x}}_{k-1}^{(i)} = \boldsymbol{x}_{k-1}^{(i)} \quad (i = 1, 2, \cdots, m), \quad \boldsymbol{x}_{k-1} = (\boldsymbol{x}_{k-1}^{(1)\top}, \cdots, \boldsymbol{x}_{k-1}^{(m)\top})^\top, \quad \lambda_{\mathcal{S}_{k-1}} = m!\lambda_{\mathcal{A}_{k-1}}.$$

将 $\hat{\boldsymbol{x}}_k$ 分割为 $\check{\boldsymbol{x}}_k = \{\check{\boldsymbol{x}}_k^{(1)}, \cdots, \check{\boldsymbol{x}}_k^{(m)}\}$，其中 $\check{\boldsymbol{x}}_k^{(i)} \in \mathbb{C}^{n_i}$. 根据算法 4.3.1, 我们有

$$\hat{\boldsymbol{x}}_k = \lambda_{\mathcal{S}_{k-1}}\mathcal{S}\boldsymbol{x}_{k-1}^{*m-1} + \alpha_{\mathcal{S}}\boldsymbol{x}_{k-1} = \lambda_{\mathcal{S}_{k-1}}\langle \mathcal{S}, \boldsymbol{x}_{k-1}^{m-1}\rangle^* + \alpha_{\mathcal{S}}\boldsymbol{x}_{k-1}.$$

因此有

$$\begin{aligned}
\check{\boldsymbol{x}}_k^{(i)} &= \lambda_{\mathcal{S}_{k-1}}\langle \mathcal{S}, \boldsymbol{x}_{k-1}^{m-1}\rangle_{[i]}^* + \alpha_{\mathcal{S}}\bar{\boldsymbol{x}}_{k-1}^{(i)} \\
&= \lambda_{\mathcal{S}_{k-1}}(m-1)! \langle \mathcal{A}, \boldsymbol{x}_{k-1}^{(1)} \cdots \boldsymbol{x}_{k-1}^{(i-1)}\boldsymbol{x}_{k-1}^{(i+1)} \cdots \boldsymbol{x}_{k-1}^{(m)}\rangle^* + \alpha_{\mathcal{S}}\boldsymbol{x}_{k-1}^{(i)}. \\
&= m!(m-1)! \left(\lambda_{\mathcal{A}_{k-1}}\langle \mathcal{A}, \boldsymbol{x}_{k-1}^{(1)} \cdots \boldsymbol{x}_{k-1}^{(i-1)}\boldsymbol{x}_{k-1}^{(i+1)} \cdots \boldsymbol{x}_{k-1}^{(m)}\rangle^* + \alpha_{\mathcal{A}}\boldsymbol{x}_{k-1}^{(i)}\right) \\
&= m!(m-1)! \, \hat{\boldsymbol{x}}_k^{(i)}.
\end{aligned}$$

因此, 有

$$\hat{\boldsymbol{x}}_k = m!(m-1)!(\hat{\boldsymbol{x}}_k^{(1)\top}, \hat{\boldsymbol{x}}_k^{(2)\top}, \cdots, \hat{\boldsymbol{x}}_k^{(m)\top})^\top.$$

继而得到

$$\boldsymbol{x}_k = \frac{\hat{\boldsymbol{x}}_k}{||\hat{\boldsymbol{x}}_k||} = \frac{(\hat{\boldsymbol{x}}_k^{(1)\top}, \hat{\boldsymbol{x}}_k^{(2)\top}, \cdots, \hat{\boldsymbol{x}}_k^{(m)\top})^\top}{\sqrt{\sum_{j=1}^m ||\hat{\boldsymbol{x}}_k^{(j)}||^2}} = (\boldsymbol{x}_k^{(1)\top}, \boldsymbol{x}_k^{(2)\top}, \cdots, \boldsymbol{x}_k^{(m)\top})^\top.$$

根据 (4.13), 有

$$\lambda_{\mathcal{S}_k} = m!\langle \mathcal{A}, \bar{\boldsymbol{x}}_k^{(1)}\cdots\bar{\boldsymbol{x}}_k^{(m)}\rangle = m!\langle \mathcal{A}, \boldsymbol{x}_k^{(1)}\cdots\boldsymbol{x}_k^{(m)}\rangle = m!\lambda_{\mathcal{A}_k}.$$

因此, 定理结论对第 $k$ 步迭代成立. 证毕.

**注 1** 算法 4.3.1 的收敛性证明可以参考定理 3.4.3 对算法 3.4.1 的证明. 由定理 4.3.1 的结论, 算法 4.3.2 也是收敛的.

**注 2** 文献 [157] 中已经存在计算非对称复张量 U-特征值的高阶幂算法, 但是它的收敛性并未给出证明. 它与算法 4.3.2 的关键区别在于它们用了不同的归一化条件, 算法 4.3.2 中的归一化条件为 $\boldsymbol{x}_k^{(i)} = \dfrac{\hat{\boldsymbol{x}}_k^{(i)}}{\sqrt{\sum_{j=1}^m \|\hat{\boldsymbol{x}}_k^{(j)}\|^2}}$, 文献 [157] 中的算法的归一化条件为 $\boldsymbol{x}_k^{(i)} = \dfrac{\hat{\boldsymbol{x}}_k^{(i)}}{\|\hat{\boldsymbol{x}}_k^{(i)}\|}$. 我们采用的这个新的归一化条件可以帮助我们分析算法 4.3.2 的收敛性.

受到经典的 Gauss-Seidel 迭代方法的启发, 我们在算法 4.3.2 的基础上进行改进, 提出了算法 4.3.3, 以期提高算法 4.3.2 的计算效率.

**算法 4.3.3** (非对称复张量 U-特征对的张量 Gauss-Seidel 迭代算法)

**Step 1 (初始化)** 选择初始点 $\boldsymbol{x}_0^{(i)} \in \mathbb{C}^{n_i}$, 其中 $\|\boldsymbol{x}_0^{(i)}\| = 1$, $i = 1:m$. 令 $\lambda_0 = \langle \mathcal{A}, \boldsymbol{x}_0^{(1)}\cdots\boldsymbol{x}_0^{(m)}\rangle$. 令 $0 < \alpha_{\mathcal{A}} \in \mathbb{R}$.

**Step 2 (迭代过程)**

> **for** $k = 1, 2, \cdots$, **do**
> > **for** $i = 1, 2, \cdots, m$, **do**
> > > $\hat{\boldsymbol{x}}_k^{(i)} = \lambda_{k-1}\mathcal{A}\boldsymbol{x}_k^{(1)*}\cdots\boldsymbol{x}_k^{(i-1)*}\boldsymbol{x}_{k-1}^{(i+1)*}\cdots\boldsymbol{x}_{k-1}^{(m)*} + \alpha_{\mathcal{A}}\boldsymbol{x}_{k-1}^{(i)}$,
> > > $\boldsymbol{x}_k^{(i)} = \hat{\boldsymbol{x}}_k^{(i)}/\|\hat{\boldsymbol{x}}_k^{(i)}\|$.
> > **end for.**
> > $$\lambda_k = \langle \mathcal{A}, \boldsymbol{x}_k^{(1)}\cdots\boldsymbol{x}_k^{(m)}\rangle.$$
> **end for.**

**返回值**

> U-特征值 $\lambda_{\mathcal{A}} = |\lambda_k|$, U-特征向量 $\boldsymbol{x}^{(i)} = \left(\dfrac{\lambda_{\mathcal{A}}}{\lambda_k}\right)^{1/m}\boldsymbol{x}_k^{(i)}$.

## 4.4 数 值 实 验

本节针对算法 4.3.1—算法 4.3.3 设计具体的数值算例, 计算一般复张量的最大 U-特征值, 并对比了这三种算法的迭代步数与计算时间, 分析了它们的计算效率. 最后, 我们还采用文献 [19] 中的神经网络算法与算法 4.3.3 同时计算一般复张量的 U-特征值, 并比较了二者的计算时间与迭代步数.

在本节的算例中, 我们的计算环境为搭载 2.40GH 的 Intel(R) CPU, 采用 Windows 10 操作系统的笔记本电脑, 运行内存为 8GB, 使用的计算软件为 Mathematica 8.0. 在计算一般复张量的 U-特征值的算例中, 我们随机地选择 10 个初始样本点来获得复张量的最大 U-特征值.

**例 4.4.1** [85, Example 6]　考虑一个 $2 \times 2 \times 2$ 的非对称复张量 $\mathcal{A}$, 其非零元素为

$$\mathcal{A}_{112} = \sqrt{\frac{1}{3}}, \quad \mathcal{A}_{211} = \sqrt{\frac{2}{3}}.$$

我们分别采用算法 4.3.1—算法 4.3.3 计算复张量 $\mathcal{A}$ 的最大 U-特征值 $\lambda_{\mathcal{A}}$. 当误差小于 $10^{-9}$ 时迭代停止. 计算结果如表 4.1 所示.

表 4.1　算例 4.4.1 数值实验结果

| 算法 | $\lambda_{\mathcal{A}}$ | 计算时间 (s) |
| --- | --- | --- |
| 算法 4.3.1 | 0.8165 | 2.75 |
| 算法 4.3.2 | 0.8165 | 1.02 |
| 算法 4.3.3 | 0.8165 | 0.23 |

由算法 4.3.3 得到的 $\lambda_{\mathcal{A}}$ 所对应的特征向量为

$$\boldsymbol{x}^{(1)} = (0, 0.8350 - 0.5502i),$$
$$\boldsymbol{x}^{(2)} = (-0.3980 + 0.9174i, 0),$$
$$\boldsymbol{x}^{(3)} = (0.1724 - 0.9850i, 0).$$

从表 4.1 中可以看出, 算法 4.3.1—算法 4.3.3 得到的复张量 $\mathcal{A}$ 是相同的, 然而, 算法 4.3.1 所用的计算时间要多于算法 4.3.2 与算法 4.3.3, 算法 4.3.3 所用的计算时间是最少的.

**例 4.4.2** [157, Example 9]　考虑 $2 \times 3 \times 3$ 的非对称复张量 $\mathcal{A}$, 其非零元素为

$$\mathcal{A}_{111} = \mathcal{A}_{212} = \mathcal{A}_{123} = \mathcal{A}_{221} = \mathcal{A}_{132} = \mathcal{A}_{233} = \sqrt{\frac{1}{6}}.$$

我们分别采用算法 4.3.1—算法 4.3.3 计算复张量 $\mathcal{A}$ 的最大 U-特征值. 当误差小于 $10^{-9}$ 时迭代停止. 计算结果如表 4.2 所示.

表 4.2　算例 4.4.2 数值实验结果

| 算法 | $\lambda_{\mathcal{A}}$ | 计算时间 (s) |
| --- | --- | --- |
| 算法 4.3.1 | 0.5774 | 5.97 |
| 算法 4.3.2 | 0.5774 | 1.12 |
| 算法 4.3.3 | 0.5774 | 0.19 |

由算法 4.3.3 得到的 $\lambda_{\mathcal{A}}$ 所对应的特征向量为

$$\boldsymbol{x}^{(1)} = (-0.0336 + 0.7063\mathrm{i}, 0.6285 - 0.3240\mathrm{i}),$$

$$\boldsymbol{x}^{(2)} = (-0.0353 - 0.5763\mathrm{i}, 0.5167 + 0.2576\mathrm{i}, -0.4814 + 0.3187\mathrm{i}),$$

$$\boldsymbol{x}^{(3)} = (0.5773 + 0.0079\mathrm{i}, -0.2955 + 0.4960\mathrm{i}, -0.2818 - 0.5039\mathrm{i}).$$

相比较例 4.4.1, 我们提高了非对称复张量 $\mathcal{A}$ 的维数, 由算法 4.3.1 得到的复张量 $\mathcal{A}$ 的对称嵌入 $\mathbf{sym}(\mathcal{A})$ 是一个 $8 \times 8 \times 8$ 的对称复张量, 规模较复张量 $\mathcal{A}$ 要大很多, 这严重影响了算法 4.3.1 的计算效率. 从表 4.2 中可以看出, 算法 4.3.1—算法 4.3.3 得到的非对称复张量 $\mathcal{A}$ 的最大 U-特征值是相同的, 然而, 算法 4.3.1 的所用的计算时间要多于算法 4.3.2 与算法 4.3.3, 而算法 4.3.3 所用的计算时间是最少的.

**例 4.4.3** 考虑一个 $2 \times 2 \times 2 \times 2 \times 2$ 的非对称复张量 $\mathcal{A}$, 其非零元素为

$$\mathcal{A}_{11111} = \mathcal{A}_{11122} = \mathcal{A}_{12211} = \mathcal{A}_{22121} = \mathcal{A}_{22112} = \mathcal{A}_{21221} = \frac{1}{2\sqrt{2}},$$

$$\mathcal{A}_{12222} = \mathcal{A}_{21212} = -\frac{1}{2\sqrt{2}}.$$

我们分别采用算法 4.3.1—算法 4.3.3 计算复张量 $\mathcal{A}$ 的最大 U-特征值 $\lambda_{\mathcal{A}}$. 当误差小于 $10^{-9}$ 时迭代停止. 计算结果如表 4.3 所示.

**表 4.3 算例 4.4.3 数值实验结果**

| 算法 | $\lambda_{\mathcal{A}}$ | 计算时间 (s) |
| --- | --- | --- |
| 算法 4.3.1 | 0.3626 | 2628.76 |
| 算法 4.3.2 | 0.3626 | 14.89 |
| 算法 4.3.3 | 0.3626 | 2.42 |

由算法 4.3.3 得到的 $\lambda_{\mathcal{A}}$ 所对应的特征向量为

$$\boldsymbol{x}^{(1)} = (-0.1455 + 0.4361\mathrm{i}, -0.7944 + 0.3969\mathrm{i}),$$

$$\boldsymbol{x}^{(2)} = (-0.0940 - 0.4500\mathrm{i}, -0.7431 - 0.4863\mathrm{i}),$$

$$\boldsymbol{x}^{(3)} = (0.4913 + 0.7398\mathrm{i}, -0.4506 - 0.0910\mathrm{i}),$$

$$\boldsymbol{x}^{(4)} = (0.8856 + 0.0669\mathrm{i}, 0.2996 + 0.3486\mathrm{i}),$$

$$\boldsymbol{x}^{(5)} = (-0.1751 - 0.4251\mathrm{i}, 0.3415 - 0.8198\mathrm{i}).$$

相比较例 4.4.1 与例 4.4.2, 我们提高了非对称复张量 $\mathcal{A}$ 的阶数, 由算法 4.3.1 得到的复张量 $\mathcal{A}$ 的对称嵌入 $\mathbf{sym}(\mathcal{A})$ 是一个 $10 \times 10 \times 10 \times 10 \times 10$ 的

对称复张量. 从表 4.3 中可以看出, 算法 4.3.1—算法 4.3.3 得到的 $\mathcal{A}$ 的最大 U-特征值是相同的, 然而, 算法 4.3.1 的所用的计算时间依然要多于算法 4.3.2 与算法 4.3.3, 而算法 4.3.3 所用的计算时间依然是最少的.

从本节前三个算例可以看出, 当量子纯态的阶数与维数提高时, 由算法 4.3.1 得到的复张量 $\mathcal{A}$ 的对称嵌入 $\mathbf{sym}(\mathcal{A})$ 的规模也会越来越大, 这将大大增加算法 4.3.1 的计算时间. 对于越大规模的量子纯态, 算法 4.3.2 和算法 4.3.3 的计算效率相较于算法 4.3.1 也会越高, 其中, 算法 4.3.3 所用的计算时间始终是最少的.

在下面的算例中, 我们观察文献 [19] 中的神经网络算法与算法 4.3.3 在计算一般复张量最大 U-特征值时的表现.

**例 4.4.4**　考虑一个 $10 \times 8 \times 5 \times 7$ 非对称张量 $\mathcal{A}$, 其非零元素为

$$\mathcal{A}_{8726} = \frac{1}{\sqrt{6}}, \quad \mathcal{A}_{9543} = \frac{1}{\sqrt{3}}, \quad \mathcal{A}_{1221} = \frac{1}{\sqrt{6}}\mathrm{i}, \quad \mathcal{A}_{3812} = -\frac{1}{\sqrt{3}}.$$

我们分别采用神经网络方法与算法 4.3.3 计算复张量 $\mathcal{A}$ 的最大 U-特征值 $\lambda_{\mathcal{A}}$. 当误差小于 $10^{-9}$ 时迭代停止. 计算结果如表 4.4 所示.

表 4.4　算例 4.4.4 数值实验结果

| 算法 | $\lambda_{\mathcal{A}}$ | 迭代步数 | 计算时间 (s) |
|---|---|---|---|
| 神经网络方法 | 0.5774 | 133 | 25.20 |
| 算法 4.3.3 | 0.5774 | 25 | 5.60 |

从表 4.4 中可以看出, 神经网络算法与算法 4.3.3 得到的复张量 $\mathcal{A}$ 的最大 U-特征值是相同的, 然而, 神经网络算法所用的计算时间与迭代步数都要多于算法 4.3.3.

**例 4.4.5**　在本算例中, 我们依照给定的阶数和维数, 生成一系列元素随机的复张量 $\mathcal{A}$, 通过神经网络算法与算法 4.3.3 分别计算它们的最大 U-特征值, 当误差小于 $10^{-9}$ 时迭代停止.

计算结果如表 4.5 所示, 其中, $\mathrm{Tim}_N$ (s) 与 $\mathrm{Tim}_{i3}$ (s) 分别代表神经网络算法与算法 4.3.3 所用的计算时间, $\mathrm{itr}_N$ 与 $\mathrm{itr}_{i3}$ 分别代表神经网络算法与算法 4.3.3 所用的迭代步数.

表 4.5　算例 4.4.5 数值实验结果

| 复张量 | $\lambda_{\mathcal{A}}$ | $\mathrm{Tim}_N$ (s) | $\mathrm{Tim}_{i3}$ (s) | $\mathrm{itr}_N$ | $\mathrm{itr}_{i3}$ |
|---|---|---|---|---|---|
| $2 \times 2 \times 3$ | 0.7907 | 0.14 | 0.03 | 195 | 21 |
| $3 \times 3 \times 3$ | 0.5798 | 0.47 | 0.08 | 352 | 41 |
| $3 \times 4 \times 5$ | 0.5729 | 1.10 | 0.14 | 403 | 41 |
| $2 \times 2 \times 2 \times 2$ | 0.6040 | 0.32 | 0.07 | 276 | 44 |
| $3 \times 3 \times 5 \times 5$ | 0.3569 | 57.86 | 5.89 | 4407 | 367 |
| $2 \times 3 \times 4 \times 5 \times 2$ | 0.3298 | 47.58 | 4.98 | 2510 | 223 |

从表 4.5 中可以看出, 神经网络算法与算法 4.3.3 得到的复张量 $\mathcal{A}$ 的最大
U-特征值是相同的, 然而, 神经网络算法所用的计算时间与迭代步数总是要多于
算法 4.3.3.

## 4.5 本 章 小 结

本章研究了计算非对称复张量 U-特征对的三种不同的迭代算法. 根据定理
6.2.2, 我们可以将该方法用于解量子纯态的纠缠特征值问题.

首先我们将张量的对称嵌入理论由实数域拓展到复数域, 然后建立了非对称
复张量的 U-特征对与其对称嵌入后得到的对称复张量 US-特征对之间的关系. 然
后给出三种计算一般复张量 U-特征对的迭代算法. 算法 4.3.1 本质上仍然是计算
对称复张量的 US-特征值对, 然后通过定理 4.3.1, 得到原非对称张量的 U-特征值.
算法 4.3.2 可以直接计算非对称复张量的 U-特征值, 并根据它与算法 4.3.1 的联
系说明了它的收敛性. 算法 4.3.3 则是算法 4.3.2 的改进算法, 该算法可以大大提
高 U-特征值的计算效率, 其中, 算法 4.3.1 与算法 4.3.2 的收敛性均已得到证明,
然而对于算法 4.3.3 的收敛性目前暂时还处于探索阶段.

我们通过具体的数值算例验证了算法的有效性, 并对比了算法 4.3.1, 算法
4.3.2, 以及算法 4.3.3 的计算时间与迭代步数. 由于算法 4.3.1 所得到的对称嵌
入 $\mathbf{sym}(\mathcal{A})$ 的规模通常比原复张量 $\mathcal{A}$ 的规模大出很多, 所以计算效率通常较低,
而算法 4.3.3 不论在计算时间还是迭代步数上都要优于算法 4.3.1 与算法 4.3.2.
我们还将文献 [19] 中的神经网络算法与算法 4.3.3 进行对比, 在我们所给出的算
例中, 算法 4.3.3 所用的计算时间与迭代步数通常要少于神经网络算法, 但是这个
结论并不能表示对于所有复张量, 算法 4.3.3 的计算效率都要高于神经网络算法.

# 第 5 章  最大 U-特征值计算的多项式优化方法

本章提出了一种计算一般复张量最大 U-特征值的多项式优化方法. 对一个 $m$ 阶对称复张量, 将最大 US-特征值的计算问题转化为一个可以采用 Jacobi SDP 松弛法求解的实值多项式优化问题. 它的目标函数是对称复张量与一个 $m$ 阶对称秩 1 复张量内积的实部. 然而, 对于一个 $m$ 阶非对称张量, 我们也将计算最大 U-特征值的问题转化为多项式优化问题. 但目标函数被改变为非对称张量和一个 $(m-1)$ 阶复张量的内积范数. 该方法可以减少优化问题中的变量数量. 数值算例表明了该方法的有效性.

## 5.1  引    言

近年来, 张量计算的研究与非线性优化理论的研究结合得非常紧密, 尤其是以多项式优化为主的算法和理论研究引起了国际上诸多专家学者的密切关注. 多项式优化问题的基本模型为

$$
\begin{aligned}
\min_{x \in \mathbb{C}^n} \quad & F(x) \\
\text{s.t.} \quad & h_i(x) = 0, \ i = 1, 2, \cdots, r_1, \\
& g_j(x) \geqslant 0, \ j = 1, 2, \cdots, r_2,
\end{aligned}
\tag{5.1}
$$

其中, 目标函数 $F(x)$ 与约束条件 $h_i(x), g_j(x)$ 均为多项式, 这是一类特殊的非线性规划问题, 在非线性规划的理论研究中有着重要作用, 同时, 一些混合整数规划问题也可以采用多项式优化的形式进行表述. 在实际应用中, 多项式优化的数学模型广泛存在于通信、交通、经济、社会管理、图像处理、量子信息等各类自然与社会科学领域, 多项式优化理论的研究有着极其深刻的理论价值与非常广阔的应用背景.

多项式优化问题大多是非凸优化问题, 同样也是 NP 难问题. 因此, 求解多项式优化问题是一个很困难的过程. 数年来, 很多专家学者致力于多项式优化问题的研究, 提出了很多理论与算法 [102,117,139-141,167]. 其中, 半定规划松弛方法是近年来求解多项式优化问题非常热门的算法, 也是本章在解决一般复张量特征值计算问题时所用到的重要理论工具之一.

半定规划松弛算法是由 Lasserre 提出, 通过矩矩阵将多项式优化问题转化为半定规划问题进行求解的一种方法 [101,102]. 接着, Nie 等在其算法收敛性等方面完

善了相关理论[127,128,130], 并将其应用于实张量最大 Z-特征值问题中[133]. Cui 等也利用半定规划松弛方法, 提出了计算实张量所有广义特征值的算法[27]. Hua 等人采用该方法, 计算了对称复张量的 US-特征值[86]. 本章研究所涉及的多项式优化问题, 是一类在复数域上具有等式约束的球面非线性优化问题, 我们将其转化为实数域上的多项式优化问题, 采用半定规划松弛方法进行求解.

随着半定规划松弛方法研究的深入, 各种相关的计算软件也层出不穷. 将多项式优化问题转化为半定规划问题通常采用的软件为 GloptiPoly3, 该软件于 2009 年由 Lasserre 与 Henrion 制作发布[72]. 求解半定规划问题的软件有 Se-DuMi, SDPNAL 和 SDPNAL+ 等. 其中, SeDuMi (Self-Dual-Minimization) 是由 Sturm 在 1998 年制作的[174], 采用对偶内点法求解半定规划问题, 最新版本为 SeDuMi 1.3, 也是本章研究中所用到的主要计算工具, 其优点是性能稳定, 计算速度较快, 而缺点是计算规模较小, 对于大规模的半定规划问题所耗资源内存较高. SDPNAL 是由 Zhao, Sun 以及 Toh 合作开发的一种可以计算较大规模半定规划问题的软件, 其核心算法为半光滑 Newton 共轭梯度增广 Lagrange 方法[199]. 而 SDPNAL+ 则是在 SDPNAL 的基础上, 由 Yang, Sun 和 Toh 合作开发的[189], 其获取迭代初始点的方法为半临近交替方向乘子法, 之后采用半光滑 Newton 共轭梯度增广 Lagrange 方法进行计算, 在求解较大规模的半定松弛问题上表现较好.

## 5.2 计算一般复张量最大 U-特征值的多项式优化方法

本节中, 我们介绍计算一般复张量最大 U-特征值的多项式优化方法. 我们首先介绍多项式优化基础知识, 接下来, 介绍如何采用 Jacobi SDP 松弛方法求解等式约束问题. 然后基于 Jacobi SDP 松弛方法, 在对称纯态的情况下, 介绍计算其对应复张量最大 US-特征值的多项式优化方法. 最后, 将上述方法推广到非对称情况, 介绍计算非对称复张量的最大 U-特征值的多项式优化方法.

### 5.2.1 多项式优化基础知识

本节介绍相关的多项式优化基础知识以及常用的符号定义. 关于多项式优化的详细研究参阅文献 [104, 143]. $\mathbb{N}$ 表示非负整数集, $\mathbb{R}$ 表示实数集, $\mathbb{R}^n$ 表示 $n$ 维实向量空间, 自变量 $\boldsymbol{x} = (x_1, \cdots, x_n) \in \mathbb{R}^n$, 实数域上关于 $\boldsymbol{x}$ 的多项式环记作 $\mathbb{R}[\boldsymbol{x}] := \mathbb{R}[x_1, \cdots, x_n]$, 次数不超过 $d$ 的多项式的集合记作 $\mathbb{R}[\boldsymbol{x}]_d$, 则 $\mathbb{R}[\boldsymbol{x}]_d$ 的维数为 $\binom{n+d}{d}$. 假设多项式组 $\boldsymbol{p} := (p_1, \cdots, p_r)$, 则 $\boldsymbol{p}$ 在 $\mathbb{R}[\boldsymbol{x}]$ 中生成的理想

$$I(\boldsymbol{p}) := p_1 \cdot \mathbb{R}[\boldsymbol{x}] + p_2 \cdot \mathbb{R}[\boldsymbol{x}] + \cdots + p_r \cdot \mathbb{R}[\boldsymbol{x}].$$

把多项式 $p_i$ 的次数记作 $\deg(p_i)$, $i = 1, \cdots, r$, 则 $\boldsymbol{p}$ 在 $\mathbb{R}[\boldsymbol{x}]$ 中生成的 $k$ 次截断理想为

$$I_k(\boldsymbol{p}) := p_1 \cdot \mathbb{R}[\boldsymbol{x}]_{k-\deg(p_1)} + \cdots + p_r \cdot \mathbb{R}[\boldsymbol{x}]_{k-\deg(p_r)}.$$

易知

$$\bigcup_{k \in \mathbb{N}} I_k(\boldsymbol{p}) = I(\boldsymbol{p}).$$

**定义 5.2.1**　给定多项式 $p$, 如果存在多项式 $p_1, p_2, \cdots, p_r \in \mathbb{R}[\boldsymbol{x}]$, 使得 $p$ 可以表示为 $p = p_1^2 + p_2^2 + \cdots + p_r^2$, 那么称多项式 $p$ 为平方和多项式.

将平方和多项式的集合记作 $\Sigma[\boldsymbol{x}]$, 则次数不超过 $d$ 的平方和多项式集合可以表示为

$$\Sigma[\boldsymbol{x}]_d := \Sigma[\boldsymbol{x}] \cap \mathbb{R}[\boldsymbol{x}]_d.$$

易知, 平方和多项式一定是非负多项式, 但是反之则不然. 假设在 $\mathbb{R}[\boldsymbol{x}]$ 中有一多项式组 $\boldsymbol{w} := (w_1, \cdots, w_s)$, 则 $\boldsymbol{w}$ 在 $\mathbb{R}[\boldsymbol{x}]$ 中张成的 $N$ 阶二次模为

$$Q_N(\boldsymbol{w}) := \Sigma[\boldsymbol{x}]_{2N} + w_1 \cdot \Sigma[\boldsymbol{x}]_{2N-\deg(w_1)} + \cdots + w_s \cdot \Sigma[\boldsymbol{x}]_{2N-\deg(w_s)},$$

且 $\boldsymbol{w}$ 在 $\mathbb{R}[\boldsymbol{x}]$ 中张成的二次模为

$$Q(\boldsymbol{w}) = \bigcup_{N \in \mathbb{N}} Q_N(\boldsymbol{w}).$$

令 $\boldsymbol{\alpha} := (\alpha_1, \cdots, \alpha_n) \in \mathbb{N}^n$, 记

$$\boldsymbol{x}^{\boldsymbol{\alpha}} := x_1^{\alpha_1} \cdots x_n^{\alpha_n}, \quad |\boldsymbol{\alpha}| = \alpha_1 + \cdots + \alpha_n.$$

给定次数 $d$, 记

$$\mathbb{N}_d^n := \{\boldsymbol{\alpha} \in \mathbb{N}^n : |\boldsymbol{\alpha}| \leqslant d\}.$$

令

$$\mathbb{R}^{\mathbb{N}_d^n} = \{\boldsymbol{y} | \boldsymbol{y} = (y_{\boldsymbol{\alpha}}), \ \boldsymbol{\alpha} \in \mathbb{N}_d^n\}.$$

称 $\mathbb{R}^{\mathbb{N}_d^n}$ 为 $d$ 阶的截断矩序列空间. 建立对应关系 $\boldsymbol{x}^{\boldsymbol{\alpha}} \Longleftrightarrow y_{\boldsymbol{\alpha}}$, 则 $d$ 阶的截断矩序列空间 $\mathbb{R}^{\mathbb{N}_d^n}$ 是 $\mathbb{R}[\boldsymbol{x}]_d$ 的一个对偶空间.

**例 5.2.1**　取 $n = 2, d = 2$. 按阶数与字典序排列

$$\mathbb{N}_2^2 = \{(0,0), (1,0), (0,1), (2,0), (1,1), (0,2)\}.$$

对于任意的 $\boldsymbol{y} \in \mathbb{R}^{\mathbb{N}_2^2}$, 则 $\boldsymbol{y}$ 表示为

$$\boldsymbol{y} = (y_{00}, y_{10}, y_{01}, y_{20}, y_{11}, y_{02}).$$

假设 $\boldsymbol{y} = (1, 2, 3, 4, 5, 6)$, 则

$$y_{00} = 1, \quad y_{10} = 2, \quad y_{01} = 3, \quad y_{20} = 4, \quad y_{11} = 5, \quad y_{02} = 6.$$

任意一个矩序列 $\boldsymbol{y} \in \mathbb{R}^{\mathbb{N}_d^n}$ 均可看作是 $\mathbb{R}[\boldsymbol{x}]_d$ 中的一个线性泛函 $\sigma_{\boldsymbol{y}}$, 满足

$$\sigma_{\boldsymbol{y}}(\boldsymbol{x}^{\boldsymbol{\alpha}}) = y_{\boldsymbol{\alpha}}, \quad \forall \boldsymbol{\alpha} \in \mathbb{N}_d.$$

设 $f = \sum_{\boldsymbol{\alpha} \in \mathbb{N}_d^n} f_{\boldsymbol{\alpha}} \boldsymbol{x}^{\boldsymbol{\alpha}}$, $\boldsymbol{y} \in \mathbb{R}^{\mathbb{N}_d^n}$, 可以定义算子:

$$\langle f, \boldsymbol{y} \rangle := \sum_{\boldsymbol{\alpha} \in \mathbb{N}_d^n} f_{\boldsymbol{\alpha}} y_{\boldsymbol{\alpha}}.$$

设 $p, q \in \mathbb{R}[\boldsymbol{x}]$, 记 $p$ 的系数向量为 $\mathrm{vec}(p)$, 满足 $\deg(qp^2) \leqslant 2k$, 则对于每个 $\boldsymbol{y} \in \mathbb{R}^{\mathbb{N}_{2k}^n}$, $\langle qp^2, \boldsymbol{y} \rangle$ 表示一个二次型, 表示为

$$\langle qp^2, \boldsymbol{y} \rangle = \mathrm{vec}(p)^{\top} (L_q^{(k)}(\boldsymbol{y})) \mathrm{vec}(p).$$

其中, $L_q^{(k)}(\boldsymbol{y})$ 为对称矩阵, 被称为由 $\boldsymbol{y}$ 生成的关于 $q$ 的 $k$ 阶局部化 (Localize) 矩阵. 当 $q = 1$ 时, 将 $L_1^{(k)}(\boldsymbol{y})$ 记作 $M_k(\boldsymbol{y})$, 称之为由 $\boldsymbol{y}$ 生成的 $k$ 阶矩矩阵.

换一种说法. 令 $q(x)$ 为一个次数 $\deg(q) \leqslant 2k$ 的多项式. 假设 $\boldsymbol{\alpha} \in \mathbb{N}^n$, $|\boldsymbol{\alpha}| \leqslant 2k$, $\boldsymbol{y}$ 是一个由 $\boldsymbol{\alpha}$ 截断的矩向量. $q$ 的 $k$ 阶局部化矩阵为

$$L_q^{(k)}(\boldsymbol{y}) := \sum_{\boldsymbol{\alpha} \in \mathbb{N}^n : |\boldsymbol{\alpha}| \leqslant 2k} A_{\boldsymbol{\alpha}}^{(k)} y_{\boldsymbol{\alpha}},$$

其中, $A_{\boldsymbol{\alpha}}^{(k)}$ 为一个对称矩阵, 满足

$$q(\boldsymbol{x})[\boldsymbol{x}]_d [\boldsymbol{x}]_d^{\top} = \sum_{\boldsymbol{\alpha} \in \mathbb{N}^n : |\boldsymbol{\alpha}| \leqslant 2k} A_{\boldsymbol{\alpha}}^{(k)} \boldsymbol{x}^{\boldsymbol{\alpha}},$$

其中, $d = k - \lceil \deg(q)/2 \rceil$, $[\boldsymbol{x}]_d$ 为单项式向量,

$$[\boldsymbol{x}]_d := (1, x_1, x_2, \cdots, x_n, x_1^2, x_1 x_2, \cdots, x_n^2, \cdots, x_1^d, x_1^{d-1} x_2, \cdots, x_n^d)^{\top}.$$

**例 5.2.2**　(1) 若取 $q = 1$, $n = 2$, $k = 1$, $d = k - \lceil \deg(q)/2 \rceil = 1$, 则

$$[\boldsymbol{x}]_d = (1, x_1, x_2)^{\top}.$$

$$[\boldsymbol{x}]_d [\boldsymbol{x}]_d^{\top} = \begin{pmatrix} 1 & x_1 & x_2 \\ x_1 & x_1^2 & x_1 x_2 \\ x_2 & x_1 x_2 & x_2^2 \end{pmatrix} = \begin{pmatrix} x_1^0 x_2^0 & x_1^1 x_2^0 & x_1^0 x_2^1 \\ x_1^1 x_2^0 & x_1^2 x_2^0 & x_1^1 x_2^1 \\ x_1^0 x_2^1 & x_1^1 x_2^1 & x_1^0 x_2^2 \end{pmatrix}.$$

根据对应 $\boldsymbol{x}^{\alpha} \Longleftrightarrow y_{\boldsymbol{\alpha}}$, 则矩矩阵 $M_k(\boldsymbol{y})$ 为

$$M_k(\boldsymbol{y}) = \begin{pmatrix} y_{00} & y_{10} & y_{01} \\ y_{10} & y_{20} & y_{11} \\ y_{01} & y_{11} & y_{02} \end{pmatrix}.$$

(2) 若取 $q = 1$, $n = 2$, $k = 2$, $d = k - \lceil \deg(q)/2 \rceil = 2$, 则

$$[\boldsymbol{x}]_d = (1, x_1, x_2, x_1^2, x_1 x_2, x_2^2)^{\top}.$$

$$[\boldsymbol{x}]_d [\boldsymbol{x}]_d^{\top} = \begin{pmatrix} 1 & x_1 & x_2 & x_1^2 & x_1 x_2 & x_2^2 \\ x_1 & x_1^2 & x_1 x_2 & x_1^3 & x_1^2 x_2 & x_1 x_2^2 \\ x_2 & x_1 x_2 & x_2^2 & x_1^2 x_2 & x_1 x_2^2 & x_2^3 \\ x_1^2 & x_1^3 & x_1^2 x_2 & x_1^4 & x_1^3 x_2 & x_1^2 x_2^2 \\ x_1 x_2 & x_1^2 x_2 & x_1 x_2^2 & x_1^3 x_2 & x_1^2 x_2^2 & x_1 x_2^3 \\ x_2^2 & x_1 x_2^2 & x_2^3 & x_1^2 x_2^2 & x_1 x_2^3 & x_2^4 \end{pmatrix}.$$

则矩矩阵 $M_k(\boldsymbol{y})$ 为

$$M_k(\boldsymbol{y}) = \begin{pmatrix} y_{00} & y_{10} & y_{01} & y_{20} & y_{11} & y_{02} \\ y_{10} & y_{20} & y_{11} & y_{30} & y_{21} & y_{12} \\ y_{01} & y_{11} & y_{02} & y_{21} & y_{12} & y_{03} \\ y_{20} & y_{30} & y_{21} & y_{40} & y_{31} & y_{22} \\ y_{11} & y_{21} & y_{12} & y_{31} & y_{22} & y_{13} \\ y_{02} & y_{12} & y_{03} & y_{22} & y_{13} & y_{04} \end{pmatrix}.$$

(3) 取 $q = x_1^2 - x_1 x_2 - x_2^2$, $n = 2$, $k = 2$, $d = k - \lceil \deg(q)/2 \rceil = 1$, 则

$$[\boldsymbol{x}]_d = (1, x_1, x_2)^{\top}.$$

$$q(\boldsymbol{x})[\boldsymbol{x}]_d [\boldsymbol{x}]_d^{\top} = (x_1^2 - x_1 x_2 - x_2^2) \begin{pmatrix} 1 & x_1 & x_2 \\ x_1 & x_1^2 & x_1 x_2 \\ x_2 & x_1 x_2 & x_2^2 \end{pmatrix}.$$

于是, $q(\boldsymbol{x})$ 的局部化矩阵可表示为

$$L_q^{(2)}(\boldsymbol{y}) = \begin{pmatrix} y_{20} + y_{11} + y_{02} & y_{30} + y_{21} + y_{12} & y_{21} + y_{12} + y_{03} \\ y_{30} + y_{12} + y_{03} & y_{40} + y_{31} + y_{22} & y_{31} + y_{22} + y_{13} \\ y_{21} + y_{12} + y_{03} & y_{31} + y_{22} + y_{13} & y_{22} + y_{13} + y_{04} \end{pmatrix}.$$

### 5.2.2 Jacobi SDP 松弛方法求解等式约束问题

我们先考虑一般实值多项式优化问题

$$
\begin{aligned}
\min_{\boldsymbol{x}\in\mathbb{R}^n}\quad & f(\boldsymbol{x}) \\
\text{s.t.}\quad & h_i(\boldsymbol{x}) = 0,\ i = 1, 2, \cdots, r_1, \\
& g_j(\boldsymbol{x}) \geqslant 0,\ j = 1, 2, \cdots, r_2,
\end{aligned}
\tag{5.2}
$$

其中 $f(\boldsymbol{x}), h_i(\boldsymbol{x}), g_j(\boldsymbol{x})$ 是 $\boldsymbol{x} \in \mathbb{R}^n$ 上的多项式函数. 令 $f_{\min}$ 为上述优化问题的全局最小值, 那么计算 $f_{\min}$ 是一个 NP 难的问题[130]. 求解优化问题 (5.2) 的一个标准方法是采用 Lasserre 提出的 SDP 松弛方法[101], 该方法基于将多项式优化问题表示为一系列在可行集上非负的平方和多项式来进行求解.

文献 [127] 中, Nie 提出了一种新型 SDP 松弛算法求解优化问题 (5.2), 算法中的多项式只和 $x$ 有关. 基于 $f, h_i, g_j$ 的 Jacobi 矩阵, Nie 构建一系列的新的多项式 $\varphi_1(\boldsymbol{x}), \cdots, \varphi_r(\boldsymbol{x})$, 重新改写优化问题 (5.2) 的约束条件, 具体细节请参阅文献 [127]. 优化问题 (5.2) 可以转化为

$$
\begin{aligned}
\min_{\boldsymbol{x}\in\mathbb{R}^n}\quad & f(\boldsymbol{x}) \\
\text{s.t.}\quad & h_i(\boldsymbol{x}) = \varphi_j(\boldsymbol{x}) = 0,\ i = 1, \cdots, r_1, j = 1, \cdots, r, \\
& \prod_{k=1}^{r_2} g_k(\boldsymbol{x})^{v_k} \geqslant 0,\ v_k \in \{0, 1\},\ k = 1, \cdots, r_2.
\end{aligned}
\tag{5.3}
$$

文献 [127] 中, Nie 证明了在松弛阶 $N$ 足够大的时候, 上述问题的 $N$ 阶 Lasserre 松弛所取得的下界等于优化问题 (5.2) 的最小值 $f_{\min}$. 通过该方法, 优化问题 (5.2) 可以得到一个精确的 SDP 松弛. Hua 等[86] 将对称量子纯态的纠缠几何测度的计算问题转化为一个实多项式优化问题, 并利用 Jacobi SDP 松弛方法求解.

在这里, 我们简要回顾一下等式约束下的 Jacobi SDP 松弛问题相关的基本知识. 接下来, 我们介绍等式约束下的多项式优化问题中的 Jacobi SDP 松弛算法. 不妨令 $\boldsymbol{u} \in \mathbb{R}^{2n}$, $f(\boldsymbol{u})$ 是关于 $u$ 的 $m$ 阶齐次多项式, $g(\boldsymbol{u})$ 为实多项式函数. 等式约束下的多项式优化问题模型如下:

$$
\begin{aligned}
\max\quad & f(\boldsymbol{u}) \\
\text{s.t.}\quad & g(\boldsymbol{u}) = 0.
\end{aligned}
\tag{5.4}
$$

**引理 5.2.1** [86]  等式约束条件下的多项式优化问题 (5.4) 等价于

$$
\begin{aligned}
\max\quad & f(\boldsymbol{u}) \\
\text{s.t.}\quad & g(\boldsymbol{u}) = 0, h_r(\boldsymbol{u}) = 0,\ 1 \leqslant r \leqslant 4n - 3,
\end{aligned}
\tag{5.5}
$$

其中 $\boldsymbol{u} \in \mathbb{R}^{2n}$ 且有

$$h_r := \sum_{i+j=r+2} (f'_{u_i} g'_{u_j} - f'_{u_j} g'_{u_i}) = 0, \quad 1 \leqslant r \leqslant 4n-3, \tag{5.6}$$

$f'_{u_i}$ 和 $g'_{u_i}$ 分别表示 $f$ 和 $g$ 关于 $u_i$ 的偏导数.

于是, (5.5) 的 Lasserre 型 SDP 松弛为

$$\begin{aligned}
\rho_N :=& \max_{\boldsymbol{\alpha} \in \mathbb{N}^{2n}:|\boldsymbol{\alpha}|=m} f_{\boldsymbol{\alpha}} y_{\boldsymbol{\alpha}} \\
\text{s.t} \quad & L_g^{(N)}(\boldsymbol{y}) = 0, \ L_{h_r}^{(N)}(\boldsymbol{y}) = 0, \ (r = 1, \cdots, 4n-3), \\
& y_0 = 1, M_N(\boldsymbol{y}) \succeq 0.
\end{aligned} \tag{5.7}$$

设优化问题 (5.5) 的最大值为 $f_{\max}$, 那么序列 $\{\rho_N\}$ 单调递增, 且上界为 $f_{\max}$.

**定理 5.2.1** [86]　对于所有足够大的 $N$, 优化问题 (5.5) 的 $N$ 阶 Lasserre 型 SDP 松弛 (5.7) 总可以得到优化问题 (5.5) 的最大值 $f_{\max}$.

### 5.2.3　求解对称复张量最大 US-特征值的多项式优化方法

我们知道求对称复张量 $\mathcal{S}$ 的最大特征对问题等价于求下面的优化问题

$$\begin{aligned}
\max \quad & \text{Re} \ (\mathcal{S}^* \boldsymbol{z}^m) \\
\text{s.t.} \quad & \|\boldsymbol{z}\| = 1, \quad \boldsymbol{z} \in \mathbb{C}^n.
\end{aligned} \tag{5.8}$$

令 $\boldsymbol{z} = \boldsymbol{x} + \boldsymbol{y}\sqrt{-1}$, $\boldsymbol{x}, \boldsymbol{y} \in \mathbb{R}^n$, 则 (5.8) 可以写为

$$\begin{aligned}
\max \quad & f(\boldsymbol{x}, \boldsymbol{y}) := \text{Re} \ (\mathcal{S}^* (\boldsymbol{x} + \boldsymbol{y}\sqrt{-1})^m) \\
\text{s.t.} \quad & g(\boldsymbol{x}, \boldsymbol{y}) := \|\boldsymbol{x}\|^2 + \|\boldsymbol{y}\|^2 - 1 = 0,
\end{aligned} \tag{5.9}$$

令向量 $(\boldsymbol{x}, \boldsymbol{y}) = \boldsymbol{u} \in \mathbb{R}^{2n}$, 则 (5.9) 可化为

$$\begin{aligned}
\max \quad & f(\boldsymbol{u}) \\
\text{s.t.} \quad & g(\boldsymbol{u}) = 0.
\end{aligned} \tag{5.10}$$

如此一来, 我们将求解最大 US-特征值的复变量多项式优化问题 (5.8) 转化为一个等式约束下的实变量多项式优化问题 (5.10).

**例 5.2.3**　考虑对称复张量 $\mathcal{S} \in S[3]\mathbb{C}[3]$, 其中 $a_{111} = 1$, $a_{222} = 2\sqrt{-1}$, $a_{333} = -1$. 则相应的多项式优化问题为

$$\begin{aligned}
\max \quad & x_1^3 - 3x_1 y_1^2 + 2y_2^3 - 6x_2^2 y_2 + 3x_3 y_3^2 - x_3^3 \\
\text{s.t.} \quad & x_1^2 + x_2^2 + x_3^2 + y_1^2 + y_2^2 + y_3^2 - 1 = 0, \quad x_i, y_i \in \mathbb{R}, 1 \leqslant i \leqslant 3.
\end{aligned}$$

令 $\boldsymbol{u} = (\boldsymbol{x}, \boldsymbol{y}) \in \mathbb{R}^6$, 即 $u_1 = x_1$, $u_2 = x_2$, $u_3 = x_3$, $u_4 = y_1$, $u_5 = y_2$, $u_6 = y_3$. 于是, 上述问题可以化为

$$\begin{aligned}
\max \quad & u_1^3 - 3u_1 u_4^2 + 2u_5^3 - 6u_2^2 u_5 + 3u_3 u_6^2 - u_3^3 \\
\text{s.t.} \quad & u_1^2 + u_2^2 + u_3^2 + u_4^2 + u_5^2 + u_6^2 - 1 = 0, \quad u_i \in \mathbb{R}, 1 \leqslant i \leqslant 6.
\end{aligned}$$

经过简单的变换后, 将一个复变量实值多项式优化问题化为一个实变量多项式优化问题. 下面我们将通过求解 (5.10) 来获取最大 US-特征值, 首先, 参考文献 [127] 来构造优化问题 (5.10) 的 Jacobi SDP 松弛.

**引理 5.2.2** 令 $X$ 为一个 $n \times 2$ 矩阵, 它的第一列为 $(a_1, \cdots, a_n)^\top$, 第二列为 $(b_1, \cdots, b_n)^\top$. 则 $\mathrm{rank}(X) \leqslant 1$ 当且仅当

$$\sum_{i+j=r+2} (a_i b_j - a_j b_i) = 0, \quad r = 1, \cdots, 2n-3.$$

**证明** 此结论是文献 [127] 中引理 2.1 的 $k = 2$ 的特殊情况.

**引理 5.2.3** 多项式优化问题 (5.10) 等价于

$$\begin{aligned} \max \quad & f(\boldsymbol{u}) \\ \text{s.t.} \quad & g(\boldsymbol{u}) = 0, h_r(\boldsymbol{u}) = 0, \ 1 \leqslant r \leqslant 4n-3, \end{aligned} \tag{5.11}$$

其中 $\boldsymbol{u} \in \mathbb{R}^{2n}$, $h_r := \sum_{i+j=r+2} (f'_{u_i} g'_{u_j} - f'_{u_j} g'_{u_i}) = 0$, $1 \leqslant r \leqslant 4n-3$, $f'_{u_i}$ 和 $g'_{u_i}$ 分别表示 $f$ 和 $g$ 在 $u_i$ 处的偏导数.

**证明** 令 $\Omega := \{\boldsymbol{u} \in \mathbb{R}^{2n} : \mathrm{rank}[\nabla f(\boldsymbol{u}) \ \nabla g(\boldsymbol{u})] \leqslant 1\}$. 注意到, 优化问题 (5.10) 的最优点一定是 KKT 点. 引入问题 (5.10) 的 Lagrange 乘子, $\boldsymbol{u}$ 是问题 (5.10) 的 KKT 点当且仅当存在一个 $\mu \in \mathbb{R}$, 使得

$$\nabla f(\boldsymbol{u}) = \mu \nabla g(\boldsymbol{u}), \quad g(\boldsymbol{u}) = 0. \tag{5.12}$$

因此, 如果 $\boldsymbol{u}$ 是优化问题 (5.10) 的 KKT 点, 则 $\boldsymbol{u} \in \Omega$. 注意到对于所有的点 $g(\boldsymbol{u}) = 0$, $\nabla g(\boldsymbol{u}) \neq 0$. 因此如果点 $\boldsymbol{u} \in \Omega$ 且满足 $g(\boldsymbol{u}) = 0$, 那么 $\boldsymbol{u}$ 是一个 KKT 点. 也就是, $\boldsymbol{u} \in \Omega$ 且 $g(\boldsymbol{u}) = 0$, 当且仅当 $\boldsymbol{u}$ 是优化问题 (5.10) 的 KKT 点. 根据引理 5.2.2, 有

$$\Omega = \left\{ (u_1, \cdots, u_{2n})^\top \in \mathbb{R}^{2n} : \sum_{i+j=r+2} (f'_{u_i} g'_{u_j} - f'_{u_j} g'_{u_i}) = 0, r = 1, \cdots, 4n-3 \right\}.$$

令 $h_r = \sum_{i+j=r+2} (f'_{u_i} g'_{u_j} - f'_{u_j} g'_{u_i}) = 0$, $1 \leqslant r \leqslant 4n-3$, 则得到结论 (5.11). 证毕.

**推论 5.2.1** 设 $\mathcal{S} \in S[m]\mathbb{C}[n]$, $\boldsymbol{x}, \boldsymbol{y} \in \mathbb{R}^n$, $\boldsymbol{u} = (\boldsymbol{x}, \boldsymbol{y}) \in \mathbb{R}^{2n}$. 则下面条件等价:

(a) $\boldsymbol{x} + \boldsymbol{y}\sqrt{-1}$ 为 $\mathcal{S}$ 的一个 US-特征向量;

(b) $\boldsymbol{u}$ 满足 (5.11);

(c) $\boldsymbol{u}$ 为 (5.10) 的一个稳定点.

于是, 求解 (5.11) 的 Lasserre 型 SDP 松弛为

$$
\begin{aligned}
\rho_N := \max_{\boldsymbol{\alpha} \in \mathbb{N}^{2n}:|\boldsymbol{\alpha}|=m} & \ f_{\boldsymbol{\alpha}} y_{\boldsymbol{\alpha}} \\
\text{s.t.} \quad & L_g^{(N)}(\boldsymbol{y}) = 0, \ L_{h_r}^{(N)}(\boldsymbol{y}) = 0 (r = 1, \cdots, 4n-3), \\
& y_0 = 1, M_N(\boldsymbol{y}) \succeq 0.
\end{aligned}
\tag{5.13}
$$

假设 $f_{\max}$ 是 (5.11) 最优值. 根据文献 [101], 序列 $\rho_N$ 单调下降, 其下界为 $f_{\max}$. 事实上, 对于足够大的 $N$, 可以得到 $\rho_N = f_{\max}$.

**定理 5.2.2** 当 $N$ 足够大时, $N$ 阶 Lasserre 型 SDP 松弛 (5.13) 可以求得优化问题 (5.11) 的最大值, 即 $\rho_N = f_{\max}$.

**证明** 注意到 $h_1, \cdots, h_{4n-3}$ 的构造采用了文献 [127] 中的 Jacobi SDP 松弛构造的方法. 因此本定理可以通过文献 [27] 中定理 3.1 得到.

### 5.2.4 求解非对称复张量最大 U-特征值的多项式优化方法

复张量最佳秩 1 逼近对应的最大值优化问题为

$$
\begin{aligned}
\max \quad & |\langle \mathcal{A}, \otimes_{i=1}^m \boldsymbol{z}^{(i)} \rangle| \\
\text{s.t.} \quad & \|\boldsymbol{z}^{(i)}\| = 1, \quad \boldsymbol{z}^{(i)} \in \mathbb{C}^{n_i}.
\end{aligned}
\tag{5.14}
$$

设 $\mathcal{A}$ 为非对称复张量, 则最大值优化问题 (5.14) 等价于

$$
\begin{aligned}
\hat{f} := \max \quad & \text{Re}\langle \mathcal{A}, \otimes_{i=1}^m \boldsymbol{z}^{(i)} \rangle \\
\text{s.t.} \quad & \|\boldsymbol{z}^{(i)}\| = 1, \quad \boldsymbol{z}^{(i)} \in \mathbb{C}^{n_i}, \quad i = 1, \cdots, m.
\end{aligned}
\tag{5.15}
$$

由前面的介绍可知, 复张量 $\mathcal{A}$ 的最大 U-特征值 $\lambda = \hat{f}$, 且所对应的优化问题 (5.15) 的最优解即为 $\lambda$ 所对应的 U-特征向量.

注意到任意复数 $c$ 都可以用两个实数 $a, b$ 表示为 $c = a + \sqrt{-1}b$ 的形式, 因此, 令 $\boldsymbol{z}^{(i)} = \boldsymbol{x}^{(i)} + \sqrt{-1}\boldsymbol{y}^{(i)}, \boldsymbol{x}^{(i)}, \boldsymbol{y}^{(i)} \in \mathbb{R}^{n_i}, i = 1, \cdots, m$, 优化问题 (5.15) 可以等价转化为

$$
\begin{aligned}
\hat{f} := \max \quad & \text{Re}\langle \mathcal{A}, \otimes_{i=1}^m (\boldsymbol{x}^{(i)} + \sqrt{-1}\boldsymbol{y}^{(i)}) \rangle \\
\text{s.t.} \quad & \|\boldsymbol{x}^{(i)}\|^2 + \|\boldsymbol{y}^{(i)}\|^2 = 1, \boldsymbol{x}^{(i)}, \boldsymbol{y}^{(i)} \in \mathbb{R}^{n_i}, \quad i = 1, \cdots, m.
\end{aligned}
\tag{5.16}
$$

优化问题 (5.16) 的目标函数是一个实数域上 $m$ 次 $2(n_1 + \cdots + n_m)$ 个变量的多项式函数, 为表述方便, 设实张量 $\mathcal{B} \in \mathbb{R}^{2n_1 \times \cdots \times 2n_m}$ 满足

$$
\langle \mathcal{B}, \otimes_{i=1}^m \boldsymbol{u}^{(i)} \rangle = \text{Re}\langle \mathcal{A}, \otimes_{i=1}^m (\boldsymbol{x}^{(i)} + \sqrt{-1}\boldsymbol{y}^{(i)}) \rangle.
\tag{5.17}
$$

其中, $\boldsymbol{u}^{(i)} = (\boldsymbol{x}^{(i)}, \boldsymbol{y}^{(i)}) \in \mathbb{R}^{2n_i}, i = 1, \cdots, m$. 由前述可知, 优化问题 (5.16) 可以等价转化为

$$
\begin{aligned}
\hat{f} := \max \quad & \langle \mathcal{B}, \boldsymbol{u}^{(1)} \otimes \boldsymbol{u}^{(2)} \otimes \cdots \otimes \boldsymbol{u}^{(m)} \rangle \\
\text{s.t.} \quad & \|\boldsymbol{u}^{(i)}\| = 1, \boldsymbol{u}^{(i)} \in \mathbb{R}^{2n_i}, \quad i = 1, 2, \cdots, m.
\end{aligned}
\tag{5.18}
$$

由于优化问题 (5.18) 是一个球面上的多项式优化问题, 为了降低变量个数, (5.18) 可以改写为

$$\hat{f} := \max \quad \|\langle \mathcal{B}, \boldsymbol{u}^{(1)} \otimes \boldsymbol{u}^{(2)} \otimes \cdots \otimes \boldsymbol{u}^{(m-1)} \rangle\| \\ \text{s.t.} \quad \|\boldsymbol{u}^{(i)}\| = 1, \boldsymbol{u}^{(i)} \in \mathbb{R}^{2n_i}, \quad i = 1, 2, \cdots, m-1. \tag{5.19}$$

令

$$f(\boldsymbol{u}) = \|\langle \mathcal{B}, \boldsymbol{u}^{(1)} \otimes \boldsymbol{u}^{(2)} \otimes \cdots \otimes \boldsymbol{u}^{(m-1)} \rangle\|^2, \quad g_k(\boldsymbol{u}) = \|\boldsymbol{u}^{(k)}\|^2 - 1.$$

类似 (5.11), 优化问题 (5.19) 可以等价转化为

$$\hat{f}^2 := \max \quad f(\boldsymbol{u}) \\ \text{s.t.} \quad g_k(\boldsymbol{u}) = 0, h_{k,r} = 0, \quad k = 1, 2, \cdots, m-1, \ 1 \leqslant r \leqslant 4n_k - 3, \tag{5.20}$$

其中

$$h_{k,r} := \sum_{i+j=r+2} ((g_k)'_{u_j} f'_{u_i} - (g_k)'_{u_i} f'_{u_j}), \quad 1 \leqslant r \leqslant 4n_k - 3. \tag{5.21}$$

优化问题 (5.20) 的 Lasserre 型 SDP 松弛可以表示为

$$\rho_N := \max_{\boldsymbol{\alpha} \in \mathbb{N}^{2n} : |\boldsymbol{\alpha}| = 2m-2} f_{\boldsymbol{\alpha}} y_{\boldsymbol{\alpha}}$$

$$\text{s.t.} \quad L_{g_k}^{(N)}(y) = 0, \ L_{h_{k,r}}^{(N)}(y) = 0 \ (k = 1, \cdots, m-1, r = 1, \cdots, 4n_k - 3),$$

$$y_0 = 1, M_N(y) \succeq 0. \tag{5.22}$$

**定理 5.2.3** 设 $\boldsymbol{x}^{(i)}, \boldsymbol{y}^{(i)} \in \mathbb{R}^{n_i}$, $\boldsymbol{u}^{(i)} = (\boldsymbol{x}^{(i)}, \boldsymbol{y}^{(i)}) \in \mathbb{R}^{2n_i}$, $i = 1, \cdots, m$, $\mathcal{A} \in \mathbb{C}^{n_1 \times \cdots \times n_m}$ 为一个 $m$ 阶的复张量, $\mathcal{B} \in \mathbb{R}^{2n_1 \times \cdots \times 2n_m}$ 为一个满足关系式 (5.17) 的 $m$ 阶实张量. 设 $\{\hat{\boldsymbol{u}}^{(i)} | i = 1, \cdots, m-1\}$ 为优化问题 (5.19) 的最优解, $\lambda$ 为其最优值. 令

$$\hat{\boldsymbol{u}}^{(m)} = \frac{\langle \mathcal{B}, \hat{\boldsymbol{u}}^{(1)} \otimes \cdots \otimes \hat{\boldsymbol{u}}^{(m-1)} \rangle}{\lambda}, \quad \hat{\boldsymbol{z}}^{(i)} = \hat{\boldsymbol{x}}^{(i)} + \hat{\boldsymbol{y}}^{(i)} \sqrt{-1}, \quad i = 1, \cdots, m. \tag{5.23}$$

那么, $\lambda$ 是 $\mathcal{A}$ 的最大 U-特征值, $\{\hat{\boldsymbol{z}}^{(1)}, \cdots, \hat{\boldsymbol{z}}^{(m)}\}$ 为 $\lambda$ 所对应的一组 U-特征向量.

**证明** 由定理假设可知, $\{\hat{\boldsymbol{u}}^{(i)} | i = 1, \cdots, m-1\}$ 为优化问题 (5.19) 的最优解, $\lambda$ 为其最优值, $\hat{\boldsymbol{u}}^{(m)}$ 由 (5.23) 式定义. 因此, $\{\hat{\boldsymbol{u}}^{(i)} | i = 1, \cdots, m\}$ 为优化问题 (5.18) 的最优解, $\lambda$ 为其最优值. 由此可知, $\{\hat{\boldsymbol{z}}^{(i)} | i = 1, \cdots, m\}$ 为优化问题 (5.15) 的最优解, $\lambda$ 为其最优值. 因此有

$$\lambda = \frac{\langle \mathcal{A}, \otimes_{i=1}^m \hat{\boldsymbol{z}}^{(i)} \rangle + \langle \otimes_{i=1}^m \hat{\boldsymbol{z}}^{(i)}, \mathcal{A} \rangle}{2}. \tag{5.24}$$

由于 $\lambda$ 是上述优化问题的最大值, 由表达式 (5.24) 可知

$$\langle \mathcal{A}, \otimes_{i=1, i \neq k}^{m} \hat{\boldsymbol{z}}^{(i)} \rangle = \lambda \hat{\boldsymbol{z}}^{(k)*}, \quad k = 1, \cdots, m.$$

因此 $\lambda$ 为 $\mathcal{A}$ 最大 U-特征值, $\{\hat{\boldsymbol{z}}^{(1)}, \cdots, \hat{\boldsymbol{z}}^{(m)}\}$ 为 $\lambda$ 所对应的一组 U-特征向量. 证毕.

接下来, 我们讨论 $\mathcal{A}$ 为部分对称复张量的情况. 所谓部分对称复张量指的是对于一个复张量 $\mathcal{A} = (\mathcal{A}_{i_1 \cdots i_m}) \in \mathbb{C}^{n \times \cdots \times n}$, 如果它的元素 $\mathcal{A}_{i_1 \cdots i_m}$ 在其下标集合 $\{i_1, \cdots, i_m\}$ 的某个子集内的下标的所有置换下, 仍然保持不变, 则称 $\mathcal{A}$ 是部分对称复张量. 例如, $\mathcal{A}$ 关于它的前两个下标部分对称是指对所有 $i_3, \cdots, i_m$, $\mathcal{A}_{i_1 i_2 i_3 \cdots i_m} = \mathcal{A}_{i_2 i_1 i_3 \cdots i_m}$. 易知, 此时实张量 $\mathcal{B}$ 关于它的前两个下标部分对称.

类似文献 [197] 中定理 2.1 的证明, 优化问题 (5.16) 可以等价转化为

$$\begin{aligned} \hat{f} := \max \quad & \langle \mathcal{B}, (\boldsymbol{u}^{(1)})^2 \otimes \boldsymbol{u}^{(3)} \otimes \cdots \otimes \boldsymbol{u}^{(m)} \rangle \\ \text{s.t.} \quad & \|\boldsymbol{u}^{(i)}\| = 1, \boldsymbol{u}^{(i)} \in \mathbb{R}^{2n_i}, \quad i = 1, 3, \cdots, m. \end{aligned} \tag{5.25}$$

假设一组单位向量 $\{\boldsymbol{x}^{(1)}, \cdots, \boldsymbol{x}^{(m)}\}$ 是优化问题 (5.25) 的最优解, 那么有

$$\langle \mathcal{B}, \boldsymbol{x}^{(1)} \otimes \boldsymbol{x}^{(2)} \otimes \cdots \otimes \boldsymbol{x}^{(m)} \rangle = \|\langle \mathcal{B}, \boldsymbol{x}^{(1)} \otimes \boldsymbol{x}^{(2)} \otimes \cdots \otimes \boldsymbol{x}^{(m-1)} \rangle\|.$$

并且有

$$\begin{aligned} \boldsymbol{x}^{(m)} &= \langle \mathcal{B}, \boldsymbol{x}^{(1)} \otimes \boldsymbol{x}^{(2)} \otimes \cdots \otimes \boldsymbol{x}^{(m-1)} \rangle / \langle \mathcal{B}, \boldsymbol{x}^{(1)} \otimes \boldsymbol{x}^{(2)} \otimes \cdots \otimes \boldsymbol{x}^{(m)} \rangle \\ &= \langle \mathcal{B}, \boldsymbol{x}^{(1)} \otimes \boldsymbol{x}^{(2)} \otimes \cdots \otimes \boldsymbol{x}^{(m-1)} \rangle / \hat{\lambda}. \end{aligned} \tag{5.26}$$

由此得到

$$\max \langle \mathcal{B}, \boldsymbol{u}^{(1)} \otimes \boldsymbol{u}^{(2)} \otimes \cdots \otimes \boldsymbol{u}^{(m)} \rangle = \max \|\langle \mathcal{B}, \boldsymbol{u}^{(1)} \otimes \boldsymbol{u}^{(2)} \otimes \cdots \otimes \boldsymbol{u}^{(m-1)} \rangle\|.$$

不失一般性, 假设 $n_m \geqslant \cdots \geqslant n_2 \geqslant n_1$. 由于优化问题 (5.25) 是一个球面上的多项式优化问题, 为了降低变量个数, (5.25) 可以改写为

$$\begin{aligned} \hat{f} := \max \quad & \|\langle \mathcal{B}, (\boldsymbol{u}^{(1)})^2 \otimes \boldsymbol{u}^{(3)} \otimes \cdots \otimes \boldsymbol{u}^{(m-1)} \rangle\| \\ \text{s.t.} \quad & \|\boldsymbol{u}^{(i)}\| = 1, \boldsymbol{u}^{(i)} \in \mathbb{R}^{2n_i}, \quad i = 1, 3, \cdots, m-1. \end{aligned} \tag{5.27}$$

令

$$f(\boldsymbol{u}) = \|\langle \mathcal{B}, (\boldsymbol{u}^{(1)})^2 \otimes \boldsymbol{u}^{(3)} \otimes \cdots \otimes \boldsymbol{u}^{(m-1)} \rangle\|^2, \quad g_k(\boldsymbol{u}) = \|\boldsymbol{u}^{(k)}\|^2 - 1.$$

那么, 类似 (5.11), 优化问题 (5.27) 可以改写为

$$\begin{aligned} \hat{f}^2 := \max \quad & f(\boldsymbol{u}) \\ \text{s.t.} \quad & g_k(\boldsymbol{u}) = 0, h_{k,r} = 0, \quad k = 1, 3, 4, \cdots, m-1, \ 1 \leqslant r \leqslant 4n_k - 3, \end{aligned} \tag{5.28}$$

其中

$$h_{k,r} := \sum_{i+j=r+2} ((g_k)'_{u_j} f'_{u_i} - (g_k)'_{u_i} f'_{u_j}), \quad 1 \leqslant r \leqslant 4n_k - 3. \tag{5.29}$$

(5.28) 的 Lasserre 型 SDP 松弛可以表示为

$$\begin{aligned} \rho_N := & \max_{\boldsymbol{\alpha} \in \mathbb{N}^{2n}: |\boldsymbol{\alpha}| = 2m-2} f_{\boldsymbol{\alpha}} y_{\boldsymbol{\alpha}} \\ \text{s.t.} \quad & L_{g_k}^{(N)}(\boldsymbol{y}) = 0, \ L_{h_{k,r}}^{(N)}(\boldsymbol{y}) = 0, \ k = 1, 3, 4, \cdots, m-1, r = 1, \cdots, 4n_k - 3, \\ & y_0 = 1, M_N(\boldsymbol{y}) \succeq 0. \end{aligned} \tag{5.30}$$

根据完全非对称张量情况的讨论, 可以采用 Jacobi SDP 松弛方法求解 (5.28), 得到部分对称复张量 $\mathcal{A}$ 的最大 U-特征值 $\lambda = \hat{f}$ 以及 $m$ 个对应的 U-特征向量. 由于复张量 $\mathcal{A}$ 是部分对称的, (5.27) 的自变量个数比 (5.19) 少, 因此, 采用此方法可以提高部分对称复张量的计算速度.

## 5.3 数 值 实 验

采用多项式优化半定松弛方法计算一般复张量最大 U-特征值. 在本节的算例中, 使用的计算软件为 MATLAB 2014a, 采用工具箱 Gloptipoly 3 与 SeDuMi 1.3 来求解相应的多项式优化问题.

**例 5.3.1**  考虑一个 3 阶复张量 $\mathcal{A} \in \mathbb{C}^{2 \times 2 \times 2}$, 其非零元素为

$$\mathcal{A}_{211} = \sqrt{\frac{1}{3}}\mathrm{i}, \quad \mathcal{A}_{122} = \sqrt{\frac{1}{3}}\mathrm{i}, \quad \mathcal{A}_{221} = \sqrt{\frac{1}{3}}.$$

(1) $\mathcal{A}$ 是一个完全非对称张量, 根据 (5.15), 其最大 U-特征值计算模型可以表示为下面的多项式优化问题:

$$\begin{aligned} \hat{f} := \max \quad & \mathrm{Re}\langle \mathcal{A}, \otimes_{i=1}^3 \boldsymbol{z}^{(i)} \rangle \\ \text{s.t.} \quad & \|\boldsymbol{z}^{(i)}\| = 1, \ \boldsymbol{z}^{(i)} \in \mathbb{C}^2, \ i = 1, 2, 3. \end{aligned} \tag{5.31}$$

令

$$\boldsymbol{z}^{(i)} = \boldsymbol{x}^{(i)} + \sqrt{-1}\boldsymbol{y}^{(i)}, \quad \boldsymbol{x}^{(i)}, \boldsymbol{y}^{(i)} \in \mathbb{R}^2, i = 1, 2, 3, \tag{5.32}$$

其中 $\boldsymbol{x}^{(i)} = (x_1^{(i)}, x_2^{(i)})^\top$, $\boldsymbol{y}^{(i)} = (y_1^{(i)}, y_2^{(i)})^\top$, 则优化问题 (5.31) 可以等价转化为

$$\begin{aligned} \hat{f} := \max \quad & \mathrm{Re}\langle \mathcal{A}, \otimes_{i=1}^3 (\boldsymbol{x}^{(i)} + \sqrt{-1}\boldsymbol{y}^{(i)}) \rangle \\ \text{s.t.} \quad & \|\boldsymbol{x}^{(i)}\|^2 + \|\boldsymbol{y}^{(i)}\|^2 = 1, \boldsymbol{x}^{(i)}, \boldsymbol{y}^{(i)} \in \mathbb{R}^2, \ i = 1, 2, 3. \end{aligned} \tag{5.33}$$

设实张量 $\mathcal{B} \in \mathbb{R}^{4 \times 4 \times 4}$ 满足

$$\langle \mathcal{B}, \otimes_{i=1}^3 \boldsymbol{u}^{(i)} \rangle = \mathrm{Re}\langle \mathcal{A}, \otimes_{i=1}^3 (\boldsymbol{x}^{(i)} + \sqrt{-1}\boldsymbol{y}^{(i)}) \rangle, \tag{5.34}$$

其中, $\boldsymbol{u}^{(i)} = (\boldsymbol{x}^{(i)}, \boldsymbol{y}^{(i)}) \in \mathbb{R}^4$, $i = 1, 2, 3$. 由 (5.19), 优化问题 (5.33) 可以等价转化为

$$\hat{f} := \max \quad \|\langle \mathcal{B}, \boldsymbol{u}^{(1)} \otimes \boldsymbol{u}^{(2)} \rangle\| \tag{5.35}$$
$$\text{s.t.} \quad \|\boldsymbol{u}^{(i)}\| = 1, \boldsymbol{u}^{(i)} \in \mathbb{R}^4, i = 1, 2,$$

其中, $\boldsymbol{u}^{(1)} = (u_1^{(1)}, u_2^{(1)}, u_3^{(1)}, u_4^{(1)})^\top, \boldsymbol{u}^{(2)} = (u_1^{(2)}, u_2^{(2)}, u_3^{(2)}, u_4^{(2)})^\top$. 由 $\boldsymbol{u}^{(i)} = (\boldsymbol{x}^{(i)}, \boldsymbol{y}^{(i)})$ 可知

$$u_1^{(i)} = x_1^{(i)}, \quad u_2^{(i)} = x_2^{(i)}, \quad u_3^{(i)} = y_1^{(i)}, \quad u_4^{(i)} = y_2^{(i)}. \tag{5.36}$$

我们将优化问题 (5.35) 转化为 (5.20) 的形式, 其目标函数记作 $F$. 表示为

$$F = \|\langle \mathcal{B}, (\boldsymbol{u}^{(1)})^2 \rangle\|^2 = \frac{(u_1^{(1)})^2 (u_2^{(2)})^2}{3} + \frac{(u_1^{(1)})^2 (u_4^{(2)})^2}{3}$$
$$+ \frac{(u_2^{(1)})^2 (u_1^{(2)})^2}{3} + \cdots + \frac{(u_4^{(1)})^2 (u_4^{(2)})^2}{3}. \tag{5.37}$$

取松弛阶 $N = 3$, 令 $u_1^{(1)} = 0$ 以避免出现无穷多解的情况, 将其约束条件的集合记作 $K$.

(2) 调用 MATLAB 工具箱 Gloptipoly 3 中的 msdp 函数, 将优化问题 (5.37) 转化为 SDP 问题, 记作 $P$. 调用格式为

$$P = \text{msdp}(F, K, N).$$

继续调用 SeDuMi 1.3 中的函数 msol 来求解问题 $P$, 调用格式为

$$[\text{status}, \text{obj}] = \text{msol}(P),$$

其中 status 表示求解状态参数, 若 status $= 1$, 则表示求解器可以获得全局最优解. obj 为全局最优值. 在本算例中, 计算得到优化问题 (5.37) 的一个全局最大值点为

$$\boldsymbol{u}^{(1)} = (0, 0, 0, -1), \quad \boldsymbol{u}^{(2)} = (0, -0.7071, -0.7071, 0).$$

最优值

$$\hat{f} = \|\langle \mathcal{B}, \boldsymbol{u}^{(1)} \otimes \boldsymbol{u}^{(2)} \rangle\| = 0.8165.$$

因此, $\mathcal{A}$ 的最大 U-特征值为 $\lambda = 0.8165$. 由表达式 (5.32) 和 (5.36) 可知, 其对应的前两个 U-特征向量为

$$\hat{\boldsymbol{z}}^{(1)} = \boldsymbol{x}^{(1)} + \sqrt{-1} \boldsymbol{y}^{(1)}$$
$$= (x_1^{(1)} + \sqrt{-1} y_1^{(1)}, x_2^{(1)} + \sqrt{-1} y_2^{(1)})$$
$$= (u_1^{(1)} + \sqrt{-1} u_3^{(1)}, u_2^{(1)} + \sqrt{-1} u_4^{(1)})$$

$$= (0, -\mathrm{i})^\top,$$
$$\hat{\boldsymbol{z}}^{(2)} = \boldsymbol{x}^{(2)} + \sqrt{-1}\boldsymbol{y}^{(2)}$$
$$= (x_1^{(2)} + \sqrt{-1}y_1^{(2)}, x_2^{(2)} + \sqrt{-1}y_2^{(2)})$$
$$= (u_1^{(2)} + \sqrt{-1}u_3^{(2)}, u_2^{(2)} + \sqrt{-1}u_4^{(2)})$$
$$= (-0.7071\mathrm{i}, -0.7071)^\top,$$

由 (5.26) 式或者定理 5.2.3 的 (5.23),可以得到第三个 U-特征向量为

$$\hat{\boldsymbol{z}}^{(3)} = (-\mathrm{i}, 0)^\top.$$

以上求解过程耗时 5.2830 秒.

**例 5.3.2**  考虑一个 3 阶复张量 $\mathcal{A} \in \mathbb{C}^{2\times2\times2}$,其非零元素为

$$\mathcal{A}_{111} = \sqrt{\frac{3}{8}}, \quad \mathcal{A}_{221} = \mathcal{A}_{212} = -\frac{1}{4}, \quad \mathcal{A}_{112} = \mathcal{A}_{121} = \frac{1}{2}\mathrm{i}.$$

(1) $\mathcal{A}$ 是一个关于第 2 和第 3 个下标对称的部分对称复张量,也即对所有 $i_1$,均有 $\mathcal{A}_{i_1 i_2 i_3} = \mathcal{A}_{i_1 i_3 i_2}$.根据 (5.15),其最大 U-特征值计算模型可以表示为下面的多项式优化问题:

$$\begin{aligned} \hat{f} := \max \quad & \mathrm{Re}\langle \mathcal{A}, \otimes_{i=1}^3 \boldsymbol{z}^{(i)} \rangle \\ \text{s.t.} \quad & \|\boldsymbol{z}^{(i)}\| = 1, \quad \boldsymbol{z}^{(i)} \in \mathbb{C}^2, \quad i = 1,2,3. \end{aligned} \tag{5.38}$$

令

$$\boldsymbol{z}^{(i)} = \boldsymbol{x}^{(i)} + \sqrt{-1}\boldsymbol{y}^{(i)}, \quad \boldsymbol{x}^{(i)}, \boldsymbol{y}^{(i)} \in \mathbb{R}^2, \quad i=1,2,3, \tag{5.39}$$

其中 $\boldsymbol{x}^{(i)} = (x_1^{(i)}, x_2^{(i)})^\top, \boldsymbol{y}^{(i)} = (y_1^{(i)}, y_2^{(i)})^\top$.

令

$$\boldsymbol{u}^{(i)} = (\boldsymbol{x}^{(i)}, \boldsymbol{y}^{(i)}) \in \mathbb{R}^4, \quad i=1,2,3. \tag{5.40}$$

因为 $\mathcal{A}$ 关于第 2 和第 3 个下标对称,也即 $\boldsymbol{z}^{(2)} = \boldsymbol{z}^{(3)}$,由表达式 (5.39) 和 (5.40) 可知,$\boldsymbol{u}^{(2)} = \boldsymbol{u}^{(3)}$.根据 (5.25),优化问题 (5.38) 可以转化为下面的多项式优化问题:

$$\begin{aligned} \hat{f} := \max \quad & \langle \mathcal{B}, \boldsymbol{u}^{(1)} \otimes (\boldsymbol{u}^{(2)})^2 \rangle \\ \text{s.t.} \quad & \|\boldsymbol{u}^{(i)}\| = 1, \boldsymbol{u}^{(i)} \in \mathbb{R}^4, \quad i=1,2, \end{aligned} \tag{5.41}$$

其中,实张量 $\mathcal{B} \in \mathbb{R}^{4\times4\times4}$ 如表达式 (5.17) 所定义.

根据 (5.27),优化问题 (5.41) 可以等价转化为

$$\begin{aligned} \hat{f} := \max \quad & \|\langle \mathcal{B}, (\boldsymbol{u}^{(2)})^2 \rangle\| \\ \text{s.t.} \quad & \|\boldsymbol{u}^{(2)}\| = 1, \quad \boldsymbol{u}^{(2)} \in \mathbb{R}^4, \end{aligned} \tag{5.42}$$

其中, $\boldsymbol{u}^{(2)} = (u_1^{(2)}, u_2^{(2)}, u_3^{(2)}, u_4^{(2)})^\top$. 由表达式 (5.39) 和 (5.40) 可知

$$u_1^{(2)} = x_1^{(2)}, \quad u_2^{(2)} = x_2^{(2)}, \quad u_3^{(2)} = y_1^{(2)}, \quad u_4^{(2)} = y_2^{(2)}. \tag{5.43}$$

我们将优化问题 (5.42) 转化为优化问题 (5.28) 的形式, 其目标函数记作 $F$, 表示为

$$F = \|\langle \mathcal{B}, (\boldsymbol{u}^{(2)})^2 \rangle\|^2 = \frac{5(u_1^{(2)})^2(u_2^{(2)})^2}{16} + \frac{5(u_1^{(2)})^2(u_3^{(2)})^2}{4} \\ + \cdots + \frac{\sqrt{6}u_1^{(2)}u_2^{(2)}u_3^{(2)}u_4^{(2)}}{2}. \tag{5.44}$$

取松弛阶为 $N = 3$, 令 $u_1^{(1)} = 0$ 以避免出现无穷多解的情况, 将其约束条件的集合记作 $K$.

(2) 类似算例 5.3.1, 调用函数 $P = \mathrm{msdp}(F, K, N)$ 和 $\mathrm{msol}(P)$, 计算得到优化问题 (5.44) 的两个全局最大值点为

$$\boldsymbol{u}^{(2)} = (0, 0.3699, -0.9291, 0) \quad \text{或者} \quad \boldsymbol{u}^{(2)} = (0, -0.3699, 0.9291, 0).$$

最优值 $\hat{f} = \|\langle \mathcal{B}, (\boldsymbol{u}^{(2)})^2 \rangle\| = 0.8986$.

因此, 可以得到 $\mathcal{A}$ 的最大 U-特征值为 $\lambda = 0.8986$. 类似算例 5.3.1 中计算 U-特征向量的方法, 由 (5.26) 式、(5.39) 式和 (5.43) 式计算两组 U-特征向量:

$$\hat{\boldsymbol{z}}^{(1)} = (-0.9291\mathrm{i}, \quad 0.3699)^\top,$$
$$\hat{\boldsymbol{z}}^{(2)} = (-0.8175, -0.5759\mathrm{i})^\top,$$
$$\hat{\boldsymbol{z}}^{(3)} = (-0.8175, -0.5759\mathrm{i})^\top.$$
$$\hat{\boldsymbol{z}}^{(1)} = (0.9291\mathrm{i}, \quad -0.3699)^\top,$$
$$\hat{\boldsymbol{z}}^{(2)} = (-0.8175, \quad -0.5759\mathrm{i})^\top,$$
$$\hat{\boldsymbol{z}}^{(3)} = (-0.8175, \quad -0.5759\mathrm{i})^\top.$$

以上求解过程耗时 4.4648 秒.

**例 5.3.3** 考虑一个 3 阶复张量 $\mathcal{A} \in \mathbb{C}^{2 \times 2 \times 3}$, 其非零元素为

$$\mathcal{A}_{111} = \frac{\sqrt{2}}{2}, \quad \mathcal{A}_{222} = \frac{1}{2}\mathrm{i}, \quad \mathcal{A}_{123} = \frac{\sqrt{3}}{8} + \frac{1}{8}\mathrm{i}, \quad \mathcal{A}_{213} = \frac{\sqrt{2}}{4}, \quad \mathcal{A}_{221} = \frac{1}{4}\mathrm{i}.$$

(1) $\mathcal{A}$ 是一个完全非对称张量, 且不是方张量, 根据 (5.15), 其最大 U-特征值计算模型可以表示为下面的多项式优化问题:

$$\begin{aligned} \hat{f} := \max \quad & \mathrm{Re}\langle \mathcal{A}, \otimes_{i=1}^3 \boldsymbol{z}^{(i)} \rangle \\ \text{s.t.} \quad & \boldsymbol{z}^{(1)} \in \mathbb{C}^2, \ \boldsymbol{z}^{(2)} \in \mathbb{C}^2, \ \boldsymbol{z}^{(3)} \in \mathbb{C}^3, \\ & \|\boldsymbol{z}^{(i)}\| = 1, \quad i = 1, 2, 3. \end{aligned} \tag{5.45}$$

令
$$z^{(i)} = x^{(i)} + \sqrt{-1}\,y^{(i)}, \quad x^{(i)}, y^{(i)} \in \mathbb{R}^2, \quad i = 1, 2, \tag{5.46}$$

其中 $x^{(i)} = (x_1^{(i)}, x_2^{(i)})^\top$, $y^{(i)} = (y_1^{(i)}, y_2^{(i)})^\top$. 则优化问题 (5.45) 可以等价转化为

$$\begin{aligned}
\hat{f} := \max \quad & \mathrm{Re}\langle \mathcal{A}, \otimes_{i=1}^3 (x^{(i)} + \sqrt{-1}\,y^{(i)}) \rangle \\
\text{s.t.} \quad & \|x^{(i)}\|^2 + \|y^{(i)}\|^2 = 1, \quad i = 1, 2, 3. \\
& x^{(1)}, y^{(1)} \in \mathbb{R}^2; x^{(2)}, y^{(2)} \in \mathbb{R}^2; x^{(3)}, y^{(3)} \in \mathbb{R}^3.
\end{aligned} \tag{5.47}$$

设实张量 $\mathcal{B} \in \mathbb{R}^{4 \times 4 \times 4}$ 满足

$$\langle \mathcal{B}, \otimes_{i=1}^3 u^{(i)} \rangle = \mathrm{Re}\langle \mathcal{A}, \otimes_{i=1}^3 (x^{(i)} + \sqrt{-1}\,y^{(i)}) \rangle, \tag{5.48}$$

其中, $u^{(i)} = (x^{(i)}, y^{(i)}) \in \mathbb{R}^4$, $i = 1, 2$; $u^{(3)} = (x^{(3)}, y^{(3)}) \in \mathbb{R}^6$. 由 (5.19), 优化问题 (5.47) 可以等价转化为

$$\begin{aligned}
\hat{f} := \max \quad & \|\langle \mathcal{B}, u^{(1)} \otimes u^{(2)} \rangle\| \\
\text{s.t.} \quad & \|u^{(i)}\| = 1, u^{(i)} \in \mathbb{R}^4, i = 1, 2,
\end{aligned} \tag{5.49}$$

其中, $u^{(1)} = (u_1^{(1)}, u_2^{(1)}, u_3^{(1)}, u_4^{(1)})^\top$, $u^{(2)} = (u_1^{(2)}, u_2^{(2)}, u_3^{(2)}, u_4^{(2)})^\top$. 由 $u^{(i)} = (x^{(i)}, y^{(i)})$ 可知

$$u_1^{(i)} = x_1^{(i)}, \quad u_2^{(i)} = x_2^{(i)}, \quad u_3^{(i)} = y_1^{(i)}, \quad u_4^{(i)} = y_2^{(i)}, \tag{5.50}$$

其中 $i = 1, 2$.

我们将优化问题 (5.49) 转化为 (5.20) 的形式, 其目标函数记作 $F$. 表示为

$$\begin{aligned}
F &= \|\langle \mathcal{B}, (u^{(1)})^2 \rangle\|^2 \\
&= \frac{(u_1^{(1)})^2 (u_1^{(2)})^2}{2} + \frac{(u_1^{(1)})^2 (u_3^{(2)})^2}{2} + \frac{\sqrt{2}\, u_1^{(1)} u_2^{(1)} u_1^{(2)} u_4^{(2)}}{4} + \cdots + \frac{(5 u_4^{(1)})^2 (u_4^{(2)})^2}{16}.
\end{aligned} \tag{5.51}$$

取松弛阶为 $N = 3$, 令 $u_1^{(1)} = 0$ 以避免出现无穷多解的情况, 将其约束条件的集合记作 $K$.

(2) 类似算例 5.3.1, 调用函数 $P = \mathrm{msdp}(F, K, N)$ 和 $\mathrm{msol}(P)$, 计算得到优化问题 (5.50) 的全局最大值点为

$$u^{(1)} = (0, 0, -1, 0), \quad u^{(2)} = (0, 0, -1, 0).$$

最优值为 $\hat{f} = 0.7071$.

因此, 可以得到 $\mathcal{A}$ 的最大 U-特征值为 $\lambda = 0.7071$. 类似算例 5.3.1 中计算 U-特征向量的方法, 由 (5.26) 式、(5.46) 式和 (5.50) 式计算一组 U-特征向量:

$$\hat{z}^{(1)} = (-\mathrm{i}, 0)^\top,$$
$$\hat{z}^{(2)} = (-\mathrm{i}, 0)^\top,$$
$$\hat{z}^{(3)} = (-1, 0, 0)^\top.$$

以上求解过程耗时 5.9476 秒.

## 5.4　本 章 小 结

本章我们分别针对完全非对称复张量以及部分对称复张量, 给出了一般复张量最大 U-特征值及其对应特征向量的计算方法. 我们将一个复变量优化问题转化为一个实变量的优化问题, 然后采用 Jacobi SDP 松弛方法对其进行求解. 我们还根据部分对称张量的结构特点, 设计优化问题, 减少了计算中的变量数目, 使得算法的计算速度相对于完全非对称张量的情况得到提高. 最后, 我们针对部分对称复张量及完全非对称复张量设计了数值实验, 验证了算法的有效性. 虽然此方法可以计算一般复张量的最大 U-特征值, 但是对于大规模的非对称复张量, 随着张量规模的提高, 其松弛阶也需要相应的提高, 才能够获得全局最优解, 与此同时, 其计算所需要的变量数目也会大幅增加, 这就导致该方法的计算非常困难.

# 第 6 章　纯态量子态纠缠测度的数值计算

本章的目标是基于量子纯态与复张量之间的关系, 设计算例计算量子纯态的纠缠特征值和纠缠几何测度. 首先介绍量子纯态纠缠特征值的相关概念, 建立了量子纯态与复张量之间的关系. 对于一个量子纯态 $|\phi\rangle$, 它的纠缠特征值等于对应的复张量的最大 U-特征值, 相应的特征向量做张量积后得到的秩 1 张量所对应的量子态则是距离 $|\phi\rangle$ 最近的可分态. 接着, 通过第 4 章及第 5 章给出的复张量 U-特征值的计算方法, 求解量子纯态所对应的复张量的最大 U-特征对, 进而得到量子纯态的纠缠几何测度.

## 6.1　引　　言

量子纠缠的概念首先由爱因斯坦和薛定谔提出[45, 163], 在过去几十年里已经引起了广泛的关注, 在文献 [5, 68, 178] 中给出了不同的纠缠度量来量化一个量子态与可分态集合之间的最小距离, 其中量子纠缠几何测度是应用最为广泛的一种量子纯态纠缠度量, 它最早由 Shimony[166] 提出, 之后由 Wei 和 Goldbart[184] 将其推广到多体量子纯态系统.

计算纠缠几何测度的关键问题是计算量子纯态的纠缠特征值[75, 122], 在数学上可看作一个高阶张量的最佳秩 1 逼近问题或张量特征值计算问题[70, 84]. 实张量 Z-特征值的概念由 Qi 在 2005 年[144] 首次提出, 对于一个非负量子态, 证明了其纠缠特征值等于其对应非负张量的最大 Z-特征值[75, 84], 但是, Ni 发现并不是所有的实张量的最大 Z-特征值都等于其对应量子态的纠缠特征值, Ni 等[122] 通过复张量分析的方法来对量子纠缠几何测度进行研究, 引入了复张量 U-特征值的概念, 并证明了量子纯态的纠缠特征值等于其对应复张量的最大的 U-特征值.

本章从复张量的角度研究量子纠缠几何测度的计算问题, 6.2 节介绍量子纯态的纠缠特征值及量子纠缠几何测度的相关概念, 以及其和复张量之间的关系. 6.3 节我们采用第 5 章介绍的计算复张量最大 U-特征值的多项式优化方法, 设计算例计算量子纯态的纠缠几何测度. 6.4 节我们采用第 4 章介绍的计算复张量 U-特征对的迭代算法, 计算量子纯态的纠缠几何测度, 并对比了不同迭代算法的计算效率.

# 6.2 基 本 概 念

## 6.2.1 多体量子纯态及量子纠缠几何测度

量子态是一个量子系统中的基本量, 设 $\mathbb{H} = \otimes_{k=1}^{m} \mathbb{C}^{n_k}$ 是一个希尔伯特空间, 那么一个 $m$ 体纯态可以看作 $\mathbb{H}$ 中的一个归一化元素, 令 $\{|e_{i_k}^{(k)}\rangle : i_k = 1, 2, \cdots, n_k\}$ 为 $\mathbb{C}^{n_k}$ 空间中的一组标准正交基, 则 $\{|e_{i_1}^{(1)} e_{i_2}^{(2)} \cdots e_{i_m}^{(m)}\rangle : i_k = 1, 2, \cdots, n_k; k = 1, 2, \cdots, m\}$ 就是 $\mathbb{H}$ 空间中的一组标准正交基, 那么, 量子纯态 $|\psi\rangle \in \mathbb{H}$ 可以表示为

$$|\psi\rangle := \sum_{i_1, \cdots, i_m = 1}^{n_1, \cdots, n_m} \mathcal{X}_{i_1 \cdots i_m} |e_{i_1}^{(1)} \cdots e_{i_m}^{(m)}\rangle, \tag{6.1}$$

其中, $\mathcal{X}_{i_1 \cdots i_m} \in \mathbb{C}^{n_1 \times \cdots \times n_m}$ 是量子纯态 $|\psi\rangle$ 所对应的 $m$ 阶复张量, 如果 $\mathcal{X}_{i_1 \cdots i_m}$ 在其下标 $\{i_1, \cdots, i_m\}$ 的任何置换下都不变, 那么称 $|\psi\rangle$ 为对称态, 设另一个量子纯态 $|\varphi\rangle \in \mathbb{H}$ 表示为

$$|\varphi\rangle := \sum_{i_1, \cdots, i_m = 1}^{n_1, \cdots, n_m} \mathcal{Y}_{i_1 \cdots i_m} |e_{i_1}^{(1)} \cdots e_{i_m}^{(m)}\rangle. \tag{6.2}$$

我们可以定义多体纯态的内积与范数如下

$$\langle \psi | \varphi \rangle := \sum_{i_1, \cdots, i_m = 1}^{n_1, \cdots, n_m} \mathcal{X}_{i_1 \cdots i_m}^* \mathcal{Y}_{i_1 \cdots i_m}, \quad |||\varphi\rangle|| := \sqrt{\langle \varphi | \varphi \rangle},$$

其中 $\mathcal{X}_{i_1 \cdots i_m}^*$ 表示 $\mathcal{X}_{i_1 \cdots i_m}$ 的复共轭. 如果 $|||\varphi\rangle|| = 1$, 那么称量子态 $|\varphi\rangle$ 为标准归一化纯态, 又称单位纯态.

**定义 6.2.1** 如果一个 $m$ 体纯态 $|\phi\rangle \in \mathbb{H}$ 可以表示为

$$|\phi\rangle := \otimes_{k=1}^{m} |\phi^{(k)}\rangle,$$

其中 $|\phi^{(k)}\rangle \in \mathbb{C}^{n_k}$, 则称 $|\phi\rangle$ 为可分态, 如果一个 $m$ 体纯态不是可分态, 则称它为纠缠态.

对于一个量子纯态, 如果它是可分态, 从数学的角度来看, 其对应的复张量 $\mathcal{X}_{i_1 \cdots i_m}$ 可以看作一个秩 1 张量, 表示为 $\mathcal{X}_{i_1 \cdots i_m} = \otimes_{k=1}^{m} \boldsymbol{x}_k$, 其中 $\boldsymbol{x}_k \in \mathbb{C}^{n_k}$. 下面, 给出一个可分态的例子.

**例 6.2.1** 考虑 3 体纯态 $|\phi\rangle \in \mathbb{H}$, 其中 $\mathbb{H} = \mathbb{C}^2 \otimes \mathbb{C}^3 \otimes \mathbb{C}^4$, $\{|e_p^{(1)}\rangle : p = 1, 2\}$, $\{|e_q^{(2)}\rangle : q = 1, 2, 3\}$, $\{|e_r^{(3)}\rangle : r = 1, 2, 3, 4\}$ 分别为 $\mathbb{C}^2$, $\mathbb{C}^3$, $\mathbb{C}^4$ 空间的标准正交基, 则假设量子纯态

$$|\phi\rangle = \frac{1}{2}(|e_1^{(1)}\rangle|e_2^{(2)}\rangle|e_2^{(3)}\rangle + |e_1^{(1)}\rangle|e_3^{(2)}\rangle|e_2^{(3)}\rangle + |e_2^{(1)}\rangle|e_2^{(2)}\rangle|e_2^{(3)}\rangle + |e_2^{(1)}\rangle|e_3^{(2)}\rangle|e_2^{(3)}\rangle).$$

那么 $|\phi\rangle$ 可以分解为下面的形式：

$$|\phi\rangle = \frac{1}{2}((|\boldsymbol{e}_1^{(1)}\rangle + |\boldsymbol{e}_2^{(1)}\rangle) \otimes (|\boldsymbol{e}_2^{(2)}\rangle + |\boldsymbol{e}_3^{(2)}\rangle) \otimes |\boldsymbol{e}_2^{(3)}\rangle).$$

根据定义 6.2.1，$|\phi\rangle$ 是可分态.

下面用量子态 $|\phi\rangle$ 所对应的复张量 $\mathcal{X}$ 来描述上述概念. $|\phi\rangle$ 所对应的复张量为 $\mathcal{X} \in \mathbb{C}^{2 \times 3 \times 4}$，其中，非零元素为

$$\mathcal{X}_{122} = \frac{1}{2}, \quad \mathcal{X}_{132} = \frac{1}{2}, \quad \mathcal{X}_{222} = \frac{1}{2}, \quad \mathcal{X}_{232} = \frac{1}{2}.$$

其他元素均为 0. 那么 $\mathcal{X}$ 可以分解为 $\mathcal{X} = \boldsymbol{x}^{(1)} \otimes \boldsymbol{x}^{(2)} \otimes \boldsymbol{x}^{(3)}$，其中 $\boldsymbol{x}^{(1)} \in \mathbb{C}^2$，$\boldsymbol{x}^{(2)} \in \mathbb{C}^3$，$\boldsymbol{x}^{(3)} \in \mathbb{C}^4$. 且有

$$\boldsymbol{x}^{(1)} = \left(\frac{1}{2}, \frac{1}{2}\right)^{\top}, \quad \boldsymbol{x}^{(2)} = \left(0, \frac{1}{2}, \frac{1}{2}\right)^{\top}, \quad \boldsymbol{x}^{(3)} = \left(0, \frac{1}{2}, 0, 0\right)^{\top}.$$

将 $\mathbb{H}$ 空间中的归一化可分态的集合记作 $\mathrm{Separ}(\mathbb{H})$. 那么给定一个多体量子纯态 $|\psi\rangle$，它的量子纠缠几何测度可以定义为 $|\psi\rangle$ 与可分态集合 $\mathrm{Separ}(\mathbb{H})$ 的最小距离[184]：

$$E_G(|\psi\rangle) := \min_{|\phi\rangle \in \mathrm{Separ}(\mathbb{H})} |||\psi\rangle - |\phi\rangle||. \tag{6.3}$$

优化问题 (6.3) 的目标函数是有限维空间中的紧集上的连续函数，所以存在最优解，(6.3) 的目标函数可以改写为

$$E_G(|\psi\rangle)^2 = \min_{|\phi\rangle \in \mathrm{Separ}(\mathbb{H})} |\psi\rangle^2 + |\phi\rangle^2 - 2|\langle\psi|\phi\rangle|. \tag{6.4}$$

因此，(6.3) 可以转化为下面的最大值优化问题

$$G(|\psi\rangle) = \max_{|\phi\rangle \in \mathrm{Separ}(\mathbb{H})} |\langle\psi|\phi\rangle|, \tag{6.5}$$

其中，$G(|\psi\rangle)$ 被称为 $|\psi\rangle$ 的量子纠缠特征值[184]，简称为纠缠值.

### 6.2.2 量子纠缠几何测度与 U-特征值的关系

对于 (6.1) 中给出 $m$ 体量子纯态 $|\psi\rangle \in \mathbb{H}$，我们称复张量 $\mathcal{X}_{i_1 \cdots i_m}$ 是量子纯态 $|\psi\rangle$ 在 $\mathbb{H}$ 的标准正交基下所对应的复张量，则容易看出，在 $m$ 体量子纯态与 $m$ 阶复张量之间存在着一一对应的关系，下面的两个定理说明了量子纠缠几何测度与复张量 U-特征值之间的关系.

**定理 6.2.1** 设 $\mathcal{A}$ 是一个 $m$ 阶复张量，如果 $\lambda$ 是 $\mathcal{A}$ 的一个 U-特征值，那么 $-\lambda$ 也是 $\mathcal{A}$ 的一个 U-特征值.

**证明**　假设 $\eta = \sqrt[m]{-1}$, 如果 $\lambda$ 是 $\mathcal{A}$ 的一个 U-特征值, $\lambda$ 所对应的复秩 1 张量为 $\otimes_{i=1}^{m} \boldsymbol{z}^{(i)}$, 那么有

$$\langle \mathcal{A}, \otimes_{i=1, i \neq k}^{m} (\eta \boldsymbol{z}^{(i)}) \rangle = -\lambda (\eta \boldsymbol{z}^{(k)})^{*}, \quad k = 1, \cdots, m.$$

因此, $-\lambda$ 也是 $\mathcal{A}$ 的一个 U-特征值, 证毕.

**定理 6.2.2**　假设 $\mathcal{X}$ 是多体量子纯态 $|\psi\rangle$ 在 (6.1) 中的标准正交基下所对应的复张量, 令 $\lambda_{\max}$ 是 $\mathcal{X}$ 的最大 U-特征值, 那么,

(a) $G(|\psi\rangle) = \lambda_{\max}$;

(b) $E_G(|\psi\rangle) = \sqrt{2 - 2\lambda_{\max}}$.

**证明**　(a) 假设 $\lambda_{\max}$ 是 $\mathcal{X}$ 的最大 U-特征值, 所对应的复秩 1 张量为 $\otimes_{i=1}^{m} \boldsymbol{z}^{(i)}$, 令 $|\phi\rangle = \otimes_{k=1}^{m} |\phi^{(k)}\rangle$, 对所有 $k = 1, 2, \cdots, m$, $|\phi^{(k)}\rangle = \sum_{i=1}^{n_k} z_i^{(k)} |e_i^{(k)}\rangle$, 由定理 6.2.1 可知, 如果 $\lambda$ 是 $\mathcal{A}$ 的一个 U-特征值, 那么 $-\lambda$ 也是 $\mathcal{A}$ 的一个 U-特征值, 因此, 复张量 $\mathcal{A}$ 的绝对值最大的 U-特征值同时也是最大的 U-特征值, 我们有

$$\lambda_{\max} = \langle \psi | \phi \rangle = \max_{|\varphi\rangle \in \mathrm{Separ}(H)} |\langle \psi | \varphi \rangle|.$$

因此, $G(|\psi\rangle) = \lambda_{\max}$.

(b) 由 (6.4) 及 (6.5), 可以直接得到该结论, 证毕.

显然, 量子纯态 $|\psi\rangle$ 的纠缠特征值越小, 其量子纠缠几何测度就越大, 在量子物理中, 量子纠缠几何测度越大说明 $|\psi\rangle$ 的纠缠程度越高.

### 6.2.3　量子纠缠几何测度的上界

本小节给出量子纯态纠缠几何测度的理论上界[157]. 假设距离一个 $m$ 体纯态 $|\psi\rangle$ 最近的可分态为 $|\phi_\psi\rangle$. 令

$$\sigma = \min\{\langle \psi | \phi_\psi \rangle : |\psi\rangle \in \mathbb{H}, \langle \psi | \psi \rangle = 1\}. \tag{6.6}$$

那么对于任意归一化纯态 $|\psi\rangle \in \mathbb{H}$, 有

$$E_G(|\psi\rangle) \leqslant \sqrt{2 - 2\sigma}. \tag{6.7}$$

将纠缠几何测度的上界记作 GME, 有

$$\mathrm{GME} = \max\{E_G(|\psi\rangle) : |\psi\rangle \in \mathbb{H}, \langle \psi | \psi \rangle = 1\}. \tag{6.8}$$

由表达式 (6.7) 和 (6.8) 可知

$$\mathrm{GME} = \sqrt{2 - 2\sigma}. \tag{6.9}$$

因此, $\sqrt{2-2\sigma}$ 是一个 $m$ 体纯态纠缠几何测度的一个可能达到的上界. 下面我们给出这个上界的一个估计.

设 $|\psi\rangle$ 对应的复张量为 $\mathcal{A} = (a_{i_1\cdots i_m}) \in \mathbb{C}^{n_1\times\cdots\times n_m}$, 则其谱半径可以记作

$$\sigma(\mathcal{A}) = \max_{\|\boldsymbol{u}^{(k)}\|^2=1, k=1,\cdots,m} |\mathcal{A}\boldsymbol{u}^{(1)}\cdots\boldsymbol{u}^{(m)}|. \tag{6.10}$$

固定前 $m-2$ 个下标 $i_1,\cdots,i_{m-2}$, 我们可以得到一个 $n_{m-1}\times n_m$ 的矩阵 $\bar{A}$, 其中 $\bar{A}_{jk} = a_{i_1\cdots i_{m-2}jk}$, 由表达式 (6.10) 可以得到

$$\sigma(\bar{A}) \leqslant \sigma(\mathcal{A}). \tag{6.11}$$

由矩阵的奇异值分解可知

$$\|\bar{A}\| \leqslant n_{m-1}\sigma(\bar{A})^2. \tag{6.12}$$

由 $\langle\psi|\psi\rangle = 1$, 有 $\|\mathcal{A}\| = 1$, 因此有

$$\begin{aligned}
1 = \|\mathcal{A}\| &= \sum_{i_1,\cdots,i_{m-2}} \|\bar{A}\| \\
&\leqslant \sum_{i_1,\cdots,i_{m-2}} n_{m-1}\sigma(\bar{A})^2 \\
&\leqslant \sum_{i_1,\cdots,i_{m-2}} n_{m-1}\sigma(\mathcal{A})^2 \\
&= n_1\cdots n_{m-1}\sigma(\mathcal{A})^2,
\end{aligned} \tag{6.13}$$

也即

$$\sigma(\mathcal{A}) \geqslant 1/\sqrt{n_1\cdots n_{m-1}}. \tag{6.14}$$

上式对所有满足 $\|\mathcal{A}\| = 1$ 的复张量 $\mathcal{A}$ 均成立. 由表达式 (6.6), 有 $\sigma \geqslant 1/\sqrt{n_1\cdots n_{m-1}}$, 结合表达式 (6.9), 有

$$\mathrm{GME} \leqslant \sqrt{2 - 2/\sqrt{n_1\cdots n_{m-1}}}. \tag{6.15}$$

特别地, 当 $n_1 = \cdots = n_m = 2$ 时, 结合表达式 (6.15) 退化为

$$\mathrm{GME} \leqslant \sqrt{2 - 2/\sqrt{2^{m-1}}}. \tag{6.16}$$

**注** 对于一个 2 体纯态 $|\psi\rangle \in \mathbb{C}^{n_1\times n_2}$, 在文献 [136] 算例 2.76 中, 其施密特分解 (Schmidt decomposition) 表明其施密特数不会大于 $\min\{n_1, n_2\} = n_1$(文献 [136] 中假设 $n_1 \leqslant n_2$), 也即, 施密特数与 $n_2$ 无关. 施密特分解基于矩阵的奇异值分解, 通过奇异值分解可知, 不等式 (6.12) 的右端实际上是 $n_{m-1}$ 与矩阵 $\bar{A}$ 的最大奇异值的乘积, 因此, 不等式 (6.12) 的右端与 $n_m$ 无关, 所以表达式 (6.15) 中的上界 GME 也与 $n_m$ 无关.

## 6.3　量子纯态纠缠特征值计算的 SDP 松弛方法

通过前面的介绍可知, 计算一个量子纯态纠缠特征值的关键在于计算其对应复张量的最大 U-特征值. 本节的研究内容是通过将复张量最大 U-特征值的计算问题转化成一个实数域中带等式约束的多项式优化问题, 然后采用 Jacobi SDP 松弛方法来求解它, 以此得到复张量的最大 U-特征值, 也即其对应量子纯态的纠缠特征值, 进而得到其对应量子纯态的纠缠几何测度. 我们分别对部分对称量子态、对称量子态和非对称量子态设计了算例.

本节算例使用的计算软件为 MATLAB 2014a, 采用工具箱 Gloptipoly 3 与 SeDuMi 1.3 来求解相应的多项式优化问题.

### 6.3.1　对称量子纯态纠缠特征值的计算

**例 6.3.1**　考虑 3 阶的 GHZ 纯态: $|\mathrm{GHZ}\rangle \equiv (|000\rangle + |111\rangle)/\sqrt{2}$, 文献 [184] 中该 $|\mathrm{GHZ}\rangle$ 纯态的纠缠特征值为 $\dfrac{\sqrt{2}}{2}$. 该量子态对应的对称复张量为 $\mathcal{S} \in \mathrm{Sym}(3,2)$, 其中非零元素为

$$\mathcal{S}_{111} = \frac{\sqrt{2}}{2}, \quad \mathcal{S}_{222} = \frac{\sqrt{2}}{2}.$$

根据表达式 (5.8), 求解 $\mathcal{S}$ 的最大 US-特征值的问题可以转化为下面的优化问题:

$$\begin{aligned} \max \quad & \mathrm{Re}(\mathcal{S}^* \boldsymbol{z}^m) \\ \text{s.t.} \quad & \|\boldsymbol{z}\| = 1, \quad \boldsymbol{z} \in \mathbb{C}^2. \end{aligned} \tag{6.17}$$

令 $\boldsymbol{z} = \boldsymbol{x} + \boldsymbol{y}\sqrt{-1}, \boldsymbol{x} = (x_1, x_2)^\top, \boldsymbol{y} = (y_1, y_2)^\top$, 则优化问题 (6.17) 可以等价转化为

$$\begin{aligned} \max \quad & f(\boldsymbol{x}, \boldsymbol{y}) := \mathrm{Re}(\mathcal{S}^*(\boldsymbol{x} + \boldsymbol{y}\sqrt{-1})^m) \\ \text{s.t.} \quad & g(\boldsymbol{x}, \boldsymbol{y}) := \|\boldsymbol{x}\|^2 + \|\boldsymbol{y}\|^2 - 1 = 0, \boldsymbol{x}, \ \boldsymbol{y} \in \mathbb{R}^2. \end{aligned} \tag{6.18}$$

令 $\boldsymbol{u} = (\boldsymbol{x}, \boldsymbol{y}) \in \mathbb{R}^4$, 优化问题 (6.18) 可以等价转化为

$$\begin{aligned} \max \quad & f(\boldsymbol{u}) \\ \text{s.t.} \quad & g(\boldsymbol{u}) = 0, \boldsymbol{u} \in \mathbb{R}^4, \end{aligned} \tag{6.19}$$

其中 $\boldsymbol{u} = (u_1, u_2, u_3, u_4)^\top$. 由 $\boldsymbol{u} = (\boldsymbol{x}, \boldsymbol{y})$, 得到 $u_1 = x_1, u_2 = x_2, u_3 = y_1, u_4 = y_2$.

由引理 5.2.1, 优化问题 (6.19) 可以等价转化为

$$
\begin{aligned}
\max \quad & \frac{\sqrt{2}}{2}(u_1^3 - 3u_1u_3^2 + u_2^3 - 3u_2u_4^2) \\
\text{s.t.} \quad & u_1^2 + u_2^2 + u_3^2 + u_4^2 = 1, \\
& u_2u_1^2 - u_2u_3^2 - u_1u_2^2 + u_1u_4^2 = 0, \\
& u_3u_1^2 - u_3^3 + 2u_1^2u_3 = 0, \\
& u_1^2u_4 - u_3^2u_4 + 2u_1u_2u_4 + u_2^2u_3 - u_4^2u_3 + 2u_1u_2u_3 = 0, \\
& u_2^2u_4 - u_4^3 + 2u_2^2u_4 = 0, \\
& u_2u_3u_4 - u_1u_3u_4 = 0.
\end{aligned}
\tag{6.20}
$$

　　将优化问题 (6.20) 的目标函数记作 $P$, 其约束条件的集合记作 $K$, 取松弛阶为 $N = 3$. 类似例 5.3.1, 调用函数 $P = \mathrm{msdp}(F, K, N)$ 和 $\mathrm{msol}(P)$, 计算得到优化问题 (6.20) 的四个全局最大值点为

$$
\boldsymbol{u}^{(1)} = (0, -0.5, 0, -0.866)^\top, \quad \boldsymbol{u}^{(2)} = (1, 0, 0, 0)^\top,
$$
$$
\boldsymbol{u}^{(3)} = (0, -0.5, 0, \ 0.866)^\top, \quad \boldsymbol{u}^{(4)} = (0, 1, 0, 0)^\top.
$$

其对应的最优值为 $\hat{f} = 0.7071$.

　　因此, 得到复张量 $\mathcal{S}$ 的最大 US-特征值为 $\lambda_{\max} = 0.7071$. 由 $\boldsymbol{z} = \boldsymbol{x} + \boldsymbol{y}\sqrt{-1}$ 和 $\boldsymbol{u} = (\boldsymbol{x}, \boldsymbol{y})$, 得到对应的四组 U-特征向量为

$$
\boldsymbol{z}^{(1)} = (0, -0.5 - 0.866i)^\top, \quad \boldsymbol{z}^{(2)} = (1, 0)^\top,
$$
$$
\boldsymbol{z}^{(3)} = (0, -0.5 + 0.866i)^\top, \quad \boldsymbol{z}^{(4)} = (0, 1)^\top.
$$

　　由定理 6.2.2 可知, 量子纯态 $|\mathrm{GHZ}\rangle$ 的纠缠特征值为 $G(|\mathrm{GHZ}\rangle) = \lambda_{\max} = 0.7071$, 纠缠几何测度为 $E_G(|\mathrm{GHZ}\rangle) = \sqrt{2 - 2\lambda_{\max}} = 0.7654$, 计算结果与文献 [184] 一致.

　　**例 6.3.2**　考虑对称量子纯态 $|\mathrm{GW}(s, \phi)\rangle \equiv \sqrt{s}|\mathrm{GHZ}\rangle + \sqrt{1-s}e^{\mathrm{i}\phi}|W\rangle = \frac{\sqrt{2s}}{2}(|000\rangle + |111\rangle) + \frac{\sqrt{3-3s}}{3}e^{\mathrm{i}\phi}(|001\rangle + |010\rangle + |100\rangle))$, 该纯态由 Wei 和 Goldbart 在文献 [184] 中定义, 对应的对称复张量为 $\mathcal{S} \in \mathrm{Sym}(3, 2)$, 其中非零元素为

$$
\mathcal{S}_{111} = \mathcal{S}_{222} = \frac{\sqrt{2s}}{2}, \quad \mathcal{S}_{112} = \mathcal{S}_{121} = \mathcal{S}_{211} = \frac{\sqrt{3-3s}}{3}e^{\mathrm{i}\phi}.
$$

根据表达式 (5.8), 求解 $\mathcal{S}$ 的最大 US-特征值的问题可以转化为下面的优化问题:

$$
\begin{aligned}
\max \quad & \mathrm{Re}(\mathcal{S}^*\boldsymbol{z}^m) \\
\text{s.t.} \quad & \|\boldsymbol{z}\| = 1, \quad \boldsymbol{z} \in \mathbb{C}^2.
\end{aligned}
\tag{6.21}
$$

令 $\boldsymbol{z} = \boldsymbol{x} + \boldsymbol{y}\sqrt{-1}$, $\boldsymbol{x} = (x_1, x_2)^\top$, $\boldsymbol{y} = (y_1, y_2)^\top$, 则优化问题 (6.21) 可以等价转化为

$$
\begin{aligned}
\max \quad & f(\boldsymbol{x}, \boldsymbol{y}) := \mathrm{Re}(\mathcal{S}^*(\boldsymbol{x} + \boldsymbol{y}\sqrt{-1})^m) \\
\text{s.t.} \quad & g(\boldsymbol{x}, \boldsymbol{y}) := \|\boldsymbol{x}\|^2 + \|\boldsymbol{y}\|^2 - 1 = 0, \boldsymbol{x},\ \boldsymbol{y} \in \mathbb{R}^2.
\end{aligned} \tag{6.22}
$$

令 $\boldsymbol{u} = (\boldsymbol{x}, \boldsymbol{y}) \in \mathbb{R}^4$, 优化问题 (6.22) 可以等价转化为

$$
\begin{aligned}
\max \quad & f(\boldsymbol{u}) \\
\text{s.t.} \quad & g(\boldsymbol{u}) = 0, \boldsymbol{u} \in \mathbb{R}^4.
\end{aligned} \tag{6.23}
$$

其中 $\boldsymbol{u} = (u_1, u_2, u_3, u_4)^\top$. 由 $\boldsymbol{u} = (\boldsymbol{x}, \boldsymbol{y})$, 得到 $u_1 = x_1, u_2 = x_2, u_3 = y_1, u_4 = y_2$.

由引理 5.2.1, 优化问题 (6.23) 可以等价转化为

$$
\begin{aligned}
\max \quad & \frac{\sqrt{2s}}{2}(u_1^3 - 3u_1u_3^2 + u_2^3 - 3u_2u_4^2) + \sqrt{3-3s}\cos\phi(u_1^2u_2 - u_2u_3^2 - 2u_1u_3u_4) \\
& -\sqrt{3-3s}\sin\phi(u_1^2u_4 - u_3^2u_4 + 2u_1u_2u_3) \\
\text{s.t.} \quad & u_1^2 + u_2^2 + u_3^2 + u_4^2 = 1, \\
& 3\sqrt{2s}(u_1^2u_2 - u_3^2u_2 - u_1u_2^2 + u_1u_4^2) + 2\sqrt{3-3s}\cos\phi(2u_1u_2^2 - 2u_2u_3u_4 \\
& -u_1^3 + u_1u_3^2) + 4\sqrt{3-3s}\sin\phi(u_1^2u_3 - u_1u_2u_4 - u_2^2u_3) = 0, \\
& 3\sqrt{2s}(u_1^2u_3 - u_3^3 + 2u_1^2u_3) + 4\sqrt{3-3s}\cos\phi(2u_1u_2u_3 - u_3^2u_4 + u_1^2u_4) \\
& +4\sqrt{3-3s}\sin\phi(u_1^2u_2 - 2u_1u_3u_4 - u_2u_3^2) = 0, \\
& 3\sqrt{2s}(u_1^2u_4 - u_3^2u_4 + 2u_1u_2u_4 + u_2^2u_3 - u_3u_4^2 + 2u_1u_2u_3) \\
& +2\sqrt{3-3s}\cos\phi(4u_1u_2u_4 - 2u_3u_4^2 + 3u_1^2u_3 - u_3^3 + 2u_2^2u_3) \\
& +\sqrt{3-3s}\sin\phi(2u_1u_2^2 - 4u_2u_3u_4 - 3u_1u_3^2 + u_1^3 - 2u_1u_4^2) = 0, \\
& 3\sqrt{2s}(3u_2^2u_4 - u_4^3) + 2\sqrt{3-3s}\cos\phi(u_1^2u_4 - u_3^2u_4 + 2u_1u_2u_3) \\
& +2\sqrt{3-3s}\sin\phi(u_1^2u_2 - u_2u_3^2 - 2u_1u_3u_4) = 0, \\
& 6\sqrt{2s}(u_2u_3u_4 - u_1u_3u_4) + 4\sqrt{3-3s}\cos\phi(u_1u_3^2 - u_2u_3u_4 - u_1u_4^2) \\
& +2\sqrt{3-3s}\sin\phi(u_1^2u_3 - u_3^3 + 2u_3u_4^2 - 2u_1u_2u_4) = 0.
\end{aligned} \tag{6.24}
$$

对于 $\phi = 0$ 和 $\phi = \pi$, 将优化问题 (6.24) 的目标函数记作 $P$, 其约束条件的集合记作 $K$, 松弛阶为 $N$. 类似例 5.3.1, 调用函数 $P = \mathrm{msdp}(F, K, N)$ 和 $\mathrm{msol}(P)$, 计算优化问题 (6.24) 的半正定松弛问题的最优解, 得到复张量 $\mathcal{S}$ 的 US-特征对. 结合定理 6.2.2, 即可得到对称量子态的量子纠缠特征值和纠缠几何测度.

在计算中, 将 $s \in [0, 1]$ 进行 50 等分, 取 51 个端点处的值, 见图 6.1(a), 其中上方的曲线是 $\phi = \pi$ 的情形, 下方的曲线是 $\phi = 0$ 情形, 图 6.1(b) 是文献 [184] 给出的该量子态纠缠几何测度结果, 可以看出, 本章所计算的量子纠缠曲线与该文献中所计算的曲线基本吻合.

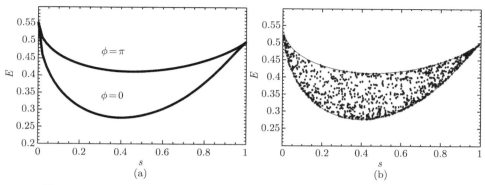

图 6.1 $\phi = \pi$ 和 $\phi = 0$ 时, 对称量子纯态 $|\mathrm{GW}(s, \phi)\rangle$ 的纠缠几何测度曲线

### 6.3.2 非对称量子纯态纠缠特征值的计算

**例 6.3.3** 考虑一个非对称 3 体纯态

$$|\psi\rangle = \frac{1}{2}|000\rangle + \frac{\sqrt{3}}{6}(|110\rangle + |011\rangle + |101\rangle) + \left(\frac{1}{2} + \frac{1}{2}\sqrt{-1}\right)|001\rangle,$$

其对应复张量 $\mathcal{A}$ 为一个 $2 \times 2 \times 2$ 的非对称复张量, $\mathcal{A}$ 的非零元素表示如下:

$$\mathcal{A}_{111} = \frac{1}{2}, \quad \mathcal{A}_{221} = \mathcal{A}_{212} = \mathcal{A}_{122} = \frac{\sqrt{3}}{6}, \quad \mathcal{A}_{112} = \frac{1}{2} + \frac{1}{2}\mathrm{i}.$$

容易看出, $\mathcal{A}$ 为一个关于前两个下标部分对称的非对称复张量, 也即对所有 $i_3$, 均有 $\mathcal{A}_{i_1 i_2 i_3} = \mathcal{A}_{i_2 i_1 i_3}$. 根据 (5.15), 其最大 U-特征值计算模型可以表示为下面的多项式优化问题:

$$\begin{aligned}
\hat{f} := \max \quad & \mathrm{Re}\langle \mathcal{A}, \otimes_{i=1}^{3} z^{(i)} \rangle \\
\text{s.t.} \quad & \|z^{(i)}\| = 1, \quad z^{(i)} \in \mathbb{C}^2, \quad i = 1, 2, 3.
\end{aligned} \tag{6.25}$$

令 $z^{(i)} = x^{(i)} + \sqrt{-1} y^{(i)}, x^{(i)}, y^{(i)} \in \mathbb{R}^2, u^{(i)} = (x^{(i)}, y^{(i)}) \in \mathbb{R}^4, i = 1, 2, 3$. 类似算例 5.3.2 的计算步骤, 将优化问题 (6.25) 转化为

$$\begin{aligned}
\hat{f} := \max \quad & \|\langle \mathcal{B}, (u^{(1)})^2 \rangle\| \\
\text{s.t.} \quad & \|u^{(1)}\| = 1, \quad u^{(1)} \in \mathbb{R}^4,
\end{aligned} \tag{6.26}$$

其中, 实张量 $\mathcal{B} \in \mathbb{R}^{4 \times 4 \times 4}$ 如表达式 (5.17) 所定义. $u^{(1)} = (u_1^{(1)}, u_2^{(1)}, u_3^{(1)}, u_4^{(1)})^\top$, 且有

$$\|\langle \mathcal{B}, (u^{(1)})^2 \rangle\|^2 = \frac{u_1^2 u_2^2}{3} + \frac{3u_1^2 u_3^2}{2} + \frac{u_1^2 u_4^2}{3} + \frac{u_2^2 u_3^2}{3} + \cdots + \frac{2\sqrt{3} u_1 u_2 u_3 u_4}{3}.$$

首先我们将优化问题 (6.26) 转化为 (5.28) 的形式, 将目标函数记作 $F$, 其约束条件的集合记作 $K$, 取松弛阶为 $N = 3$, 令 $u_3^{(1)} = 0$ 以避免出现无穷多解的情况. 类似例 5.3.1, 调用函数 $P = \mathrm{msdp}(F, K, N)$ 和 $\mathrm{msol}(P)$, 计算得到优化问题 (6.26) 的两个全局最大值点为

$$\hat{\boldsymbol{u}}^{(1)} = (-0.9625, -0.2242, 0, 0.1530)^\top \quad \text{或} \quad \hat{\boldsymbol{u}}^{(1)} = (0.9625, 0.2242, 0, -0.1530)^\top,$$

以及最大值 $\hat{f} = 0.9317$.

因此, 我们得到复张量 $\mathcal{A}$ 的最大 U-特征值 $\lambda_{\max} = 0.9317$. 类似例 5.3.1 中计算 U-特征向量的方法, 得到对应的两组 U-特征向量如下:

$$\hat{\boldsymbol{z}}^{(1)} = \hat{\boldsymbol{z}}^{(2)} = (-0.9625, -0.2242 + 0.1530\mathrm{i})^\top,$$
$$\hat{\boldsymbol{z}}^{(3)} = (0.5054 + 0.0213\mathrm{i}, 0.6308 + 0.5883\mathrm{i})^\top,$$

或

$$\hat{\boldsymbol{z}}^{(1)} = \hat{\boldsymbol{z}}^{(2)} = (0.9625, 0.2242 - 0.1530\mathrm{i})^\top,$$
$$\hat{\boldsymbol{z}}^{(3)} = (0.5054 + 0.0213\mathrm{i}, 0.6308 + 0.5883\mathrm{i})^\top.$$

由定理 6.2.2 可知, $|\psi\rangle$ 的纠缠特征值为 $G(|\psi\rangle) = \lambda_{\max} = 0.9317$, 量子纠缠几何测度为 $E_G(|\mathrm{GHZ}\rangle) = \sqrt{2 - 2\lambda_{\max}} = 0.3696$. 以上求解过程耗时 2.9290 秒.

**例 6.3.4** 考虑一个非对称 3 体纯态

$$|\psi\rangle = \frac{1}{6}|000\rangle + \frac{2}{3}\sqrt{-1}|111\rangle + \left(\sqrt{\frac{1}{3}} + \frac{1}{3}\sqrt{-1}\right)|101\rangle + \frac{\sqrt{3}}{6}|100\rangle,$$

其对应一个 3 阶 2 维的非对称复张量 $\mathcal{A}$, 其非零元素为

$$\mathcal{A}_{111} = \frac{1}{6}, \quad \mathcal{A}_{222} = \frac{2}{3}\sqrt{-1}, \quad \mathcal{A}_{212} = \left(\sqrt{\frac{1}{3}} + \frac{1}{3}\sqrt{-1}\right), \quad \mathcal{A}_{211} = \frac{\sqrt{3}}{6}.$$

容易看出, $\mathcal{A}$ 是一个完全非对称张量, 根据 (5.15), 其最大 U-特征值计算模型可以表示为下面的多项式优化问题:

$$\begin{aligned} \hat{f} := \max \quad & \mathrm{Re}\langle \mathcal{A}, \otimes_{i=1}^3 \boldsymbol{z}^{(i)} \rangle \\ \text{s.t.} \quad & \|\boldsymbol{z}^{(i)}\| = 1, \quad \boldsymbol{z}^{(i)} \in \mathbb{C}^2, \quad i = 1, 2, 3. \end{aligned} \tag{6.27}$$

令 $\boldsymbol{z}^{(i)} = \boldsymbol{x}^{(i)} + \sqrt{-1}\boldsymbol{y}^{(i)}, \boldsymbol{x}^{(i)}, \boldsymbol{y}^{(i)} \in \mathbb{R}^2, \boldsymbol{u}^{(i)} = (\boldsymbol{x}^{(i)}, \boldsymbol{y}^{(i)}) \in \mathbb{R}^4, i = 1, 2, 3$. 类似例 5.3.1 的计算步骤, 优化问题 (6.27) 可以等价转化为

$$\begin{aligned} \hat{f} := \max \quad & \|\langle \mathcal{B}, \boldsymbol{u}^{(1)} \otimes \boldsymbol{u}^{(2)} \rangle\| \\ \text{s.t.} \quad & \|\boldsymbol{u}^{(i)}\| = 1, \boldsymbol{u}^{(i)} \in \mathbb{R}^4, i = 1, 2, \end{aligned} \tag{6.28}$$

其中, $\boldsymbol{u}^{(1)} = (u_1^{(1)}, u_2^{(1)}, u_3^{(1)}, u_4^{(1)})^\top, \boldsymbol{u}^{(2)} = (u_1^{(2)}, u_2^{(2)}, u_3^{(2)}, u_4^{(2)})^\top$, 且有

$$F = \|\langle \mathcal{B}, \boldsymbol{u}^{(1)} \otimes \boldsymbol{u}^{(2)} \rangle\|^2 = \frac{(u_1^{(1)})^2(u_1^{(2)})^2}{36} + \frac{(u_1^{(1)})^2(u_3^{(2)})^2}{36} + \cdots + \frac{4(u_4^{(1)})^2(u_4^{(2)})^2}{9}.$$

我们将优化问题 (6.28) 转化为 (5.20) 的形式, 将目标函数记作 $F$, 其约束条件的集合记作 $K$, 取松弛阶为 $N = 3$, 令 $u_3^{(1)} = 0$ 以避免出现无穷多解的情况. 类似例 5.3.1, 调用函数 $P = \mathrm{msdp}(F, K, N)$ 和 $\mathrm{msol}(P)$, 计算得到优化问题 (6.28) 的一个全局最大值点为

$$\hat{\boldsymbol{u}}^{(1)} = (-0.0287, -0.9996, 0, 0)^\top, \quad \hat{\boldsymbol{u}}^{(2)} = (-0.7404, -0.3361, 0, -0.5820)^\top,$$

以及最大值 $\hat{f} = 0.9661$.

因此, 我们得到复张量 $\mathcal{A}$ 的最大 U-特征值 $\lambda_{\max} = 0.9661$. 类似例 5.3.1 中计算 U-特征向量的方法, 得到对应的一组 U-特征向量如下:

$$\hat{\boldsymbol{z}}^{(1)} = (-0.0287, -0.9996)^\top, \quad \hat{\boldsymbol{z}}^{(2)} = (-0.7404, -0.3361 - 0.5821\mathrm{i})^\top,$$
$$\hat{\boldsymbol{z}}^{(3)} = (0.2248, 0.8439 + 0.4872\mathrm{i})^\top.$$

由定理 6.2.2 可知, $|\psi\rangle$ 的纠缠特征值为 $G(|\psi\rangle) = \lambda_{\max} = 0.9661$, 量子纠缠几何测度为 $E_G(|\mathrm{GHZ}\rangle) = \sqrt{2 - 2\lambda_{\max}} = 0.2604$. 以上求解过程耗时 4.7693 秒.

**例 6.3.5** 考虑一个非对称 3 体纯态

$$|\psi\rangle = \sum_{i_1, i_2, i_3 = 1}^n \frac{\cos(i_1 - i_2 + i_3) + \mathrm{i}\,\sin(i_1 + i_2 - i_3)}{\sqrt{n^3}} |(i_1 - 1)(i_2 - 1)(i_3 - 1)\rangle,$$

$|\psi\rangle$ 对应一个 3 阶非对称复张量 $\mathcal{A} \in \mathbb{C}^{n \times n \times n}$, 其元素表示为

$$\mathcal{A}_{i_1 i_2 i_3} = \frac{\cos(i_1 - i_2 + i_3) + \sqrt{-1}\,\sin(i_1 + i_2 - i_3)}{\sqrt{n^3}}.$$

在 $n = 2$ 时, 类似例 6.3.4 的求解过程, 复张量 $\mathcal{A}$ 的最大 U-特征值计算模型可以等价转化为下面的多项式优化问题:

$$\begin{aligned} \max & \ \|\langle \mathcal{B}, \boldsymbol{u}^{(1)} \otimes \boldsymbol{u}^{(2)} \rangle\| \\ \mathrm{s.t.} & \ \|\boldsymbol{u}^{(i)}\| = 1, \boldsymbol{u}^{(i)} \in \mathbb{R}^4, i = 1, 2. \end{aligned} \quad (6.29)$$

其中, $\boldsymbol{u}^{(1)} = (u_1^{(1)}, u_2^{(1)}, u_3^{(1)}, u_4^{(1)})^\top, \boldsymbol{u}^{(2)} = (u_1^{(2)}, u_2^{(2)}, u_3^{(2)}, u_4^{(2)})^\top.$

我们将上述优化问题转化为 (5.20) 的形式, 令 $u_3^{(1)} = u_3^{(2)} = 0$ 以避免出现无穷多解的情况, 我们通过 MATLAB 工具箱 Gloptipoly 3 与 SeDuMi 1.3 来求解

松弛后的半定规划问题, 计算得到优化问题 (6.29) 的最大值 $\hat{f} = 0.8895$, 以及四组全局最大值点为

$$\hat{\boldsymbol{u}}^{(1)} = (-0.6928, -0.6734, 0, -0.2580)^\top, \quad \hat{\boldsymbol{u}}^{(2)} = (-0.6890, -0.4500, 0, 0.5681)^\top.$$

$$\hat{\boldsymbol{u}}^{(1)} = (-0.6928, -0.6734, 0, -0.2580)^\top, \quad \hat{\boldsymbol{u}}^{(2)} = (0.6890, 0.4500, 0, -0.5681)^\top.$$

$$\hat{\boldsymbol{u}}^{(1)} = (0.6928, 0.6734, 0, 0.2580)^\top, \quad \hat{\boldsymbol{u}}^{(2)} = (-0.6890, -0.4500, 0, 0.5681)^\top.$$

$$\hat{\boldsymbol{u}}^{(1)} = (0.6928, 0.6734, 0, 0.2580)^\top, \quad \hat{\boldsymbol{u}}^{(2)} = (0.6890, 0.4500, 0, -0.5681\mathrm{i})^\top.$$

因此, 得到 $A$ 的最大 U-特征值为 $\lambda = 0.8895$, 类似算例 5.3.1 计算 U-特征向量的方法, 其对应的 U-特征向量有四组, 分别为

$$\hat{\boldsymbol{z}}^{(1)} = (-0.6928, -0.6734 - 0.2580\mathrm{i})^\top,$$
$$\hat{\boldsymbol{z}}^{(2)} = (-0.6890, -0.4500 + 0.5681\mathrm{i})^\top,$$
$$\hat{\boldsymbol{z}}^{(3)} = (0.1533 + 0.7083\mathrm{i}, -0.4375 + 0.5324\mathrm{i})^\top.$$

$$\hat{\boldsymbol{z}}^{(1)} = (-0.6928, -0.6734 - 0.2580\mathrm{i})^\top,$$
$$\hat{\boldsymbol{z}}^{(2)} = (0.6890, 0.4500 - 0.5681\mathrm{i})^\top,$$
$$\hat{\boldsymbol{z}}^{(3)} = (-0.1533 - 0.7083\mathrm{i}, 0.4375 - 0.5324\mathrm{i})^\top.$$

$$\hat{\boldsymbol{z}}^{(1)} = (0.6928, 0.6734 + 0.2580\mathrm{i})^\top,$$
$$\hat{\boldsymbol{z}}^{(2)} = (-0.6890, -0.4500 + 0.5681\mathrm{i})^\top,$$
$$\hat{\boldsymbol{z}}^{(3)} = (-0.1533 - 0.7083\mathrm{i}, 0.4375 - 0.5324\mathrm{i})^\top.$$

$$\hat{\boldsymbol{z}}^{(1)} = (0.6928, 0.6734 + 0.2580\mathrm{i})^\top,$$
$$\hat{\boldsymbol{z}}^{(2)} = (0.6890, 0.4500 - 0.5681\mathrm{i})^\top,$$
$$\hat{\boldsymbol{z}}^{(3)} = (0.1533 + 0.7083\mathrm{i}, -0.4375 + 0.5324\mathrm{i})^\top.$$

由定理 6.2.2 可知, $|\psi\rangle$ 的纠缠特征值为 $G(|\psi\rangle) = \lambda_{\max} = 0.8895$, 量子纠缠几何测度为 $E_G(|\mathrm{GHZ}\rangle) = \sqrt{2 - 2\lambda_{\max}} = 0.4701$. 距离 $|\psi\rangle$ 最近的可分态为

$$|\psi\rangle = |\phi_1\rangle \otimes |\phi_2\rangle \otimes |\phi_3\rangle.$$

根据量子态和复张量的对应关系, 对应上述的 U-特征向量, $|\phi_1\rangle, |\phi_2\rangle, |\phi_3\rangle$ 有四组取值如下:

$$|\phi_1\rangle = -0.6928|0\rangle - (0.6734 + 0.2580\mathrm{i})|1\rangle,$$
$$|\phi_2\rangle = -0.6890|0\rangle - (0.4500 - 0.5681\mathrm{i})|1\rangle,$$
$$|\phi_3\rangle = (0.1533 + 0.7083\mathrm{i})|0\rangle - (0.4375 - 0.5324\mathrm{i})|1\rangle.$$

$$|\phi_1\rangle = -0.6928|0\rangle - (0.6734 - 0.2580\mathrm{i})|1\rangle,$$

$$|\phi_2\rangle = 0.6890|0\rangle + (0.4500 - 0.5681\mathrm{i})|1\rangle,$$

$$|\phi_3\rangle = -(0.1533 + 0.7083\mathrm{i})|0\rangle + (0.4375 - 0.5324\mathrm{i})|1\rangle.$$

$$|\phi_1\rangle = 0.6928|0\rangle + (0.6734 + 0.2580\mathrm{i})|1\rangle,$$

$$|\phi_2\rangle = -0.6890|0\rangle - (0.4500 - 0.5681\mathrm{i})|1\rangle,$$

$$|\phi_3\rangle = -(0.1533 + 0.7083\mathrm{i})|0\rangle + (0.4375 - 0.5324\mathrm{i})|1\rangle.$$

$$|\phi_1\rangle = 0.6928|0\rangle + (0.6734 + 0.2580\mathrm{i})|1\rangle,$$

$$|\phi_2\rangle = 0.6890|0\rangle + (0.4500 - 0.5681\mathrm{i})|1\rangle,$$

$$|\phi_3\rangle = (0.1533 + 0.7083\mathrm{i})|0\rangle - (0.4375 - 0.5324\mathrm{i})|1\rangle.$$

以上求解过程耗时 4.6194 秒.

**例 6.3.6** 考虑一个 3 体纯态如下:

$$|\psi\rangle = \sum_{i_1,i_2,i_3=1}^{n} \frac{\cos(i_1 + i_2 + i_3) + \sqrt{-1}\ \sin(i_1 + i_2 + i_3)}{\sqrt{n^3}}|(i_1 - 1)(i_2 - 1)(i_3 - 1)\rangle.$$

$|\psi\rangle$ 对应一个 3 阶对称复张量 $\mathcal{A} \in \mathbb{C}^{n \times n \times n}$, 其元素表示为

$$\mathcal{A}_{i_1 i_2 i_3} = \frac{\cos(i_1 + i_2 + i_3) + \sqrt{-1}\ \sin(i_1 + i_2 + i_3)}{\sqrt{n^3}}.$$

在 $n = 2$ 时, 复张量 $\mathcal{A}$ 的最大 US-特征值计算模型可以等价转化为下面的多项式优化问题:

$$\hat{f} := \max \operatorname{Re}\langle \mathcal{A}, \boldsymbol{z}^3 \rangle \tag{6.30}$$
$$\text{s.t. } \|\boldsymbol{z}\| = 1, \boldsymbol{z} \in \mathbb{C}^2.$$

类似算例 6.3.1 的计算过程, 令 $\boldsymbol{z} = \boldsymbol{x} + \boldsymbol{y}\sqrt{-1}, \boldsymbol{x} = (x_1, x_2)^\top, \boldsymbol{y} = (y_1, y_2)^\top$, 则优化问题 (6.30) 可以等价转化为

$$\max \quad f(\boldsymbol{x}, \boldsymbol{y}) := \operatorname{Re}(\mathcal{S}^*(\boldsymbol{x} + \boldsymbol{y}\sqrt{-1})^m) \tag{6.31}$$
$$\text{s.t. } g(\boldsymbol{x}, \boldsymbol{y}) := \|\boldsymbol{x}\|^2 + \|\boldsymbol{y}\|^2 - 1 = 0, \boldsymbol{x},\ \boldsymbol{y} \in \mathbb{R}^2.$$

令 $\boldsymbol{u} = (\boldsymbol{x}, \boldsymbol{y}) \in \mathbb{R}^4$, 优化问题 (6.31) 可以等价转化为

$$\max \quad f(\boldsymbol{u}) \tag{6.32}$$
$$\text{s.t. } g(\boldsymbol{u}) = 0, \boldsymbol{u} \in \mathbb{R}^4.$$

其中 $\boldsymbol{u} = (u_1, u_2, u_3, u_4)^\top$. 由 $\boldsymbol{u} = (\boldsymbol{x}, \boldsymbol{y})$, 得到 $u_1 = x_1, u_2 = x_2, u_3 = y_1, u_4 = y_2$.

由引理 5.2.1, 优化问题 (6.32) 可以等价转化为形如 (5.5) 的优化问题, 将其目标函数记作 $P$, 其约束条件的集合记作 $K$, 取松弛阶为 $N = 3$. 类似算例 5.3.1, 调用函数 $P = \mathrm{msdp}(F, K, N)$ 和 $\mathrm{msol}(P)$, 计算得到优化问题 (6.32) 的一个全局最大值点为

$$\hat{\boldsymbol{u}} = (0.3821, -0.2944, 0.5950, 0.6430)^\top.$$

其对应的最优值为 $\hat{f} = 1$.

因此, 得到复张量 $\mathcal{S}$ 的最大 US-特征值为 $\lambda_{\max} = 1$. 由 $\boldsymbol{z} = \boldsymbol{x} + \boldsymbol{y}\sqrt{-1}$ 和 $\boldsymbol{u} = (\boldsymbol{x}, \boldsymbol{y})$, 得到对应的 US-特征向量为

$$\hat{\boldsymbol{z}} = (0.3821 + 0.5950\sqrt{-1}, -0.2943 + 0.6430\sqrt{-1})^\top.$$

由定理 6.2.2 可知, 量子纯态 $|\mathrm{GHZ}\rangle$ 的纠缠特征值为 $G(|\mathrm{GHZ}\rangle) = \lambda_{\max} = 1$, 纠缠几何测度为 $E_G(|\mathrm{GHZ}\rangle) = \sqrt{2 - 2\lambda_{\max}} = 0$. 容易验证, $\mathcal{A} = \hat{\boldsymbol{z}} \otimes \hat{\boldsymbol{z}} \otimes \hat{\boldsymbol{z}}$, 因此 $\mathcal{A}$ 为一个秩 1 张量, 也即其对应的量子纯态 $|\psi\rangle$ 是一个可分态, 由复张量和量子态之间的对应关系, 有

$$|\phi\rangle = (0.3821 + 0.5950\sqrt{-1})|0\rangle + (-0.2943 + 0.6430\sqrt{-1})|1\rangle.$$

那么, $|\psi\rangle = |\phi\rangle \otimes |\phi\rangle \otimes |\phi\rangle$, 以上求解过程耗时 3.5596 秒.

考虑一般情况, 对于 $m$ 体纯态,

$$|\psi\rangle = \sum_{i_1, \cdots, i_m = 1}^{n} \frac{\cos(i_1 + \cdots + i_m) + \sqrt{-1}\,\sin(i_1 + \cdots + i_m)}{\sqrt{n^m}}|(i_1 - 1)\cdots(i_m - 1)\rangle,$$

其中, $m \geqslant 3$, $n \geqslant 2$, 经计算, 我们得到在 $m = 3, 4, \cdots, 8$, $n = 2, 3, 4$ 时的量子纠缠特征值均为 $G(|\psi\rangle) = 1$, 也即此时的量子纯态 $|\psi\rangle$ 为可分态.

设 $\alpha$ 与 $\beta$ 为正数, 令

$$|\kappa\rangle = \sum_{i_1, i_2 \cdots, i_m = 1}^{n} \chi_{i_1 i_2 \cdots i_m}|(i_1 - 1)(i_2 - 1)\cdots(i_m - 1)\rangle,$$

$$\chi_{i_1 i_2 \cdots i_m} = \alpha\cos(i_1 + i_2 + \cdots + i_m) + \sqrt{-1}\beta\sin(i_1 + i_2 + \cdots + i_m),$$

有 $|\psi\rangle = |\kappa\rangle/|||\kappa\rangle||$, 经计算, 对于 $m = 3, 4, \cdots, 8$, $n = 2$, 在 $\alpha = 1$, $\beta = 0.5$ 或 $0.8$ 时, 我们有 $G(|\psi\rangle) < 1$, 也即此时量子纯态 $|\psi\rangle$ 为纠缠态.

**例 6.3.7** 考虑一个 3 体纯态

$$|\psi\rangle = \frac{1}{4}\mathrm{i}|000\rangle + \frac{\sqrt{2}}{4}\mathrm{i}|111\rangle + \left(\frac{1}{2} + \frac{1}{2}\mathrm{i}\right)|110\rangle + \frac{\sqrt{2}}{4}|010\rangle - \frac{\sqrt{2}}{4}|011\rangle,$$

$|\psi\rangle$ 对应一个 3 阶 2 维的非对称复张量 $\mathcal{A}$, 其非零元素为

$$\mathcal{A}_{111} = \frac{1}{4}\mathrm{i}, \quad \mathcal{A}_{222} = \frac{\sqrt{2}}{4}\mathrm{i}, \quad \mathcal{A}_{221} = \frac{1}{2} + \frac{1}{2}\mathrm{i}, \quad \mathcal{A}_{121} = \frac{\sqrt{2}}{4}, \quad \mathcal{A}_{122} = -\frac{\sqrt{2}}{4}.$$

容易看出, $\mathcal{A}$ 是一个完全非对称张量, 根据 (5.15), 其最大 U-特征值计算模型可以表示为下面的多项式优化问题:

$$\begin{aligned} \hat{f} := \max \quad & \mathrm{Re}\langle\mathcal{A}, \otimes_{i=1}^{3} \boldsymbol{z}^{(i)}\rangle \\ \text{s.t.} \quad & \|\boldsymbol{z}^{(i)}\| = 1, \ \boldsymbol{z}^{(i)} \in \mathbb{C}^2, \ i = 1,2,3. \end{aligned} \tag{6.33}$$

令 $\boldsymbol{z}^{(i)} = \boldsymbol{x}^{(i)} + \sqrt{-1}\boldsymbol{y}^{(i)}, \boldsymbol{x}^{(i)}, \boldsymbol{y}^{(i)} \in \mathbb{R}^2, \boldsymbol{u}^{(i)} = (\boldsymbol{x}^{(i)}, \boldsymbol{y}^{(i)}) \in \mathbb{R}^4, i = 1,2,3.$ 类似例 5.3.1 的计算步骤, 优化问题 (6.33) 可以等价转化为

$$\begin{aligned} \hat{f} := \max \quad & \|\langle\mathcal{B}, \boldsymbol{u}^{(1)} \otimes \boldsymbol{u}^{(2)}\rangle\| \\ \text{s.t.} \quad & \|\boldsymbol{u}^{(i)}\| = 1, \boldsymbol{u}^{(i)} \in \mathbb{R}^4, i = 1,2, \end{aligned} \tag{6.34}$$

其中, $\boldsymbol{u}^{(1)} = (u_1^{(1)}, u_2^{(1)}, u_3^{(1)}, u_4^{(1)})^\top, \boldsymbol{u}^{(2)} = (u_1^{(2)}, u_2^{(2)}, u_3^{(2)}, u_4^{(2)})^\top$, 且有

$$\|\langle\mathcal{B}, \boldsymbol{u}^{(1)} \otimes \boldsymbol{u}^{(2)}\rangle\|^2 = \frac{(u_1^{(1)})^2(u_1^{(2)})^2}{16} + \frac{(u_1^{(1)})^2(u_2^{(2)})^2}{4} + \cdots + \frac{\sqrt{2}(u_3^{(1)})^2 u_2^{(2)} u_3^{(2)}}{8}.$$

我们将优化问题 (6.34) 转化为 (5.20) 的形式, 将其目标函数记作 $F$, 其约束条件的集合记作 $K$, 取松弛阶为 $N = 3$, 令 $u_3^{(1)} = 0$ 以避免出现无穷多解的情况. 类似例 5.3.1, 调用函数 $P = \mathrm{msdp}(F, K, N)$ 和 $\mathrm{msol}(P)$, 计算得到优化问题 (6.34) 的最大值 $\hat{f} = 0.8419$, 以及四组全局最大值点为

$$\begin{aligned} \hat{\boldsymbol{u}}^{(1)} &= (-0.4148, -0.8707, 0, -0.2644)^\top, \\ \hat{\boldsymbol{u}}^{(2)} &= (0.1145, 0.3882, 0, -0.9144)^\top. \\ \hat{\boldsymbol{u}}^{(1)} &= (-0.4148, -0.8707, 0, -0.2644)^\top, \\ \hat{\boldsymbol{u}}^{(2)} &= (-0.1145, -0.3882, 0, 0.9144)^\top. \\ \hat{\boldsymbol{u}}^{(1)} &= (0.4148, 0.8707, 0, 0.2644)^\top, \\ \hat{\boldsymbol{u}}^{(2)} &= (0.1145, 0.3882, 0, -0.9144)^\top. \\ \hat{\boldsymbol{u}}^{(1)} &= (0.4148, 0.8707, 0, 0.2644)^\top, \\ \hat{\boldsymbol{u}}^{(2)} &= (-0.1145, -0.3882, 0, 0.9144\mathrm{i})^\top. \end{aligned}$$

因此, 我们得到复张量 $\mathcal{A}$ 的最大 U-特征值 $\lambda_{\max} = 0.8419$. 类似例 5.3.1 中计算 U-特征向量的方法, 得到对应的四组 U-特征向量如下:

$$\hat{\boldsymbol{z}}^{(1)} = (-0.4148, -0.8707 - 0.2644\mathrm{i})^\top,$$

$$\hat{z}^{(2)} = (0.1145, 0.3882 - 0.9144\mathrm{i})^\top,$$

$$\hat{z}^{(3)} = (-0.9296\mathrm{i}, 0.3589 - 0.0842\mathrm{i})^\top.$$

$$\hat{z}^{(1)} = (-0.4148, -0.8707 - 0.2644\mathrm{i})^\top,$$

$$\hat{z}^{(2)} = (-0.1145, -0.3882 + 0.9144\mathrm{i})^\top,$$

$$\hat{z}^{(3)} = (0.9296\mathrm{i}, -0.3589 + 0.0842\mathrm{i})^\top.$$

$$\hat{z}^{(1)} = (0.4148, 0.8707 + 0.2644\mathrm{i})^\top,$$

$$\hat{z}^{(2)} = (0.1145, 0.3882 - 0.9144\mathrm{i})^\top,$$

$$\hat{z}^{(3)} = (0.9296\mathrm{i}, -0.3589 + 0.0842\mathrm{i})^\top.$$

$$\hat{z}^{(1)} = (0.4148, 0.8707 + 0.2644\mathrm{i})^\top,$$

$$\hat{z}^{(2)} = (-0.1145, -0.3882 + 0.9144\mathrm{i})^\top,$$

$$\hat{z}^{(3)} = (-0.9296\mathrm{i}, 0.3589 - 0.0842\mathrm{i})^\top.$$

由定理 6.2.2 可知, $|\psi\rangle$ 的纠缠特征值为 $G(|\psi\rangle) = \lambda_{\max} = 0.8419$, 量子纠缠几何测度为 $E_G(|\mathrm{GHZ}\rangle) = \sqrt{2 - 2\lambda_{\max}} = 0.5623$. 距离 $|\psi\rangle$ 最近的可分态为

$$|\psi\rangle = |\phi_1\rangle \otimes |\phi_2\rangle \otimes |\phi_3\rangle.$$

由量子态与复张量之间的对应关系, $|\phi_1\rangle, |\phi_2\rangle, |\phi_3\rangle$ 有四组取值如下:

$$|\phi_1\rangle = -0.4148|0\rangle - (0.8707 + 0.2644\mathrm{i})|1\rangle,$$

$$|\phi_2\rangle = 0.1145|0\rangle + (0.3882 - 0.9144\mathrm{i})|1\rangle,$$

$$|\phi_3\rangle = -0.9296\mathrm{i}|0\rangle + (0.3589 - 0.0842\mathrm{i})|1\rangle.$$

$$|\phi_1\rangle = -0.4148|0\rangle - (0.8707 + 0.2644\mathrm{i})|1\rangle,$$

$$|\phi_2\rangle = -0.1145|0\rangle - (0.3882 - 0.9144\mathrm{i})|1\rangle,$$

$$|\phi_3\rangle = 0.9296\mathrm{i}|0\rangle - (0.3589 - 0.0842\mathrm{i})|1\rangle.$$

$$|\phi_1\rangle = 0.4148|0\rangle + (0.8707 + 0.2644\mathrm{i})|1\rangle,$$

$$|\phi_2\rangle = 0.1145|0\rangle + (0.3882 - 0.9144\mathrm{i})|1\rangle,$$

$$|\phi_3\rangle = 0.9296\mathrm{i}|0\rangle - (0.3589 - 0.0842\mathrm{i})|1\rangle.$$

$$|\phi_1\rangle = 0.4148|0\rangle + (0.8707 + 0.2644\mathrm{i})|1\rangle,$$

$$|\phi_2\rangle = -0.1145|0\rangle - (0.3882 - 0.9144\mathrm{i})|1\rangle,$$

$$|\phi_3\rangle = -0.9296\mathrm{i}|0\rangle + (0.3589 - 0.0842\mathrm{i})|1\rangle.$$

至此, 我们得到非对称量子纯态 $|\psi\rangle$ 的量子纠缠几何测度以及最近的可分态, 以上求解过程耗时 4.1071 秒.

## 6.4　量子纯态纠缠特征值计算的迭代方法

本节我们给出应用前文介绍的迭代算法计算量子纯态的纠缠特征值及纠缠几何测度的数值算例. 通过前文的数值算例对比可知, 由于算法 4.3.1 基于复张量的对称嵌入理论, 本质上是计算对称嵌入后所得到的对称复张量的 US-特征值, 对称嵌入后得到的对称复张量的规模通常很大, 因此算法 4.3.1 的计算效率相对较低. 算法 4.3.2 则是直接计算非对称复张量的 U-特征值, 算法 4.3.3 是在算法 4.3.2 的基础上, 受到经典的 Gauss-Seidel 方法的启发, 改进得到的迭代算法. 在本节的应用算例中, 我们只应用算法 4.3.2 与算法 4.3.3 进行计算, 并进一步对比算法 4.3.2 与算法 4.3.3 的计算效率.

在本节的算例中, 我们使用的计算软件为 Mathematica 8.0, 在计算量子纠缠几何测度的算例中, 我们随机地选择 10 个初始样本点来获得其对应复张量的最大 U-特征值.

**例 6.4.1** [157, Example 6]　考虑一个 4 体量子纯态

$$|\psi\rangle = \frac{1}{3}(|0000\rangle + |0112\rangle + |0221\rangle + |1011\rangle + |1120\rangle$$
$$+ |1202\rangle + |2022\rangle + |2101\rangle + |2210\rangle),$$

其对应一个 $3 \times 3 \times 3 \times 3$ 的非对称复张量 $\mathcal{A}$, 其非零元素为

$$\mathcal{A}_{1111} = \mathcal{A}_{1223} = \mathcal{A}_{1332} = \mathcal{A}_{2122} = \mathcal{A}_{2231} = \mathcal{A}_{2313} = \mathcal{A}_{3133} = \mathcal{A}_{3321} = \mathcal{A}_{3212} = \frac{1}{3}.$$

我们分别采用算法 4.3.2 与算法 4.3.3 计算复张量 $\mathcal{A}$ 的最大 U-特征值 $\lambda_{\mathcal{A}}$ 以及 $|\psi\rangle$ 的量子纠缠几何测度, 当误差小于 $10^{-9}$ 时迭代停止, 计算结果如表 6.1 所示.

表 6.1　例 6.4.1 数值实验结果

| 算法 | $\lambda_{\mathcal{A}}$ | GME | 计算时间 (s) | 迭代步数 |
|---|---|---|---|---|
| 算法 4.3.2 | 0.3333 | 1.1547 | 2.14 | 36 |
| 算法 4.3.3 | 0.3333 | 1.1547 | 1.63 | 21 |

由定理 6.2.2 可知, 量子纯态 $|\psi\rangle$ 的纠缠特征值为 0.3333, 量子纠缠几何测度为 1.1547, 由算法 4.3.3 得到的与 $|\psi\rangle$ 距离最近的可分态为

$$|\phi\rangle = |\phi_1\rangle \times |\phi_2\rangle \times |\phi_3\rangle \times |\phi_4\rangle,$$

其中

$$|\phi_1\rangle = (-0.0940 - 0.4500\mathrm{i})|0\rangle + (-0.5091 + 0.2723\mathrm{i})|1\rangle + (0.0188 - 0.5770\mathrm{i})|2\rangle,$$

$|\phi_2\rangle = (-0.0283 + 0.5767i)|0\rangle + (-0.4853 - 0.3128i)|1\rangle + (-0.0283 + 0.5767i)|2\rangle,$

$|\phi_3\rangle = (-0.2578 - 0.5166i)|0\rangle + (-0.3185 + 0.4815i)|1\rangle + (-0.3185 + 0.4815i)|2\rangle,$

$|\phi_4\rangle = (-0.3567 - 0.4540i)|0\rangle + (0.5715 - 0.0819i)|1\rangle + (-0.3567 - 0.4540i)|2\rangle.$

从表 6.1 中可以看出, 算法 4.3.2 与算法 4.3.3 得到的计算结果是相同的, 然而, 算法 4.3.2 所用的计算时间与迭代步数要多于算法 4.3.3.

**例 6.4.2** [157, Example 11]　考虑一个 6 体量子纯态

$$\begin{aligned}
|\psi\rangle = \frac{1}{3\sqrt{2}}(&|000000\rangle + |001121\rangle + |010220\rangle \\
&+|012011\rangle + |021210\rangle + |022101\rangle \\
&+|111110\rangle + |112201\rangle + |121000\rangle \\
&+|120121\rangle + |102020\rangle + |100211\rangle \\
&+|222220\rangle + |220011\rangle + |202110\rangle \\
&+|201201\rangle + |210100\rangle + |211021\rangle),
\end{aligned}$$

其对应一个 $3 \times 3 \times 3 \times 3 \times 3 \times 2$ 的非对称复张量 $\mathcal{A}$, 其非零元素为

$$\mathcal{A}_{111111} = \mathcal{A}_{112231} = \mathcal{A}_{121331} = \mathcal{A}_{123122} = \mathcal{A}_{132321} = \mathcal{A}_{133212} = \mathcal{A}_{222221}$$

$$= \mathcal{A}_{223312} = \mathcal{A}_{232111} = \mathcal{A}_{231232} = \mathcal{A}_{213131} = \mathcal{A}_{211322} = \mathcal{A}_{333331} = \mathcal{A}_{331122}$$

$$= \mathcal{A}_{313221} = \mathcal{A}_{312312} = \mathcal{A}_{321211} = \mathcal{A}_{322132} = \frac{1}{3\sqrt{2}}.$$

我们分别采用算法 4.3.2 与算法 4.3.3 计算复张量 $\mathcal{A}$ 的最大 U-特征值 $\lambda_{\mathcal{A}}$ 以及 $|\psi\rangle$ 的量子纠缠几何测度, 当误差小于 $10^{-9}$ 时迭代停止, 计算结果如表 6.2 所示.

**表 6.2　例 6.4.2 数值实验结果**

| 算法 | $\lambda_{\mathcal{A}}$ | GME | 计算时间 (s) |
|---|---|---|---|
| 算法 4.3.2 | 0.2357 | 1.2364 | 1298.95 |
| 算法 4.3.3 | 0.2357 | 1.2364 | 9.70 |

由定理 6.2.2 可知, 量子纯态 $|\psi\rangle$ 的纠缠特征值为 0.2357, 量子纠缠几何测度为 1.2364.

相比例 6.4.1, 我们提高了量子纯态的阶数, 从表 6.2 中可以看出, 算法 4.3.2 与算法 4.3.3 得到的计算结果是相同的, 然而, 算法 4.3.2 的所用的计算时间要远远多于算法 4.3.3 的计算时间.

**例 6.4.3** [157, Example 7] 考虑一个 4 体量子纯态

$$|\psi\rangle = \frac{1}{4}(|0000\rangle + |0123\rangle + |0231\rangle + |0312\rangle$$
$$+ |1111\rangle + |1032\rangle + |1320\rangle + |1203\rangle$$
$$+ |2222\rangle + |2301\rangle + |2013\rangle + |2130\rangle$$
$$+ |3333\rangle + |3210\rangle + |3102\rangle + |3021\rangle),$$

其对应一个 $4 \times 4 \times 4 \times 4$ 的非对称复张量 $\mathcal{A}$, 其非零元素为

$$\mathcal{A}_{1111} = \mathcal{A}_{1234} = \mathcal{A}_{1342} = \mathcal{A}_{1423} = \mathcal{A}_{2222} = \mathcal{A}_{2143} = \mathcal{A}_{2431} = \mathcal{A}_{2314}$$
$$= \mathcal{A}_{3333} = \mathcal{A}_{3412} = \mathcal{A}_{3124} = \mathcal{A}_{3241} = \mathcal{A}_{4444} = \mathcal{A}_{4321} = \mathcal{A}_{4213} = \mathcal{A}_{4132} = \frac{1}{4}.$$

我们分别采用算法 4.3.2 与算法 4.3.3 计算复张量 $\mathcal{A}$ 的最大 U-特征值 $\lambda_{\mathcal{A}}$ 以及 $|\psi\rangle$ 的量子纠缠几何测度, 当误差小于 $10^{-9}$ 时迭代停止, 计算结果如表 6.3 所示.

**表 6.3 例 6.4.3 数值实验结果**

| 算法 | $\lambda_{\mathcal{A}}$ | GME | 计算时间 (s) | 迭代步数 |
|---|---|---|---|---|
| 算法 4.3.2 | 0.2500 | 1.2247 | 9.57 | 37 |
| 算法 4.3.3 | 0.2500 | 1.2247 | 6.26 | 31 |

由定理 6.2.2 可知, 量子纯态 $|\psi\rangle$ 的纠缠特征值为 0.2500, 量子纠缠几何测度为 1.2247, 由算法 4.3.3 得到的与 $|\psi\rangle$ 距离最近的可分态为

$$|\phi\rangle = |\phi_1\rangle \times |\phi_2\rangle \times |\phi_3\rangle \times |\phi_4\rangle,$$

其中

$$|\phi_1\rangle = (-0.2265 + 0.4458i)|0\rangle + (0.2265 - 0.4458i)|1\rangle$$
$$+ (0.4458 + 0.2265i)|2\rangle + (0.4458 + 0.2265i)|3\rangle,$$
$$|\phi_2\rangle = (0.4562 - 0.2046i)|0\rangle + (0.4562 - 0.2046i)|1\rangle$$
$$+ (0.2046 + 0.4562i)|2\rangle + (-0.2046 - 0.4562i)|3\rangle,$$
$$|\phi_3\rangle = (0.4347 - 0.2471i)|0\rangle + (0.4347 - 0.2471i)|1\rangle$$
$$+ (-0.2471 - 0.4347i)|2\rangle + (0.2471 + 0.4347i)|3\rangle,$$
$$|\phi_4\rangle = (0.2257 - 0.4462i)|0\rangle + (-0.2257 + 0.4462i)|1\rangle$$
$$+ (0.4462 + 0.2257i)|2\rangle + (0.4462 + 0.2257i)|3\rangle.$$

相比例 6.4.1, 我们提高了量子纯态的维数, 从表 6.3 中可以看出, 算法 4.3.2 与算法 4.3.3 得到的计算结果是相同的, 然而, 算法 4.3.2 的所用的计算时间与迭代步数要多于算法 4.3.3.

**例 6.4.4** [195, Example 4.3]    考虑非对称 3 体纯态

$$|\psi\rangle = \sum_{i_1,i_2,i_3=1}^{n} \frac{\cos(i_1-i_2+i_3)+\sqrt{-1}\,\sin(i_1+i_2-i_3)}{\sqrt{n^3}}|(i_1-1)(i_2-1)(i_3-1)\rangle,$$

其对应一个 $n\times n\times n$ 的非对称复张量 $\mathcal{A}$, 其非零元素为

$$\mathcal{A}_{i_1i_2i_3} = \frac{\cos(i_1-i_2+i_3)+\sqrt{-1}\,\sin(i_1+i_2-i_3)}{\sqrt{n^3}}.$$

我们将 $n$ 在 2 到 50 之间取不同的值进行实验, 分别采用算法 4.3.2 与算法 4.3.3 计算复张量 $\mathcal{A}$ 的最大 U-特征值 $\lambda_{\mathcal{A}}$ 以及 $|\psi\rangle$ 的量子纠缠几何测度, 当误差小于 $10^{-9}$ 时迭代停止, 计算结果如表 6.4 所示, 其中 $\mathrm{Tim}_{i_2}$ 和 $\mathrm{Tim}_{i_3}$ 分别代表算法 4.3.2 和算法 4.3.3 的计算时间.

**表 6.4    例 6.4.4 数值实验结果**

| $n$ | $\lambda_{\mathcal{A}}$ | GME | $\mathrm{Tim}_{i_2}$(s) | $\mathrm{Tim}_{i_3}$(s) |
|---|---|---|---|---|
| 2 | 0.8895 | 0.4701 | 0.47 | 0.09 |
| 5 | 0.7815 | 0.6611 | 5.90 | 1.62 |
| 10 | 0.7072 | 0.7652 | 51.59 | 8.74 |
| 15 | 0.7243 | 0.7425 | 173.06 | 11.53 |
| 20 | 0.7175 | 0.7516 | 969.73 | 96.07 |
| 50 | 0.7087 | 0.7632 | 127332.83 | 2070.27 |

从表 6.4 中可以看出, 对于不同的 $n$ 的取值, 采用算法 4.3.2 与算法 4.3.3 计算得到的计算结果是相同的, 然而, 算法 4.3.2 的所用的计算时间总是多于算法 4.3.3 的计算时间, 并且随着 $n$ 取值越来越大, 算法 4.3.3 与算法 4.3.2 的计算效率差别也越发明显.

**例 6.4.5**    (随机量子纯态的算例)

在本算例中, 我们随机选取量子纯态 $|\psi\rangle$ 来计算它的量子纠缠几何测度.

对于阶数 $m=3$, $m=4$ 及 $m=5$ 的情况, 我们分别采用算法 4.3.2 与算法 4.3.3 计算随机复张量 $\mathcal{A}$ 的最大 U-特征值 $\lambda_{\mathcal{A}}$ 以及随机量子纯态 $|\psi\rangle$ 的量子纠缠几何测度, 当误差小于 $10^{-9}$ 时迭代停止, 计算结果如表 6.5—表 6.7 所示, 其中 $\mathrm{Tim}_{i_2}$ 和 $\mathrm{Tim}_{i_3}$ 分别代表算法 4.3.2 和算法 4.3.3 的计算时间.

**表 6.5    例 6.4.5 $m=3$ 时数值实验结果**

| $(n_1\times n_2\times n_3)$ | $\lambda_{\mathcal{A}}$ | GME | $\mathrm{Tim}_{i_2}$(s) | $\mathrm{Tim}_{i_3}$(s) |
|---|---|---|---|---|
| $3\times 3\times 5$ | 0.5442 | 0.9548 | 7.13 | 2.86 |
| $5\times 8\times 10$ | 0.3215 | 1.1649 | 121.14 | 42.21 |
| $15\times 5\times 20$ | 0.2254 | 1.2447 | 881.96 | 201.43 |

表 6.6　例 6.4.5 $m = 4$ 时数值实验结果

| $(n_1 \times n_2 \times n_3 \times n_4)$ | $\lambda_{\mathcal{A}}$ | GME | $\mathrm{Tim}_{i_2}(s)$ | $\mathrm{Tim}_{i_3}(s)$ |
|---|---|---|---|---|
| $3 \times 3 \times 3 \times 3$ | 0.4854 | 1.0145 | 21.40 | 2.84 |
| $5 \times 5 \times 5 \times 5$ | 0.2555 | 1.2203 | 242.13 | 66.06 |
| $2 \times 5 \times 8 \times 15$ | 0.2240 | 1.2458 | 656.30 | 131.14 |

表 6.7　例 6.4.5 $m = 5$ 时数值实验结果

| $(n_1 \times n_2 \times n_3 \times n_4 \times n_5)$ | $\lambda_{\mathcal{A}}$ | GME | $\mathrm{Tim}_{i_2}(s)$ | $\mathrm{Tim}_{i_3}(s)$ |
|---|---|---|---|---|
| $2 \times 2 \times 2 \times 2 \times 2$ | 0.5475 | 0.9513 | 9.70 | 1.59 |
| $8 \times 2 \times 3 \times 5 \times 4$ | 0.2164 | 1.2519 | 720.05 | 103.35 |
| $10 \times 3 \times 15 \times 2 \times 5$ | 0.1322 | 1.3175 | 12194.04 | 1406.26 |

从表 6.5—表 6.7 中可以看出, 对于不同的阶数及维数的随机量子态, 采用算法 4.3.2 与算法 4.3.3 得到的计算结果是相同的, 随着阶数及维数的提高, 两种算法的计算时间也会越来越长, 然而, 算法 4.3.3 的计算效率总是要高于算法 4.3.2.

## 6.5　本章小结

本章我们采用前面介绍的两种计算复张量特征值的算法: 多项式优化方法和迭代方法, 来计算一般复张量的最大 U-特征值, 根据复张量最大 U-特征值与其对应量子态纠缠集合测度之间的关系, 进一步得到相应量子态的纠缠特征值与纠缠几何测度. 相比较迭代算法而言, 多项式优化方法能够计算的量子态的规模相对较小, 用时也相对较长, 但是它可以准确地计算出量子态的全局最大的纠缠特征值, 迭代算法虽然计算效率相对较高, 但是对于一个确定的迭代初始点而言, 其计算结果并不一定是相应优化问题的全局最优点, 因此获得的 U-特征值也未必是最大的. 我们使用迭代算法进行计算时, 采取的策略是选取足够多的不同迭代初始点, 从其迭代结果中选择最大的值作为量子态的纠缠特征值.

# 第 7 章　埃尔米特张量与混合量子态

若一个 $2m$ 阶复张量 $\mathcal{H}$ 的元素对任意的下标 $i_1 \cdots i_m$ 和 $j_1 \cdots j_m$ 均满足

$$\mathcal{H}_{i_1 \cdots i_m j_1 \cdots j_m} = \mathcal{H}^*_{j_1 \cdots j_m i_1 \cdots i_m},$$

那么张量 $\mathcal{H}$ 被称为埃尔米特张量. 埃尔米特张量可以看作是埃尔米特矩阵的高阶推广.

由于埃尔米特张量可以用来表示混合量子态, 因此我们可以从量子态的可分性判别出发, 研究埃尔米特张量的一些性质, 包括: 酉相似变换、部分迹、非负的埃尔米特张量、埃尔米特张量的特征值、埃尔米特张量的秩 1 分解和正埃尔米特分解等. 本章推导了埃尔米特张量在酉相似关系和酉变换下的不变性质, 研究了埃尔米特张量的部分迹, 讨论了埃尔米特张量的非负性和埃尔米特特征值, 提出了埃尔米特张量的秩 1 埃尔米特分解, 证明了埃尔米特张量的埃尔米特分解的存在性, 最后讨论了埃尔米特张量理论在混合量子态中的应用.

## 7.1　埃尔米特张量与混合量子态基本概念

作为埃尔米特矩阵的扩展——埃尔米特张量定义如下:

**定义 7.1.1**　给定一个 $2m$ 阶复张量 $\mathcal{H} = (\mathcal{H}_{i_1 \cdots i_m j_1 \cdots j_m}) \in \mathbb{C}^{n_1 \times \cdots \times n_m \times n_1 \times \cdots \times n_m}$. 如果它的元素对任意的下标 $i_1 \cdots i_m$ 和 $j_1 \cdots j_m$ 均满足

$$\mathcal{H}_{i_1 \cdots i_m j_1 \cdots j_m} = \mathcal{H}^*_{j_1 \cdots j_m i_1 \cdots i_m},$$

则称张量 $\mathcal{H}$ 为一个**埃尔米特张量** (Hermitian tensor). 用 $\mathbb{H}[n_1, \cdots, n_m]$ 表示中所有埃尔米特张量构成的集合. 若 $n_1 = \cdots = n_m$ 且埃尔米特张量 $\mathcal{H}$ 中的元素 $\mathcal{H}_{i_1 \cdots i_m j_1 \cdots j_m}$ 在下标 $i_1 \cdots i_m$ 和 $j_1 \cdots j_m$ 进行任意相同的置换下均不变, 即

$$\mathcal{H}_{i_1 \cdots i_m j_1 \cdots j_m} = \mathcal{H}_{P[i_1 \cdots i_m] P[j_1 \cdots j_m]},$$

则称埃尔米特张量 $\mathcal{H}$ 是一个**对称埃尔米特张量** (symmetric Hermitian tensor). 其中 $P$ 为关于 $\{1, \cdots, m\}$ 的置换算子. 所有 $2m$ 阶 $n$ 维对称埃尔米特张量集合表示为 $s\mathbb{H}[m, n]$.

在文献 [89, Definition 3.7] 中 Jiang 等定义了部分共轭对称张量, 即一个埃尔米特张量 $\mathcal{H}$ 如果满足 $n_1 = \cdots = n_m$ 且张量中的元素 $\mathcal{H}_{i_1 \cdots i_m j_1 \cdots j_m}$ 在下标 $i_1 \cdots i_m$ 和 $j_1 \cdots j_m$ 的各自任意置换下均不变, 即 $\mathcal{H}_{i_1 \cdots i_m j_1 \cdots j_m} = \mathcal{H}_{P[i_1 \cdots i_m] Q[j_1 \cdots j_m]}$, 其中 $P$ 和 $Q$ 均为关于 $\{1, \cdots, m\}$ 的置换算子. 因此, 部分共轭对称张量实际上是一种特殊的对称埃尔米特张量.

一般地, 对于一个 $2m$ 阶张量 $\mathcal{A}$, 若存在一个置换

$$P[1, 2, \cdots, 2m] = [p_1, \cdots, p_m, q_1, \cdots, q_m],$$

使得

$$\mathcal{A}_{i_1 \cdots i_{2m}} = \mathcal{H}_{i_{p_1} \cdots i_{p_m} j_{q_1} \cdots j_{q_m}}, \tag{7.1}$$

其中 $\mathcal{H}$ 是一个定义 7.1.1 给出的埃尔米特张量, 则 $2m$ 阶张量 $\mathcal{B}$ 被称为在 $P$ 置换下的埃尔米特张量, 有时简称为埃尔米特张量.

复张量和埃尔米特张量在量子物理学研究中起着非常重要的作用. 一个复合量子系统的 $m$ 体纯态 $|\psi\rangle$ 可以视为是希尔伯张量积空间 $\mathbb{C}^{n_1 \times \cdots \times n_m}$ 中的归一化元素. 一个纯态量子态 $|\psi\rangle$ 可以表示成

$$|\psi\rangle = \sum_{i_1, \cdots, i_m = 1}^{n_1, \cdots, n_m} \chi_{i_1 \cdots i_m} |e_{i_1}^{(1)} \cdots e_{i_m}^{(m)}\rangle,$$

其中 $\chi_{i_1 \cdots i_m} \in \mathbb{C}$, $\{|e_{i_k}^{(k)}\rangle : i_k = 1, 2, \cdots, n_k\}$ 是空间 $\mathbb{C}^{n_k}$ 中的一组正交基. 因此, 在给定的正交基下, 一个纯态 $|\psi\rangle$ 唯一对应于一个复张量 $\chi = (\chi_{i_1 \cdots i_m})$.

**定义 7.1.2** 给定一个混合量子态 $\rho$, 它的密度矩阵

$$\rho = \sum_{i=1}^{k} \lambda_i |\psi_i\rangle\langle\psi_i|,$$

其中 $\lambda_i > 0$, $\sum_{i=1}^{k} \lambda_i = 1$, $|\psi_i\rangle$ 是纯态, $\langle\psi_i|$ 是纯态 $|\psi_i\rangle$ 的复共轭转置. 假定 $\chi^{(i)}$ 是纯态 $|\psi_i\rangle$ 在某组标准正交基下所对应的复张量. 那么混合态 $\rho$ 的密度矩阵所对应的一个埃尔米特张量是

$$\mathcal{H} = \sum_{i=1}^{k} \lambda_i \chi^{(i)} \otimes \chi^{(i)*} \in \mathbb{H}[n_1, \cdots, n_m].$$

## 7.2 埃尔米特张量运算和性质

设 $\mathcal{A}, \mathcal{B} \in \mathbb{H}[n_1, \cdots, n_m]$ 为埃尔米特张量. 两个张量的内积定义如下

$$\langle \mathcal{A}, \mathcal{B} \rangle := \sum_{i_1, \cdots, i_m, j_1, \cdots, j_m = 1}^{n_1, \cdots, n_m, n_1, \cdots, n_m} \mathcal{A}_{i_1 \cdots i_m j_1 \cdots j_m}^* \mathcal{B}_{i_1 \cdots i_m j_1 \cdots j_m}, \tag{7.2}$$

张量 $\mathcal{A}$ 的 Frobinius 范数为

$$||\mathcal{A}||_F := \sqrt{\langle \mathcal{A}, \mathcal{A} \rangle}. \tag{7.3}$$

张量 $\mathcal{A}$ 的矩阵迹定义为

$$\operatorname{Tr}_M \mathcal{A} := \sum_{i_1,\cdots,i_m=1}^{n_1,\cdots,n_m} \mathcal{A}_{i_1\cdots i_m i_1 \cdots i_m}. \tag{7.4}$$

对于向量 $\boldsymbol{u}_1 \in \mathbb{C}^{n_1}, \cdots, \boldsymbol{u}_m \in \mathbb{C}^{n_m}$, 秩 1 埃尔米特张量可以表示为

$$\otimes_{i=1}^m \boldsymbol{u}_i \otimes_{j=1}^m \boldsymbol{u}_j^* := \boldsymbol{u}_1 \otimes \cdots \otimes \boldsymbol{u}_m \otimes \boldsymbol{u}_1^* \otimes \cdots \otimes \boldsymbol{u}_m^*.$$

因此 $\otimes_{i=1}^m \boldsymbol{u}_i \otimes_{j=1}^m \boldsymbol{u}_j^*$ 是张量, 其元素为

$$(\otimes_{i=1}^m \boldsymbol{u}_i \otimes_{j=1}^m \boldsymbol{u}_j^*)_{i_1\cdots i_m j_1 \cdots j_m} := (\boldsymbol{u}_1)_{i_1} \cdots (\boldsymbol{u}_m)_{i_m} (\boldsymbol{u}_1)_{j_1}^* \cdots (\boldsymbol{u}_m)_{j_m}^*. \tag{7.5}$$

**引理 7.2.1**　对于埃尔米特张量 $\mathcal{A} \in \mathbb{H}[n_1, \cdots, n_m]$ 和向量 $\boldsymbol{u}_k \in \mathbb{C}^{n_k}$, $k \in [m]$, 有如下性质:

(1) $\mathcal{A}_{i_1 \cdots i_m i_1 \cdots i_m}$ 为实数, 埃尔米特张量与秩 1 埃尔米特张量的内积 $\langle \mathcal{A}, \otimes_{i=1}^m \boldsymbol{u}_i \otimes_{j=1}^m \boldsymbol{u}_j^* \rangle$ 也为实数;

(2) 秩 1 埃尔米特张量的矩阵迹为 $\operatorname{Tr}_M(\otimes_{i=1}^m \boldsymbol{u}_i \otimes_{j=1}^m \boldsymbol{u}_j^*) = \|\boldsymbol{u}_1\|^2 \cdots \|\boldsymbol{u}_m\|^2$.

**证明**　(1) 由于 $\mathcal{A}$ 是埃尔米特张量, 即 $\mathcal{A}_{i_1 \cdots i_m j_1 \cdots j_m}^* = \mathcal{A}_{j_1 \cdots j_m i_1 \cdots i_m}$. 特别地 $\mathcal{A}_{i_1 \cdots i_m i_1 \cdots i_m}^* = \mathcal{A}_{i_1 \cdots i_m i_1 \cdots i_m}$. 因此 $\mathcal{A}_{i_1 \cdots i_m i_1 \cdots i_m}$ 为实数. 由内积的定义 (7.2) 和秩 1 埃尔米特张量的定义 (7.5) 可知

$$
\begin{aligned}
& \langle \mathcal{A}, \otimes_{i=1}^m \boldsymbol{u}_i \otimes_{j=1}^m \boldsymbol{u}_j^* \rangle \\
={} & \sum_{i_1,\cdots,i_m,j_1,\cdots,j_m=1}^{n_1,\cdots,n_m,n_1,\cdots,n_m} \mathcal{A}_{i_1 \cdots i_m j_1 \cdots j_m}^* (\boldsymbol{u}_1)_{i_1} \cdots (\boldsymbol{u}_m)_{i_m} (\boldsymbol{u}_1)_{j_1}^* \cdots (\boldsymbol{u}_m)_{j_m}^* \\
={} & \sum_{i_1,\cdots,i_m,j_1,\cdots,j_m=1}^{n_1,\cdots,n_m,n_1,\cdots,n_m} \mathcal{A}_{j_1 \cdots j_m i_1 \cdots i_m} (\boldsymbol{u}_1)_{j_1}^* \cdots (\boldsymbol{u}_m)_{j_m}^* (\boldsymbol{u}_1)_{i_1} \cdots (\boldsymbol{u}_m)_{i_m} \\
={} & \sum_{i_1,\cdots,i_m,j_1,\cdots,j_m=1}^{n_1,\cdots,n_m,n_1,\cdots,n_m} \mathcal{A}_{i_1 \cdots i_m j_1 \cdots j_m} (\boldsymbol{u}_1)_{i_1}^* \cdots (\boldsymbol{u}_m)_{i_m}^* (\boldsymbol{u}_1)_{j_1} \cdots (\boldsymbol{u}_m)_{j_m} \\
={} & \langle \mathcal{A}, \otimes_{i=1}^m \boldsymbol{u}_i \otimes_{j=1}^m \boldsymbol{u}_j^* \rangle^*.
\end{aligned}
$$

因此, $\langle \mathcal{A}, \otimes_{i=1}^m \boldsymbol{u}_i \otimes_{j=1}^m \boldsymbol{u}_j^* \rangle$ 为实数.

(2) 由张量的矩阵迹 (7.4) 和秩 1 埃尔米特张量的定义 (7.5) 可知

$$\operatorname{Tr}_M(\otimes_{i=1}^m \boldsymbol{u}_i \otimes_{j=1}^m \boldsymbol{u}_j^*) = \sum_{i_1,\cdots,i_m=1}^{n_1,\cdots,n_m} (\boldsymbol{u}_1)_{i_1} \cdots (\boldsymbol{u}_m)_{i_m} (\boldsymbol{u}_1)_{i_1}^* \cdots (\boldsymbol{u}_m)_{i_m}^*$$

$$= \left( \sum_{i_1=1}^{n_1} (\boldsymbol{u}_1)_{i_1} (\boldsymbol{u}_1)_{i_1}^* \right) \cdots \left( \sum_{i_m=1}^{n_m} (\boldsymbol{u}_m)_{i_m} (\boldsymbol{u}_m)_{i_m}^* \right)$$

$$= \prod_{i=1}^{m} \|\boldsymbol{u}_i\|^2.$$

证毕.

设 $Q \in \mathbb{C}^{n_k \times n_k}$ 为方阵, 其中 $k = 1, \cdots, m$. 张量 $\mathcal{A}$ 与方阵 $Q$ 的模-$k$ 乘积为一个 $2m$ 阶张量, 该张量的元素为

$$(\mathcal{A} \times_k Q)_{i_1 \cdots i_k \cdots i_{2m}} := \sum_{t=1}^{n_i} \mathcal{A}_{i_1 \cdots i_{k-1} t i_{k+1} \cdots i_{2m}} Q_{t i_k}. \tag{7.6}$$

**定义 7.2.1** 设 $\mathcal{A} \in \mathbb{H}[n_1, \cdots, n_m]$ 为埃尔米特张量. 若每个方阵 $Q_k \in \mathbb{C}^{n_k \times n_k}$ 为酉矩阵, 则称变换 $\mathcal{A} \to \mathcal{B} = \mathcal{A} \times_1 Q_1 \times_2 \cdots \times_m Q_m \times_{m+1} Q_1^* \times_{m+2} \cdots \times_{2m} Q_m^*$ 为酉变换. 此时, 称 $\mathcal{B}$ 与 $\mathcal{A}$ 是酉相似的. 若所有的方阵 $Q_k$ 为实矩阵 (实正交矩阵), 则称变换为实变换 (实正交变换), 称 $\mathcal{B}$ 与 $\mathcal{A}$ 是实相似 (实正交相似) 的.

张量的酉变换实质上是矩阵的酉相似性的推广. 众所周知, 酉相似的矩阵之间具有相同的特征值和正交性等性质. 下述命题 7.2.1 中酉相似的张量之间也有一些不变的性质.

**命题 7.2.1** 设 $\mathcal{A} \in \mathbb{H}[n_1, \cdots, n_m]$ 为埃尔米特张量, $Q_k \in \mathbb{C}^{n_k \times n_k}$ 为酉矩阵, 其中 $k = 1, \cdots, m$. 令 $\mathcal{B} = \mathcal{A} \times_1 Q_1 \times_2 \cdots \times_m Q_m \times_{m+1} Q_1^* \times_{m+2} \cdots \times_{2m} Q_m^*$. 则

(1) $\mathcal{B}$ 也为埃尔米特张量;

(2) $\mathrm{Tr}_M \mathcal{A} = \mathrm{Tr}_M \mathcal{B}$;

(3) $\|\mathcal{A}\|_F = \|\mathcal{B}\|_F$.

**证明** (1) 由于 $\mathcal{A}$ 为埃尔米特张量, 即 $\mathcal{A}_{k_1 \cdots k_m t_1 \cdots t_m}^* = \mathcal{A}_{t_1 \cdots t_m k_1 \cdots k_m}$. 有

$$B_{j_1 \cdots j_m i_1 \cdots i_m}^*$$

$$= \sum_{t_1, \cdots, t_m, k_1, \cdots, k_m=1}^{n_1, \cdots, n_m, n_1, \cdots, n_m} \mathcal{A}_{k_1 \cdots k_m t_1 \cdots t_m}^* (Q_1)_{k_1 j_1}^* \cdots (Q_m)_{k_m j_m}^* (Q_1)_{t_1 i_1} \cdots (Q_m)_{t_m i_m}$$

$$= \sum_{t_1, \cdots, t_m, k_1, \cdots, k_m=1}^{n_1, \cdots, n_m, n_1, \cdots, n_m} \mathcal{A}_{t_1 \cdots t_m k_1 \cdots k_m} (Q_1)_{t_1 i_1} \cdots (Q_m)_{t_m i_m} (Q_1)_{k_1 j_1}^* \cdots (Q_m)_{k_m j_m}^*$$

$$= \mathcal{B}_{i_1 \cdots i_m j_1 \cdots j_m},$$

因此, $\mathcal{B}$ 也为埃尔米特张量.

(2) 设 $Q \in \mathbb{C}^{n \times n}$ 为酉矩阵, 即

$$\sum_{i=1}^{n} (Q)_{ti} (Q)_{ki}^* = \begin{cases} 1, & \text{若} t = k, \\ 0, & \text{否则}. \end{cases}$$

有

$$
\mathrm{Tr}_M \mathcal{B} = \sum_{i_1,\cdots,i_m=1}^{n_1,\cdots,n_m} \mathcal{B}_{i_1\cdots i_m i_1\cdots i_m}
$$

$$
= \sum_{i_1,\cdots,i_m=1}^{n_1,\cdots,n_m} \sum_{t_1,\cdots,t_m,k_1,\cdots,k_m=1}^{n_1,\cdots,n_m,n_1,\cdots,n_m} \mathcal{A}_{t_1\cdots t_m k_1\cdots k_m} (Q_1)_{t_1 i_1} \cdots (Q_m)_{t_m i_m}
$$

$$
\cdot (Q_1)^*_{k_1 i_1} \cdots (Q_m)^*_{k_m i_m}
$$

$$
= \sum_{t_1,\cdots,t_m,k_1,\cdots,k_m=1}^{n_1,\cdots,n_m,n_1,\cdots,n_m} \mathcal{A}_{t_1\cdots t_m k_1\cdots k_m} \sum_{i_1,\cdots,i_m=1}^{n_1,\cdots,n_m} (Q_1)_{t_1 i_1} \cdots (Q_m)_{t_m i_m}
$$

$$
\cdot (Q_1)^*_{k_1 i_1} \cdots (Q_m)^*_{k_m i_m}
$$

$$
= \sum_{t_1,\cdots,t_m,k_1,\cdots,k_m=1}^{n_1,\cdots,n_m,n_1,\cdots,n_m} \mathcal{A}_{t_1\cdots t_m k_1\cdots k_m} \sum_{i_1=1}^{n_1} (Q_1)_{t_1 i_1}(Q_1)^*_{k_1 i_1} \cdots
$$

$$
\cdot \sum_{i_m=1}^{n_m} (Q_m)_{t_m i_m}(Q_m)^*_{k_m i_m}
$$

$$
= \sum_{t_1,\cdots,t_m=1}^{n_1,\cdots,n_m} \mathcal{A}_{t_1\cdots t_m t_1\cdots t_m} = \mathrm{Tr}_M \mathcal{A}.
$$

(3)

$$
\|\mathcal{B}\|_F^2 = \sum_{i_1,\cdots,i_m,j_1,\cdots,j_m} \mathcal{B}_{i_1\cdots i_m j_1\cdots j_m} \mathcal{B}^*_{i_1\cdots i_m j_1\cdots j_m}
$$

$$
= \sum_{t_1,\cdots,t_m,k_1,\cdots,k_m} \sum_{t'_1,\cdots,t'_m,k'_1,\cdots,k'_m} \mathcal{A}_{t_1\cdots t_m k_1\cdots k_m} \mathcal{A}^*_{t'_1\cdots t'_m k'_1\cdots k'_m}
$$

$$
\cdot \sum_{i_1,\cdots,i_m} (Q_1)_{t_1 i_1}(Q_1)^*_{t'_1 i_1} \cdots (Q_m)_{t_m i_m}(Q_m)^*_{t'_m i_m}
$$

$$
\cdot \sum_{j_1,\cdots,j_m} (Q_1)^*_{k_1 j_1}(Q_1)_{k'_1 j_1} \cdots (Q_m)^*_{k_m j_m}(Q_m)_{k'_m j_m}
$$

$$
= \sum_{t_1,\cdots,t_m,k_1,\cdots,k_m} \sum_{t'_1,\cdots,t'_m,k'_1,\cdots,k'_m} \mathcal{A}_{t_1\cdots t_m k_1\cdots k_m} \mathcal{A}^*_{t'_1\cdots t'_m k'_1\cdots k'_m}
$$

$$
\cdot \sum_{i_1} (Q_1)_{t_1 i_1}(Q_1)^*_{t'_1 i_1} \cdots \sum_{i_m} (Q_m)_{t_m i_m}(Q_m)^*_{t'_m i_m}
$$

$$
\cdot \sum_{j_1} (Q_1)^*_{k_1 j_1}(Q_1)_{k'_1 j_1} \cdots \sum_{j_m} (Q_m)^*_{k_m j_m}(Q_m)_{k'_m j_m}
$$

$$
= \sum_{t_1,\cdots,t_m,k_1,\cdots,k_m} \mathcal{A}_{t_1\cdots t_m k_1\cdots k_m} \mathcal{A}^*_{t_1\cdots t_m k_1\cdots k_m} = \|\mathcal{A}\|_F^2.
$$

证毕.

**注 1** 酉变换实际上是埃尔米特张量之间的映射, 然而, 两个酉相似的埃尔米特张量也可以看作是同一个混合量子态在不同的标准正交基下的不同表示形式.

**注 2** 矩阵迹和 Frobinius 范数是混合量子态和埃尔米特张量在酉变换下的两个不变量.

## 7.3 埃尔米特张量的部分迹

在混合量子态相关文献 [87] 中首次提出了部分迹的概念, 它在量子信息学研究中具有重要作用, 本节沿用了相同的名称, 定义了埃尔米特张量的部分迹, 并研究它的性质, 此外, 利用部分迹来研究一个复张量是否是秩 1 张量的充要条件.

**定义 7.3.1** 设 $\mathcal{H} \in \mathbb{H}[n_1, \cdots, n_m]$ 为埃尔米特张量. 取 $k \in \{1, \cdots, m\}$, 定义 $\mathcal{H}$ 的非-$k$ 部分迹为 $n_k \times n_k$ 矩阵, 记作 $\mathrm{Tr}_{\bar{k}}(\mathcal{H})$, 其矩阵元素为

$$(\mathrm{Tr}_{\bar{k}}(\mathcal{H}))_{ij} = \sum_{i_1, \cdots, i_{k-1}, \ i_{k+1}, \cdots, i_m=1}^{n_1, \cdots, n_{k-1}, \ n_{k+1}, \cdots, n_m} \mathcal{H}_{i_1 \cdots i_{k-1} i i_{k+1} \cdots i_m i_1 \cdots i_{k-1} j i_{k+1} \cdots i_m}.$$

更一般地, 对于 $I = \{k_1, \cdots, k_s\}$, 其中 $1 \leqslant k_1 < \cdots < k_s \leqslant m$, 定义 $\mathcal{H}$ 的非-$I$ 部分迹为 $2s$ 阶埃尔米特张量 $\mathrm{Tr}_{\bar{I}}(\mathcal{H}) \in \mathbb{H}[n_{k_1}, \cdots, n_{k_s}]$, 其张量元素为

$$(\mathrm{Tr}_{\bar{I}}(\mathcal{H}))_{i_{k_1} \cdots i_{k_s} j_{k_1} \cdots j_{k_s}} = \sum_{i_k, j_k=1, k \in [m] \setminus I}^{n_k, n_k} \mathcal{H}_{i_1 i_2 \cdots i_m j_1 j_2 \cdots j_m}.$$

设 $\mathcal{A} \in \mathbb{C}^{n_1 \times \cdots \times n_m}$ 为复张量, $\mathcal{A}^*$ 为 $\mathcal{A}$ 的共轭张量. 定义 $\mathcal{A}$ 的埃尔米特化张量为 $\rho(\mathcal{A}) := \mathcal{A} \otimes \mathcal{A}^* \in \mathbb{H}[n_1, \cdots, n_m]$, 其张量元素为

$$\rho(\mathcal{A})_{i_1 \cdots i_m j_1 \cdots j_m} := \mathcal{A}_{i_1 \cdots i_m} \mathcal{A}^*_{j_1 \cdots j_m}.$$

令 $\rho = \rho(\mathcal{A})$. 对于每个 $k \in [m]$, $\rho$ 的非-$k$ 部分迹 $\mathrm{Tr}_{\bar{k}}(\rho)$ 为 $n_k \times n_k$ 矩阵, 其元素为

$$(\mathrm{Tr}_{\bar{k}}(\rho))_{ij} = \sum_{i_1, \cdots, i_{k-1}, \ i_{k+1}, \cdots, i_m=1}^{n_1, \cdots, n_{k-1}, \ n_{k+1}, \cdots, n_m} \mathcal{A}_{i_1 \cdots i_{k-1} i i_{k+1} \cdots i_m} \mathcal{A}^*_{i_1 \cdots i_{k-1} j i_{k+1} \cdots i_m}.$$

一般地, 对于 $I = \{k_1, \cdots, k_s\}$, 其中 $1 \leqslant k_1 < \cdots < k_s \leqslant m$, $\rho$ 的非-$I$ 部分迹 $\mathrm{Tr}_{\bar{I}}(\rho) \in \mathbb{H}[n_{k_1}, \cdots, n_{k_s}]$ 为 $2s$ 阶埃尔米特张量. 由定义 7.3.1 可知, 其张量元素为

$$(\mathrm{Tr}_{\bar{I}}(\rho))_{i_{k_1} \cdots i_{k_s} j_{k_1} \cdots j_{k_s}} = \sum_{i_k, j_k=1, k \in [m] \setminus I}^{n_k, n_k} \mathcal{A}_{i_1 i_2 \cdots i_m} \mathcal{A}^*_{j_1 j_2 \cdots j_m}.$$

为便于理解非-$k$ 部分迹概念, 现给出下面的例子.

**例 7.3.1**　设 $e_i = (\underbrace{0, \cdots, 0}_{i-1}, 1, 0, \cdots, 0)^\top \in \mathbb{C}^n$, $f_j = (\underbrace{0, \cdots, 0}_{j-1}, 1, 0, \cdots, 0)^\top \in$
$\mathbb{C}^m$. 2 阶张量 $\mathcal{A}$ 为

$$\mathcal{A} = (a_{ij})_{n \times m} = \sum_{i,j=1}^{n,m} a_{ij} e_i \otimes f_j.$$

$\mathcal{A}$ 的埃尔米特化张量 $\rho(\mathcal{A})$ 为

$$\begin{aligned}
\rho(\mathcal{A}) &= \left( \sum_{i,j=1}^{n,m} a_{ij} e_i \otimes f_j \right) \otimes \left( \sum_{k,l=1}^{n,m} a_{kl} e_k \otimes f_l \right)^* \\
&= \sum_{i,j=1}^{n,m} \sum_{k,l=1}^{n,m} a_{ij} a_{kl}^* e_i \otimes f_j \otimes e_k \otimes f_l.
\end{aligned} \tag{7.7}$$

当 $j = l$ 时, 由 (7.7) 可知, $\rho$ 的非-1 部分迹为

$$\mathrm{Tr}_{\bar{1}}(\rho) = \sum_{i,k=1}^{n} \left( \sum_{j=1}^{m} a_{ij} a_{kj}^* \right) e_i \otimes e_k = \left( \sum_{j=1}^{m} a_{ij} a_{kj}^* \right)_{n \times n}.$$

下面是施密特极坐标形式 (Schmidt polar form), 更详细的内容见文献 [87].

**定理 7.3.1**　设 $\mathcal{A} \in \mathbb{C}^{n_1 \times n_2}$ 为 2 阶复张量. 令 $\rho = \rho(\mathcal{A})$, $\rho_1 = \mathrm{Tr}_{\bar{1}}(\rho)$ 和 $\rho_2 = \mathrm{Tr}_{\bar{2}}(\rho)$ 为两个部分迹, 则

(1) $\rho_1$ 和 $\rho_2$ 有相同的非零特征值 $\lambda_1, \cdots, \lambda_r$ (相同的重数), 其中 $r \leqslant \min(n_1, n_2)$.

(2) $\mathcal{A}$ 可以表示成 $\mathcal{A} = \sum_{i=1}^{r} \sqrt{\lambda_i} e_i f_i$, 其中 $e_i$ (或 $f_i$) 是 $\rho_1$ 在空间 $\mathbb{C}^{n_1}$ (或 $\rho_2$ 在空间 $\mathbb{C}^{n_2}$) 中的 $\lambda_i$ 对应的正交特征向量. 这种表示形式被称为 $\mathcal{A}$ 的施密特极坐标形式.

然而若 $\mathcal{A}$ 是一个高阶张量, 定理 7.3.1 未必成立, 见下面的例子.

**例 7.3.2**　考虑一个 3 阶张量 $\mathcal{A}$. 设

$$\boldsymbol{v}(\alpha, \beta) = (\cos \alpha \sin \beta, \sin \alpha \sin \beta, \cos \beta)^\top.$$

取 $\mathcal{A} = 0.371391 \boldsymbol{v}\left(\dfrac{\pi}{3}, \dfrac{\pi}{3}\right) \otimes \boldsymbol{v}\left(\dfrac{\pi}{3}, \dfrac{5\pi}{6}\right) \otimes \boldsymbol{v}\left(\dfrac{-\pi}{6}, \dfrac{5\pi}{6}\right) + 0.742781 \boldsymbol{v}\left(\dfrac{\pi}{3}, \dfrac{5\pi}{6}\right) \otimes$
$\boldsymbol{v}\left(\dfrac{\pi}{3}, \dfrac{\pi}{2}\right) \otimes \boldsymbol{v}\left(\dfrac{\pi}{3}, \dfrac{\pi}{3}\right) + 0.557086 \boldsymbol{v}\left(\dfrac{\pi}{3}, \dfrac{\pi}{3}\right) \otimes \boldsymbol{v}\left(\dfrac{-\pi}{6}, \dfrac{\pi}{2}\right) \otimes \boldsymbol{v}\left(\dfrac{\pi}{3}, \dfrac{5\pi}{6}\right)$. 假设 $\rho = \rho(\mathcal{A})$, $\rho_1 = \mathrm{Tr}_{\bar{1}}(\rho)$, $\rho_2 = \mathrm{Tr}_{\bar{2}}(\rho)$, $\rho_3 = \mathrm{Tr}_{\bar{3}}(\rho)$. 分别计算三个部分迹的特征值如表 7.1 所示.

表 **7.1** 三阶张量的部分迹特征值

| 部分迹 | 特征值 |
| --- | --- |
| $\rho_1$ | 0.57901, 0.42099, 0 |
| $\rho_2$ | 0.624058, 0.339349, 0.0365928 |
| $\rho_3$ | 0.590626, 0.383293, 0.0260811 |

显然 $\rho_1$, $\rho_2$ 和 $\rho_3$ 有不同的特征值. 因此, 对于该 3 阶张量 $\mathcal{A}$, 定理 7.3.1 不成立.

**定义 7.3.2** 若对任意给定的 $k(k \in [m])$, $\{\boldsymbol{u}_1^{(k)}, \cdots, \boldsymbol{u}_r^{(k)}\} \subset \mathbb{C}^{n_k}$ 为一组单位正交向量, 则称

$$\mathcal{A} = \sum_{i=1}^r \lambda_i \boldsymbol{u}_i^{(1)} \otimes \cdots \otimes \boldsymbol{u}_i^{(m)}$$

为张量 $\mathcal{A}$ 的一个正交分解, 其中 $0 \neq \lambda_i \in \mathbb{R}$.

**定理 7.3.2** 设 $\mathcal{A} \in \mathbb{C}^{n_1 \times \cdots \times n_m}$ 为 $m$ 阶张量, 其正交分解为

$$\mathcal{A} = \sum_{i=1}^r \lambda_i \boldsymbol{u}_i^{(1)} \otimes \cdots \otimes \boldsymbol{u}_i^{(m)}.$$

令 $\rho = \rho(\mathcal{A})$, $\rho_k = \mathrm{Tr}_{\bar{k}}(\rho)$, $k \in [m]$. 则 $\rho_1, \cdots, \rho_m$ 有相同的非零特征值 $\lambda_1^2, \cdots, \lambda_r^2$ (有相同的重数), 且

$$\rho_k = \sum_{i=1}^r \lambda_i^2 \boldsymbol{u}_i^{(k)} \otimes \boldsymbol{u}_i^{(k)*}.$$

**引理 7.3.1** 设 $\boldsymbol{u}_i, \boldsymbol{v}_i \in \mathbb{C}^{n_i}$, $i \in [m]$. 令 $\mathcal{U} = \boldsymbol{u}_1 \otimes \cdots \otimes \boldsymbol{u}_m$, $\mathcal{V} = \boldsymbol{v}_1 \otimes \cdots \otimes \boldsymbol{v}_m$, 则

$$\mathrm{Tr}_M(\mathcal{U} \otimes \mathcal{V}^*) = \mathrm{Tr}(\boldsymbol{u}_1 \otimes \boldsymbol{v}_1^*) \cdots \mathrm{Tr}(\boldsymbol{u}_m \otimes \boldsymbol{v}_m^*).$$

**证明** 设 $\boldsymbol{u}_i = (u_{i1}, \cdots, u_{in_i})^\top$, $\boldsymbol{u}_i = (v_{i1}, \cdots, v_{in_i})^\top$, $i = 1, \cdots, m$. 则

$$\begin{aligned}
\mathrm{Tr}_M(\mathcal{U} \otimes \mathcal{V}^*) &= \sum_{k_1, \cdots, k_m = 1}^{n_1, \cdots, n_m} u_{1k_1} \cdots u_{mk_m} v_{1k_1}^* \cdots v_{mk_m}^* \\
&= \left(\sum_{k_1=1}^{n_1} u_{1k_1} v_{1k_1}^*\right) \cdots \left(\sum_{k_m=1}^{n_m} u_{mk_m} v_{mk_m}^*\right) \\
&= \mathrm{Tr}(\boldsymbol{u}_1 \otimes \boldsymbol{v}_1^*) \cdots \mathrm{Tr}(\boldsymbol{u}_m \otimes \boldsymbol{v}_m^*).
\end{aligned}$$

证毕.

**定理 7.3.2 的证明** 由于向量组 $\{\boldsymbol{u}_1^{(k)}, \cdots, \boldsymbol{u}_r^{(k)}\} \subset \mathbb{C}^{n_k}$ 是单位正交的, $k = 1, \cdots, m$, 那么

$$\mathrm{Tr}(\boldsymbol{u}_i^{(k)} \otimes \boldsymbol{u}_j^{(k)*}) = \delta(i, j) = \begin{cases} 0, & \text{若} i \neq j, \\ 1, & \text{否则}. \end{cases} \tag{7.8}$$

由引理 7.3.1 和 (7.8) 可知

$$\rho_k = \operatorname{Tr}_{\bar{k}}(\rho) = \sum_{i,j=1}^{r} \lambda_i \lambda_j \operatorname{Tr}_{\bar{k}} \left( \boldsymbol{u}_i^{(1)} \otimes \boldsymbol{u}_j^{(1)*} \otimes \cdots \otimes \boldsymbol{u}_i^{(m)} \otimes \boldsymbol{u}_j^{(m)*} \right)$$

$$= \sum_{i,j=1}^{r} \lambda_i \lambda_j \operatorname{Tr}_M \left( \prod_{t=1,t\neq k}^{m} \boldsymbol{u}_i^{(t)} \otimes \boldsymbol{u}_j^{(t)*} \right) \boldsymbol{u}_i^{(k)} \otimes \boldsymbol{u}_j^{(k)*}$$

$$= \sum_{i,j=1}^{r} \lambda_i \lambda_j \left( \prod_{t=1,t\neq k}^{m} \operatorname{Tr}(\boldsymbol{u}_i^{(t)} \otimes \boldsymbol{u}_j^{(t)*}) \right) \boldsymbol{u}_i^{(k)} \otimes \boldsymbol{u}_j^{(k)*}$$

$$= \sum_{i=1}^{r} \lambda_i^2 \boldsymbol{u}_i^{(k)} \otimes \boldsymbol{u}_i^{(k)*}.$$

证毕.

**定理 7.3.3**　设 $\mathcal{A} \in \mathbb{C}^{n_1 \times \cdots \times n_m}$ 为一个 Frobinius 范数为 1 的 $m$ 阶张量. 令 $\rho = \rho(\mathcal{A})$, $\rho_k = \operatorname{Tr}_{\bar{k}}(\rho)$. 那么 $\mathcal{A}$ 为一个秩 1 张量当且仅当 $\rho_1, \cdots, \rho_m$ 均仅有一个非零特征值 $\lambda = 1$.

**证明**　当 $r = 1$ 时定理 7.3.2 直接给出本定理的必要性. 接下来证明本定理的充分性. 由于 $\rho_1, \cdots, \rho_m$ 有相同的且仅有一个非零特征值 $\lambda = 1$, 则 $\rho_1, \cdots, \rho_m$ 均为秩 1 矩阵且可以表示成 $\rho_k = \boldsymbol{u}^{(k)} \otimes \boldsymbol{u}^{(k)*}$, $k = 1, \cdots, m$.

首先, 由于 $\rho_1$ 仅有一个非零特征值 $\lambda = 1$, 将 $\mathcal{A}$ 视为一个 $n_1 \times (n_2 \times \cdots \times n_m)$ 的矩阵, 由施密特极坐标形式可知, 存在一个单位长度的张量 $\tilde{\mathcal{U}}^{(1)} \in \mathbb{C}^{n_2 \times \cdots \times n_m}$, 使得

$$\mathcal{A} = \boldsymbol{u}^{(1)} \otimes \tilde{\mathcal{U}}^{(1)}.$$

又有

$$\rho_2 = \operatorname{Tr}_{\bar{2}}(\rho) = \operatorname{Tr}_{\bar{2}}(\boldsymbol{u}^{(1)} \otimes \tilde{\mathcal{U}}^{(1)} \otimes \boldsymbol{u}^{(1)*} \otimes \tilde{\mathcal{U}}^{(1)*}) = \operatorname{Tr}_{\bar{1}}(\tilde{\mathcal{U}}^{(1)} \otimes \tilde{\mathcal{U}}^{(1)*}).$$

其次, 由于 $\rho_2$ 仅有一个非零特征值 $\lambda = 1$, 将 $\tilde{\mathcal{U}}^{(1)}$ 视为一个 $n_2 \times (n_3 \times \cdots \times n_m)$ 的矩阵, 再由施密特极坐标形式, 存在一个单位张量 $\tilde{\mathcal{U}}_2 \in \mathbb{C}^{n_3 \times \cdots \times n_m}$, 使得

$$\tilde{\mathcal{U}}^{(1)} = \boldsymbol{u}^{(2)} \otimes \tilde{\mathcal{U}}^{(2)}, \quad \rho_3 = \operatorname{Tr}_{\bar{1}}(\tilde{\mathcal{U}}^{(2)} \otimes \tilde{\mathcal{U}}^{(2)*}).$$

以此类推, 有

$$\mathcal{A} = \boldsymbol{u}^{(1)} \otimes \cdots \otimes \boldsymbol{u}^{(m)}.$$

证毕.

**推论 7.3.1**　设 $\mathcal{A} \in \mathbb{C}^{n_1 \times \cdots \times n_m}$ 为一个单位长度的 $m$ 阶张量. 令 $\rho = \rho(\mathcal{A})$, $\rho_k = \operatorname{Tr}_{\bar{k}}(\rho)$. 则 $\mathcal{A}$ 为一个秩 1 张量当且仅当 $\operatorname{Det}(\rho_k - I_k) = 0$, 其中 $I_k$ 为单位矩阵, $k = 1, \cdots, m$.

**证明**    由于 $\mathcal{A}$ 是一个单位张量且 $\rho_k$ 的所有非零特征值均为正数, 因此 $\rho_k$ 所有特征值之和为 1(包括特征值的重数). 这意味着若 1 是 $\rho_k$ 的非零特征值, 则 1 是 $\rho_k$ 的唯一一个非零特征值. 由定理 7.3.3 可知, $\mathcal{A}$ 是秩 1 张量当且仅当 1 是 $\rho_k$ 的仅有的一个非零特征值. 由矩阵理论可知, 1 是矩阵 $\rho_k$ 的特征值当且仅当 $\mathrm{Det}(\rho_k - I_k) = 0$, 其中 $I_k$ 为单位矩阵. 故结论成立. 证毕.

**定理 7.3.4**    设 $\mathcal{A}, \mathcal{B} \in \mathbb{C}^{n_1 \times \cdots \times n_m}$ 均为 $m$ 阶张量. 令 $\rho^{\mathcal{A}} = \rho(\mathcal{A})$, $\rho_k^{\mathcal{A}} = \mathrm{Tr}_{\bar{k}}(\rho^{\mathcal{A}})$, $\rho^{\mathcal{B}} = \rho(\mathcal{B})$, $\rho_k^{\mathcal{B}} = \mathrm{Tr}_{\bar{k}}(\rho^{\mathcal{B}})$. 若 $\mathcal{A}$ 和 $\mathcal{B}$ 是酉相似的, 则 $\rho_k^{\mathcal{A}}$ 和 $\rho_k^{\mathcal{B}}$ 是酉相似的, 其中 $k = 1, \cdots, m$.

**证明**    假设 $\{\boldsymbol{e}_1^{(k)}, \cdots, \boldsymbol{e}_{n_k}^{(k)}\}$ 是空间 $\mathbb{C}^{n_k}$ 的一组正交基, 其中 $k = 1, \cdots, m$, 又

$$\rho^{\mathcal{A}} = \sum \mathcal{A}_{i_1 \cdots i_m} \mathcal{A}_{j_1 \cdots j_m}^* \boldsymbol{e}_{i_1}^{(1)} \otimes \cdots \otimes \boldsymbol{e}_{i_m}^{(m)} \otimes \boldsymbol{e}_{j_1}^{(1)*} \otimes \cdots \otimes \boldsymbol{e}_{j_m}^{(m)*}.$$

则

$$(\rho_k^{\mathcal{A}})_{ij} = \sum \mathcal{A}_{i_1 \cdots i_{k-1} i i_{k+1} \cdots i_m} \mathcal{A}_{i_1 \cdots i_{k-1} j i_{k+1} \cdots i_m}^*.$$

由于 $\mathcal{A}$ 和 $\mathcal{B}$ 是酉相似的, 因此存在酉矩阵 $Q_1, \cdots, Q_m$ 使得 $\rho^{\mathcal{B}} = \rho^{\mathcal{A}} \times_1 Q_1 \times_2 \cdots \times_m Q_m \times_{m+1} Q_1^* \times_{m+2} \cdots \times_{2m} Q_m^*$. 令 $\boldsymbol{f}_i^{(k)} = Q_k \boldsymbol{e}_i^{(k)}$, $i = 1, \cdots, n_k$. 则 $\{\boldsymbol{f}_1^{(k)}, \cdots, \boldsymbol{f}_{n_k}^{(k)}\}$ 是空间 $\mathbb{C}^{n_k}$ 另一组正交基, 又

$$\rho^{\mathcal{B}} = \sum \mathcal{B}_{i_1 \cdots i_m} \mathcal{B}_{j_1 \cdots j_m}^* \boldsymbol{f}_{i_1}^{(1)} \otimes \cdots \otimes \boldsymbol{f}_{i_m}^{(m)} \otimes \boldsymbol{f}_{j_1}^{(1)*} \otimes \cdots \otimes \boldsymbol{f}_{j_m}^{(m)*}.$$

因此

$$(\rho_k^{\mathcal{B}})_{ij} = \sum \mathcal{B}_{i_1 \cdots i_{k-1} i i_{k+1} \cdots i_m} \mathcal{B}_{i_1 \cdots i_{k-1} j i_{k+1} \cdots i_m}^*.$$

故

$$\rho_k^{\mathcal{B}} = \rho_k^{\mathcal{A}} \times_1 Q_k \times_2 Q_k^*.$$

从而, $\rho_k^{\mathcal{A}}$ 和 $\rho_k^{\mathcal{B}}$ 是酉相似的. 证毕.

这个结论意味着在酉变换下部分迹的特征值是不变的.

# 7.4  非负性和埃尔米特特征值

对于一个埃尔米特张量 $\mathcal{H} \in \mathbb{H}[n_1, \cdots, n_m]$,

$$\mathcal{H}(\boldsymbol{x}) = \langle \mathcal{H}, \otimes_{i=1}^m \boldsymbol{x}_i \otimes_{j=1}^m \boldsymbol{x}_j^* \rangle,$$

称 $\mathcal{H}(\boldsymbol{x})$ 为共轭多项式, 其中 $\boldsymbol{x} := (\boldsymbol{x}_1, \cdots, \boldsymbol{x}_m)$ 为自变量, 复变量 $\boldsymbol{x}_1 \in \mathbb{C}^{n_1}, \cdots$, $\boldsymbol{x}_m \in \mathbb{C}^{n_m}$ 为自变量分量. 值得一提的是, 多项式 $\mathcal{H}(\boldsymbol{x})$ 总是取实值 (见引理 7.2.1) 且关于变量 $\boldsymbol{x}_i$ 是埃尔米特二次的.

**定义 7.4.1**　对所有的 $\boldsymbol{x}$, 其中 $\|\boldsymbol{x}_1\| = \cdots = \|\boldsymbol{x}_m\| = 1$. 若 $\mathcal{H}(\boldsymbol{x}) \geqslant 0$ (或 $\mathcal{H}(\boldsymbol{x}) > 0$), 则埃尔米特张量 $\mathcal{H}$ 被称为非负的 (或正的). 所有的非负埃尔米特张量构成的集合记为

$$
\begin{aligned}
\mathrm{NNH}[n_1, \cdots, n_m] := \big\{ \mathcal{H} \in \mathbb{H}[n_1, \cdots, n_m] : \ & \mathcal{H}(\boldsymbol{x}) \geqslant 0, \\
& \forall \boldsymbol{x}_i \in \mathbb{C}^{n_i}, \|\boldsymbol{x}_i\| = 1, i = 1, \cdots, m \big\}.
\end{aligned}
$$

**命题 7.4.1**　集合 $\mathrm{NNH}[n_1, \cdots, n_m]$ 为真锥, 即其为闭的、凸的、尖的, 其内部非空的.

**证明**　显然, $\mathrm{NNH}[n_1, \cdots, n_m]$ 是闭的凸锥. 该集合有内点, 故其内部为非空的. 例如, 张量 $\mathcal{I}$ 对应的共轭多项式为

$$
\mathcal{I}(\boldsymbol{x}) = ((\boldsymbol{x}_1^*)^\top \boldsymbol{x}_1) \cdots ((\boldsymbol{x}_m^*)^\top \boldsymbol{x}_m).
$$

由于在超平面 $\|\boldsymbol{x}_1\| = \cdots = \|\boldsymbol{x}_m\| = 1$ 上 $\mathcal{I}(\boldsymbol{x})$ 的最小值为 1, 故张量 $\mathcal{I}$ 为集合 $\mathrm{NNH}[n_1, \cdots, n_m]$ 的内点. 若 $\mathcal{H} \in \mathrm{NNH}[n_1, \cdots, n_m]$ 和 $-\mathcal{H} \in \mathrm{NNH}[n_1, \cdots, n_m]$, 那么 $\mathcal{H}$ 为埃尔米特张量, 且在超平面 $\|\boldsymbol{x}_1\| = \cdots = \|\boldsymbol{x}_m\| = 1$ 上 $\mathcal{H}(\boldsymbol{x}) \equiv 0$. 从而 $\mathcal{H} = \mathcal{O}$. 因此锥 $\mathrm{NNH}[n_1, \cdots, n_m]$ 是尖的.

由于埃尔米特张量的非负性或正性与其埃尔米特特征值有关, 故接下来给出埃尔米特特征值等相关定义.

现考虑优化问题

$$
\begin{aligned}
\min \quad & \mathcal{H}(\boldsymbol{x}) \\
\text{s.t.} \quad & (\boldsymbol{x}_1^*)^\top \boldsymbol{x}_1 = 1, \cdots, (\boldsymbol{x}_m^*)^\top \boldsymbol{x}_m = 1.
\end{aligned} \tag{7.9}
$$

优化问题 (7.9) 的一阶优化条件为

$$
\langle \mathcal{H}, \otimes_{i=1, i \neq k}^m \boldsymbol{x}_i \otimes_{j=1}^m \boldsymbol{x}_j^* \rangle = \lambda_k \boldsymbol{x}_k^*,
$$

$$
\langle \mathcal{H}, \otimes_{i=1}^m \boldsymbol{x}_i \otimes_{j=1, j \neq k}^m \boldsymbol{x}_j^* \rangle = \lambda_k \boldsymbol{x}_k,
$$

其中 $\lambda_k$ 是 Lagrange 乘子, 由于有约束条件 $(\boldsymbol{x}_k^*)^\top \boldsymbol{x}_k = 1, k = 1, \cdots, m$, 从而所有的 Lagrange 乘子均相等. 于是上述两个式子可以改写成

$$
\langle \mathcal{H}, \otimes_{i=1, i \neq k}^m \boldsymbol{x}_i \otimes_{j=1}^m \boldsymbol{x}_j^* \rangle = \lambda \boldsymbol{x}_k^*, \tag{7.10}
$$

$$
\langle \mathcal{H}, \otimes_{i=1}^m \boldsymbol{x}_i \otimes_{j=1, j \neq k}^m \boldsymbol{x}_j^* \rangle = \lambda \boldsymbol{x}_k. \tag{7.11}
$$

显然有

$$
\lambda = \langle \mathcal{H}, \otimes_{i=1}^m \boldsymbol{x}_i \otimes_{j=1}^m \boldsymbol{x}_j^* \rangle = \mathcal{H}(\boldsymbol{x}).
$$

因此, 由定理 7.2.1 可知, $\lambda$ 为实数. 又

$$\langle \mathcal{H}, \otimes_{i=1}^m \boldsymbol{x}_i \otimes_{j=1, j \neq k}^m \boldsymbol{x}_j^* \rangle^* = \langle \mathcal{H}, \otimes_{i=1, i \neq k}^m \boldsymbol{x}_i \otimes_{j=1}^m \boldsymbol{x}_j^* \rangle,$$

因此等式 (7.10) 和 (7.11) 是等价的. 从而优化问题 (7.9) 的一阶优化条件为 (7.10) 或 (7.11).

**定义 7.4.2** 给定一个埃尔米特张量 $\mathcal{H} \in \mathbb{H}[n_1, \cdots, n_m]$, 若元组 $(\lambda; \boldsymbol{u}_1, \cdots, \boldsymbol{u}_m)$ $(\|\boldsymbol{u}_i\| = 1, k = 1, \cdots, m)$ 满足优化条件 (7.10) 或 (7.11), 则称 $\lambda$ 为埃尔米特特征值, 称 $(\lambda; \boldsymbol{u}_1, \cdots, \boldsymbol{u}_m)$ 为埃尔米特特征组. 特别地, 称 $\boldsymbol{u}_i$ 为模-$i$ 埃尔米特特征向量, 称 $\otimes_{i=1}^m \boldsymbol{u}_i \otimes_{j=1}^m \boldsymbol{u}_j^*$ 为埃尔米特特征张量.

显然, 埃尔米特张量 $\mathcal{H}$ 的最大 (或最小) 埃尔米特特征值实质上是共轭多项式 $\mathcal{H}(\boldsymbol{x})$ 在超球面 $\|\boldsymbol{x}_i\| = 1$ 上的最大 (或最小) 值. 因此, 埃尔米特张量 $\mathcal{H}$ 是非负的 (或正的) 当且仅当其所有的埃尔米特特征值是非负的 (或正的).

## 7.5 埃尔米特分解

**定义 7.5.1** 给定一个埃尔米特张量 $\mathcal{H} \in \mathbb{H}[n_1, \cdots, n_m]$, 若 $\mathcal{H}$ 可以写成

$$\mathcal{H} = \sum_{i=1}^r \lambda_i \, \boldsymbol{u}_i^{(1)} \otimes \cdots \otimes \boldsymbol{u}_i^{(m)} \otimes \boldsymbol{u}_i^{(1)*} \otimes \cdots \otimes \boldsymbol{u}_i^{(m)*}, \tag{7.12}$$

其中 $\lambda_i \in \mathbb{R}$, $\boldsymbol{u}_i^{(j)} \in \mathbb{C}^{n_j}$, $\|\boldsymbol{u}_i^{(j)}\| = 1$, 则称 $\mathcal{H}$ 为**埃尔米特可分的** (Hermitian separable). 此时 (7.12) 为 $\mathcal{H}$ 的**埃尔米特分解** (Hermitian decomposition), 称埃尔米特分解 (7.12) 中的最小值 $r$ 为 $\mathcal{H}$ 的**埃尔米特秩** (Hermitian rank), 记作 $\mathrm{rank}_H(\mathcal{H})$. 若所有的 $\lambda_i > 0$, 则称 (7.12) 为 $\mathcal{H}$ 的**正埃尔米特分解** (positive Hermitian decomposition), 并称 $\mathcal{H}$ 为**正埃尔米特可分的** (positive Hermitian separable).

众所周知, 每个张量有 CP 分解, 每个对称张量有对称 CP 分解. 因此一个很自然的问题是, 每个埃尔米特张量是否有埃尔米特分解? 幸运的是, 这个问题的答案是肯定的.

**定理 7.5.1** 每个埃尔米特张量 $\mathcal{H} \in \mathbb{H}[n_1, \cdots, n_m]$ 均是埃尔米特可分解的.

**证明** 显然, 任取两个埃尔米特张量 $\mathcal{A}, \mathcal{B} \in \mathbb{H}[n_1, \cdots, n_m]$ 和两个实数 $a, b \in \mathbb{R}$, 则 $a\mathcal{A} + b\mathcal{B} \in \mathbb{H}[n_1, \cdots, n_m]$, 说明 $\mathbb{H}[n_1, \cdots, n_m]$ 是 $\mathbb{R}$ 上的线性空间. 将空间 $\mathbb{H}[n_1, \cdots, n_m]$ 中的所有秩 1 可埃尔米特分解张量构成的集合记为 $\mathbb{H}[n_1, \cdots, n_m]_1$. $\mathbb{H}[n_1, \cdots, n_m]_1$ 不仅是 $\mathbb{R}$ 上的线性空间, 同时也是 $\mathbb{H}[n_1, \cdots, n_m]$ 的子空间. 接下来可以证明两个空间 $\mathbb{H}[n_1, \cdots, n_m]$ 和 $\mathbb{H}[n_1, \cdots, n_m]_1$ 有相同的维数.

记 $[n_1, \cdots, n_m] := \{(i_1, \cdots, i_m) | i_1 \in [n_1], \cdots, i_m \in [n_m]\}$, 记 $\mathcal{E}_{i_1 \cdots i_m j_1 \cdots j_m}$ 为仅有一个非零元素的 $2m$ 阶张量, 且在非零元处 $(\mathcal{E}_{i_1 \cdots i_m j_1 \cdots j_m})_{i_1 \cdots i_m j_1 \cdots j_m} = 1$. 记 $I := (i_1, \cdots, i_m)$, $J := (j_1, \cdots, j_m)$. 从而 $\mathcal{E}_{IJ} = \mathcal{E}_{i_1 \cdots i_m j_1 \cdots j_m}$. 若存在一个整数 $k \in [m]$ 使得 $i_1 = j_1, \cdots, i_{k-1} = j_{k-1}$ 和 $i_k < j_k$, 则可定义一个顺序 $I < J$.

一方面, 设 $E_1 = \{\mathcal{E}_{II} : I \in [n_1, \cdots, n_m]\}$, $E_2 = \{\mathcal{E}_{IJ} + \mathcal{E}_{JI} : I < J, I, J \in [n_1, \cdots, n_m]\}$, $E_3 = \{\sqrt{-1}\mathcal{E}_{IJ} - \sqrt{-1}\mathcal{E}_{JI} : I, J \in [n_1, \cdots, n_m], I < J\}$. 则 $E_1 \cup E_2 \cup E_3$ 是 $\mathbb{R}$ 上线性空间 $\mathbb{H}[n_1, \cdots, n_m]$ 的一组基. 由于 $\#E_1 = N$, $\#E_2 = \#E_3 = \dfrac{N(N-1)}{2}$, 其中 $\#$ 表示集合元素的个数, $N = n_1 \times \cdots \times n_m$. 因此, 空间 $\mathbb{H}[n_1, \cdots, n_m]$ 的维数为 $N^2$.

另一方面, 设 $\{e_{i_k}^{(k)} \otimes e_{i_k}^{(k)*}\}_{i_k=1}^{D_k}$ 是 $\mathbb{R}$ 上线性空间 $\mathbb{H}[n_k]$ 的一组基, $D_k$ 是该空间的维数. 则 $D_k = n_k^2$. 令

$$E = \{e_{i_1}^{(1)} \otimes \cdots \otimes e_{i_m}^{(m)} \otimes e_{i_1}^{(1)*} \otimes \cdots \otimes e_{i_m}^{(m)*} | i_k = 1, \cdots, D_k, k = 1, \cdots, m\}.$$

则 $E$ 是 $\mathbb{R}$ 上线性空间 $\mathbb{H}[n_1, \cdots, n_m]_1$ 的一组基, 从而该空间的维数为 $\#E = n_1^2 \times \cdots \times n_m^2 = N^2$. 因此, $\mathbb{H}[n_1, \cdots, n_m]_1 = \mathbb{H}[n_1, \cdots, n_m]$. 即每个埃尔米特张量均是埃尔米特可分解的. 证毕.

记 $N = n_1 \times \cdots \times n_m$. 任一个埃尔米特张量 $\mathcal{H}$ 均可以展开成埃尔米特矩阵 $H \in \mathbb{C}^{N \times N}$, 记作如下形式

$$(H)_{I,J} = \mathcal{H}_{i_1 \cdots i_m j_1 \cdots j_m}, \tag{7.13}$$

其中 $I := (i_1, \cdots, i_m)$ 和 $J := (j_1, \cdots, j_m)$. 给定一个张量 $\mathcal{U} \in \mathbb{C}^{n_1 \times \cdots \times n_m}$, $\mathcal{U}^*$ 表示张量 $\mathcal{U}$ 中元素均取复共轭后的张量. 由于

$$(\mathcal{U} \otimes \mathcal{U}^*)_{i_1 \cdots i_m j_1 \cdots j_m} = (\mathcal{U})_{i_1 \cdots i_m} (\mathcal{U}^*)_{j_1 \cdots j_m}.$$

因此 $\mathcal{U} \otimes \mathcal{U}^*$ 总是为埃尔米特张量.

接下来给出埃尔米特张量的谱定理.

**定理 7.5.2** 对于任一个埃尔米特张量 $\mathcal{H} \in \mathbb{H}[n_1, \cdots, n_m]$, 都存在非零实数 $\lambda_i \in \mathbb{R}$ 和张量 $\mathcal{U}_i \in \mathbb{C}^{n_1 \times \cdots \times n_m}$ 使得

$$\mathcal{H} = \sum_{i=1}^{s} \lambda_i \mathcal{U}_i \otimes \mathcal{U}_i^*, \quad \text{其中} \quad \langle \mathcal{U}_i, \mathcal{U}_i \rangle = 1, \quad \langle \mathcal{U}_i, \mathcal{U}_j \rangle = 0 \quad (i \neq j). \tag{7.14}$$

**证明** 设 $H$ 为 (7.13) 所定义的矩阵. 由定义可知, 张量 $\mathcal{H}$ 是埃尔米特的当且仅当矩阵 $H$ 是埃尔米特的, 即等价于

$$H = \sum_{i=1}^{s} \lambda_i \boldsymbol{q}_i \otimes \boldsymbol{q}_i^*,$$

其中 $\lambda_i$ 为实数, $\boldsymbol{q}_1, \cdots, \boldsymbol{q}_s \in \mathbb{C}^N$ 为正交向量.

通过指标 $I = (i_1, \cdots, i_m)$ 标记 $\mathbb{C}^N$ 中的向量, 则向量 $\boldsymbol{q}_i \in \mathbb{C}^N$ 可以折叠成一个张量 $\mathcal{U}_i \in \mathbb{C}^{n_1 \times \cdots \times n_m}$ 使得

$$(\boldsymbol{q}_i)_I = (\mathcal{U}_i)_{i_1 \cdots i_m}.$$

矩阵 $H$ 的上述分解可以等价于张量的分解

$$H = \sum_{i=1}^s \lambda_i \mathcal{U}_i \otimes \mathcal{U}_i^*.$$

还注意到

$$\langle \mathcal{U}_i, \mathcal{U}_j \rangle = \langle \boldsymbol{q}_i, \boldsymbol{q}_j \rangle = (\boldsymbol{q}_i^*)^\top \boldsymbol{q}_j = \begin{cases} 1, & \text{若 } i = j, \\ 0, & \text{否则.} \end{cases}$$

从上述证明过程可以看出 (7.14) 中的实数 $\lambda_1, \cdots, \lambda_s$ 是埃尔米特矩阵 $H$ 的特征值. 故可以称其为埃尔米特张量 $\mathcal{H}$ 的矩阵特征值. (7.10)-(7.11) 给出了埃尔米特张量的埃尔米特特征值定义. 称展开式 (7.14) 为埃尔米特张量 $\mathcal{H}$ 的特征矩阵分解.

众所周知, 混合量子态有可分态和纠缠态之分, 因此, 即使一个埃尔米特张量是埃尔米特可分解的, 未必有正埃尔米特分解形式, PHD$[n_1, \cdots, n_m]$ 表示所有可正埃尔米特分解张量的集合.

回顾一下非负的埃尔米特张量的锥:

$$\mathrm{NNH}[n_1, \cdots, n_m] := \big\{ \mathcal{H} \in \mathbb{H}[n_1, \cdots, n_m] : \mathcal{H}(\boldsymbol{x}) \geqslant 0,$$
$$\boldsymbol{x} = (\boldsymbol{x}_1, \cdots, \boldsymbol{x}_m), \ \forall \, \boldsymbol{x}_i \in \mathbb{C}^{n_i} \big\}.$$

**定理 7.5.3**   若 $\mathcal{H}$ 为可正埃尔米特分解的张量, 则 $\mathcal{H}$ 所有的矩阵特征值和埃尔米特特征值都是非负的.

**证明**   $\mathcal{H}$ 为可正埃尔米特分解的张量, 则有如下分解

$$\mathcal{H} = \sum_{i=1}^r \boldsymbol{u}_i^{(1)} \otimes \cdots \otimes \boldsymbol{u}_i^{(m)} \otimes \boldsymbol{u}_i^{(1)*} \otimes \cdots \otimes \boldsymbol{u}_i^{(m)*}. \tag{7.15}$$

将张量埃尔米特展开成矩阵 $H$ 为

$$H = \sum_{i=1}^r \mathcal{U}_i \mathcal{U}_i^*,$$

其中 $\mathcal{U}_i$ 是张量 $\boldsymbol{u}_i^{(1)} \otimes \cdots \otimes \boldsymbol{u}_i^{(m)}$ 对应的向量. 显然, 矩阵 $H$ 是半正定的, 从而 $\mathcal{H}$ 的所有矩阵特征值是非负的. 此外, 由于

$$\mathcal{H}(\boldsymbol{x}) = \langle \mathcal{H}, \otimes_{i=1}^m \boldsymbol{x}_i \otimes_{j=1}^m \boldsymbol{x}_j^* \rangle = \sum_{i=1}^r \prod_{k=1}^m |(\boldsymbol{u}_i^{(k)*})^\top \boldsymbol{x}_k|^2,$$

故共轭多项式 $\mathcal{H}(\boldsymbol{x})$ 在超平面上 $\|\boldsymbol{x}_i\| = 1$ 上始终是非负的, 从而 $\mathcal{H}$ 的所有埃尔米特特征值是非负的.

**定理 7.5.4** [87]  令 $N = n_1 \times n_2 \times \cdots \times n_m$. 假设 $\mathcal{H}$ 为可正特征矩阵分解的埃尔米特张量

$$\mathcal{H} = \sum_{i=1}^s \mathcal{U}_i \otimes \mathcal{U}_i^*, \tag{7.16}$$

$\mathcal{H}$ 也是可正埃尔米特分解的张量

$$\mathcal{H} = \sum_{i=1}^r \mathcal{V}_i \otimes \mathcal{V}_i^*. \tag{7.17}$$

设 $U = (\mathcal{U}_1, \mathcal{U}_2, \cdots, \mathcal{U}_s)$ 为 $N \times s$ 矩阵, $V = (\mathcal{V}_1, \mathcal{V}_2, \cdots, \mathcal{V}_r)$ 为 $N \times r$ 矩阵. 则 $r \geqslant s$ 且存在一个满足 $QQ^\dagger = I_{s \times s}$ 的 $s \times r$ 矩阵 $Q$ 使得 $V = UQ$, 其中 $I_{s \times s}$ 表示 $s \times s$ 单位矩阵, $\dagger$ 表示共轭转置. 进一步, 若 $r > s$, 则 $Q$ 可以扩展成一个 $r \times r$ 酉矩阵 $P$, 使得 $(U, 0) = VP^{-1}$, 此时 $(U, 0)$ 为 $N \times r$ 矩阵.

**定理 7.5.5**  假设 $\mathcal{H}$ 为埃尔米特张量, 具有正埃尔米特分解形式 (7.12) 和正分解形式 (7.14), 其中 $p_i$ 和 $\lambda_j$ 均是正的, $i = 1, \cdots, r$, $j = 1, \cdots, s$. 设 $\boldsymbol{x}_{ij} = \langle \mathcal{U}_j, \boldsymbol{u}_i^{(1)} \otimes \cdots \otimes \boldsymbol{u}_i^{(m)} \rangle$, $Q_{ij} = \sqrt{p_i/\lambda_j} \boldsymbol{x}_{ij}$, $i = 1, \cdots, r$, $j = 1, \cdots, s$. 则 $r \geqslant s$, 且存在一个满足 $Q^\dagger Q = \mathcal{I}_{s \times s}$ 的 $r \times s$ 矩阵 $Q$ 使得

$$\begin{pmatrix} \sqrt{p_1} \boldsymbol{u}_1^{(1)} \cdots \boldsymbol{u}_1^{(m)} \\ \vdots \\ \sqrt{p_r} \boldsymbol{u}_r^{(1)} \cdots \boldsymbol{u}_r^{(m)} \end{pmatrix} = Q \begin{pmatrix} \sqrt{\lambda_1} \mathcal{U}_1 \\ \vdots \\ \sqrt{\lambda_s} \mathcal{U}_s \end{pmatrix},$$

$$\begin{pmatrix} \sqrt{\lambda_1} \mathcal{U}_1 \\ \vdots \\ \sqrt{\lambda_s} \mathcal{U}_s \end{pmatrix} = Q^\dagger \begin{pmatrix} \sqrt{p_1} \boldsymbol{u}_1^{(1)} \cdots \boldsymbol{u}_1^{(m)} \\ \vdots \\ \sqrt{p_r} \boldsymbol{u}_r^{(1)} \cdots \boldsymbol{u}_r^{(m)} \end{pmatrix}.$$

**证明**  由于 $\boldsymbol{x}_{ij} = \langle \mathcal{U}_j, \boldsymbol{u}_i^{(1)} \otimes \cdots \otimes \boldsymbol{u}_i^{(m)} \rangle$ 和 $Q_{ij} = \sqrt{p_i/\lambda_j} \boldsymbol{x}_{ij}$, $i = 1, \cdots, r$, $j = 1, \cdots, s$. 则 $Q = \left( \text{diag}\left( \dfrac{1}{|\lambda_1|}, \cdots, \dfrac{1}{|\lambda_s|} \right) U^\dagger V \right)^\top$. 由定理 7.5.4 可知, $r \geqslant s$, $Q^\dagger Q = I_{s \times s}$, $V^\top = QU^\top$, $U^\top = Q^\dagger V^\top$. 从而, 结论成立. 证毕.

由定理 7.5.4 和定理 7.5.5 可知, 若 $\mathcal{H}$ 为一个埃尔米特张量, 具有正特征矩阵分解形式 (7.16), 也具有正埃尔米特分解形式 (7.17), 则 $\mathrm{Span}(\mathcal{U}_1, \cdots, \mathcal{U}_s) = \mathrm{Span}(\mathcal{V}_1, \cdots, \mathcal{V}_r)$, 且存在一个满足 $QQ^\dagger = I_{s \times s}$ 的矩阵 $Q_{s \times r}$ 使得 $V = UQ$. 因此, 通过这个方法, 可以找到 $\mathcal{H}$ 的正埃尔米特分解, 或判定 $\mathcal{H}$ 是否是可正埃尔米特分解的.

## 7.6  埃尔米特张量在混合量子态中的应用

设 $\rho$ 为 $m$ 体混合态. 令 $\{|\boldsymbol{e}_i^{(k)}\rangle | i = 1, \cdots, n_k\}$ 为第 $k$ 个系统的一组正交基, 其中 $k \in [m]$. $\mathcal{H} \in \mathbb{H}[n_1, \cdots, n_m]$ 为混合态 $\rho$ 在该正交基下对应的埃尔米特张量. 假设 $\{|\boldsymbol{f}_i^{(k)}\rangle | i = 1, \cdots, n_k\}$ 为第 $k$ 个系统的另一组正交基, $k \in [m]$, $\mathcal{T}$ 为混合态 $\rho$ 在该正交基下对应的埃尔米特张量. 则 $\mathcal{H}$ 与 $\mathcal{T}$ 酉相似, 且混合态 $\rho$ 是可分的当且仅当 $\mathcal{H}$ 是可埃尔米特分解的. 由上述章节的结论可以得到一些混合态的性质.

**定理 7.6.1**  假设 $\rho$ 为混合量子态, $\mathcal{H} \in \mathbb{H}[n_1, \cdots, n_m]$ 为混合态 $\rho$ 在某组基下对应的埃尔米特张量. 下述结论成立.

(1) 若 $\mathcal{H}$ 的最小矩阵特征值是负的, 则混合态 $\rho$ 是纠缠的.

(2) 若 $\mathcal{H}$ 的最小埃尔米特特征值是负的, 则混合态 $\rho$ 是纠缠的.

(3) 假设 $\mathcal{H}$ 有正特征矩阵分解形式 (7.16). 令

$$K = \mathrm{Span}\{\mathcal{U}_1, \mathcal{U}_2, \cdots, \mathcal{U}_s\}.$$

若 $\mathcal{H}$ 也有正埃尔米特分解形式 (7.12), 则 $\boldsymbol{u}_i^{(1)} \otimes \cdots \otimes \boldsymbol{u}_i^{(m)} \in K$, $\forall i \in [r]$.

**例 7.6.1**  取 $|\psi_1\rangle = (|00\rangle + |01\rangle + \sqrt{-1}|11\rangle)/\sqrt{3}$, $|\psi_2\rangle = (|00\rangle - |01\rangle + 4\sqrt{-1}|10\rangle)/(3\sqrt{2})$, $\rho = \rho_1 |\psi_1\rangle\langle\psi_1| + \rho_2 |\psi_2\rangle\langle\psi_2|$, 其中 $\rho_1 > 0, \rho_2 > 0$ 且 $\rho_1 + \rho_2 = 1$. 现讨论混合态 $\rho$ 是可分的还是纠缠的. 分四步来解决这个问题.

第 1 步: 设 $\mathcal{U}_1$, $\mathcal{U}_2$ 和 $\mathcal{H}$ 分别是量子纯态 $|\psi_1\rangle$, $|\psi_2\rangle$ 和混合量子态 $\rho$ 在正交基 $\{|0\rangle, |1\rangle\}$ 下对应的张量. 从而

$$\mathcal{U}_1 = \frac{1}{\sqrt{3}} \begin{pmatrix} 1 & 1 \\ 0 & \sqrt{-1} \end{pmatrix}, \quad \mathcal{U}_2 = \frac{1}{3\sqrt{2}} \begin{pmatrix} 1 & -1 \\ 4\sqrt{-1} & 0 \end{pmatrix},$$

$$\mathcal{H} = \rho_1 \mathcal{U}_1 \otimes \mathcal{U}_1^\dagger + \rho_2 \mathcal{U}_2 \otimes \mathcal{U}_2^\dagger. \tag{7.18}$$

由于 $\langle \mathcal{U}_i, \mathcal{U}_j \rangle = \delta(i, j)$, $i, j = 1, 2$, 故 (7.18) 是 $\mathcal{H}$ 的特征矩阵分解.

第 2 步: 设

$$K = \{k_1 \mathcal{U}_1 + k_2 \mathcal{U}_2 | k_1, k_2 \in \mathbb{C}\} = \left\{ \begin{pmatrix} \dfrac{k_1}{\sqrt{3}} + \dfrac{k_2}{3\sqrt{2}} & \dfrac{k_1}{\sqrt{3}} - \dfrac{k_2}{3\sqrt{2}} \\ \dfrac{4k_2\sqrt{-1}}{3\sqrt{2}} & \dfrac{k_1\sqrt{-1}}{\sqrt{3}} \end{pmatrix} \middle| k_1, k_2 \in \mathbb{C} \right\}.$$

显然, 空间 $K$ 中的矩阵是秩 1 矩阵当且仅当 $k_2 = \dfrac{3\sqrt{6} - \sqrt{-42}}{8} k_1$ 或 $k_2 = \dfrac{3\sqrt{6} + \sqrt{-42}}{8} k_1$.

若 $k_2 = \dfrac{3\sqrt{6} - \sqrt{-42}}{8} k_1$, 则

$$
\begin{aligned}
k_1 \mathcal{U}_1 + k_2 \mathcal{U}_2 &= \frac{k_1}{\sqrt{3}} \begin{pmatrix} (11 - \sqrt{-7})/8 & (5 + \sqrt{-7})/8 \\ (3 - \sqrt{-7})/2 & 1 \end{pmatrix} \\
&= \frac{k_1}{\sqrt{3}} \begin{pmatrix} (5 + \sqrt{-7})/8 \\ 1 \end{pmatrix} \otimes \begin{pmatrix} (3 - \sqrt{-7})/2 \\ 1 \end{pmatrix}.
\end{aligned}
$$

若 $k_2 = \dfrac{3\sqrt{6} + \sqrt{-42}}{8} k_1$, 则

$$
\begin{aligned}
k_1 \mathcal{U}_1 + k_2 \mathcal{U}_2 &= \frac{k_1}{\sqrt{3}} \begin{pmatrix} (11 + \sqrt{-7})/8 & (5 - \sqrt{-7})/8 \\ (3 + \sqrt{-7})/2 & 1 \end{pmatrix} \\
&= \frac{k_1}{\sqrt{3}} \begin{pmatrix} (5 - \sqrt{-7})/8 \\ 1 \end{pmatrix} \otimes \begin{pmatrix} (3 + \sqrt{-7})/2 \\ 1 \end{pmatrix}.
\end{aligned}
$$

第 3 步: 假设 $\mathcal{H}$ 存在一个正埃尔米特分解

$$
\mathcal{H} = \sum_{k=1}^{r} p_k \mathcal{A}_k \otimes \mathcal{A}_k^*, \tag{7.19}
$$

则 $r = 2$, 且可以取

$$
\mathcal{A}_1 = \begin{pmatrix} (11 - \sqrt{-7})/8 & (5 + \sqrt{-7})/8 \\ (3 - \sqrt{-7})/2 & 1 \end{pmatrix},
$$

$$
\mathcal{A}_2 = \begin{pmatrix} (11 + \sqrt{-7})/8 & (5 - \sqrt{-7})/8 \\ (3 + \sqrt{-7})/2 & 1 \end{pmatrix}.
$$

第 4 步: 计算 (7.18) 和 (7.19) 中 $\mathcal{H}$ 的部分元素如表 7.2 所示.

表 7.2   $\mathcal{H}$ 的部分元素

| $\mathcal{H}$ | $\mathcal{H}_{1111}$ | $\mathcal{H}_{1212}$ | $\mathcal{H}_{2121}$ | $\mathcal{H}_{2222}$ |
|---|---|---|---|---|
| (7.18) 中的 $\mathcal{H}$ | $(6\rho_1 + \rho_2)/18$ | $(6\rho_1 + \rho_2)/18$ | $(8\rho_2)/9$ | $\rho_1/3$ |
| (7.19) 中的 $\mathcal{H}$ | $2(p_1 + p_2)$ | $(p_1 + p_2)/2$ | $4(p_1 + p_2)$ | $p_1 + p_2$ |

将两个张量 $\mathcal{H}$ 的元素进行对比发现, 不存在 $p_1$ 和 $p_2$ 使得这两个张量 $\mathcal{H}$ 是同一个张量. 因此, 张量 $\mathcal{H}$ 不是可正埃尔米特分解的. 从而 $\rho$ 是纠缠态.

# 第 8 章　埃尔米特张量与混合量子态可分性判别和分解算法

本章提出了一种用 $E$-截断 $K$-矩和半定松弛 (ETKM-SDR) 方法来判定 $m$ 体混合量子态是否是可分态, 若可分, 那么给出可分态的分解. 首先将混合量子态的可分性判定问题转化为埃尔米特张量的正埃尔米特分解问题. 然后, 采用 $E$-截断 $K$-矩方法, 给出判定混合态可分性的优化模型. 此外, 应用半定松弛方法, 得到了 $k$ 阶半定松弛优化模型, 并提出了一种混合量子态可分性检测算法. 该算法还适用于给出可分态的对称分解和非对称分解. 数值算例表明, 并非所有的对称可分态都有对称分解.

## 8.1　引　　言

量子纠缠在量子信息科学应用和量子理论基础中起着举足轻重的作用, 一个给定的量子态是纠缠的还是可分的是量子信息理论中的基本问题之一[62]. 当前已经提出了一些很好的量子态可分性判定方法, 如贝尔不等式 (Bell inequality)[3]、正部分置换准则 (positive partial transposition criterion, PPT 准则)[80, 142]、可计算交叉范数或重排准则 (computable cross norm or realignment criterion, CCNR 准则)[181, 204]、协方差矩阵准则 (covariance matrix criterion)[62, 63, 77]、关联矩阵准则 (correlation matrix criterion)[180]、纠缠见证 (entanglement witness)[80, 105, 176] 和其他方法. 可分性判定问题是一个长期存在的问题, 在过去的 20 年里引起了专家学者们的极大兴趣[6, 108, 138, 165, 187]. 但之前的这些方法都基于纠缠的充分或必要条件.

Doherty, Parrilo 和 Spedalieri[40] 提出了一种可分性问题的数值算法, 该方法以凸优化问题或半定规划的形式来表示. 这个算法的思路来源于下面的结论. 如果一个两系统量子态 $\rho^{AB}$ 是可分的, 那么可以找到三系统 $(A, B, A_1)$ 的一个对称扩展 $\rho^{ABA_1}$ 满足如下三个性质:

(1) 对于每一个系统, 它都满足正部分置换准则 (PPT 准则);

(2) 它关于前两个系统的约化态是 $\rho^{AB}$;

(3) 它关于系统 $A$ 和 $A_1$ 是对称.

类似地, 可以定义更多系统 $(A, B, A_1, \cdots, A_k)$ 对应的可分对称扩展 $\rho^{ABA_1 \cdots A_k}$.

文献 [40] 的关键贡献是, "是否存在满足 (1)—(3) 性质的对称扩展" 的问题可以直接表述为半定规划中的可行性问题. 上述可行性问题可以通过 SDP 求解器 SeDuMi[174] 直接求解, 如果没有找到对应的扩展, 算法也可以证明扩展不存在, 从而量子态一定是纠缠的. 因此, 对称扩展方法为可分性判定给出了必要条件的等级. 文献 [41] 中表明, 在有限个等级内判定任一个纠缠态在某种意义上该等级是完备的. 但是, 如果量子态是可分的, 如何判定其可分性并得到其相应的分解? 如果一个混合态是对称的和可分的, 那么它是否有一个对称分解?

本章采用张量优化方法判定一个给定的 $m$ 体混合量子态是否可分. 如果不可分, 给出一个证明. 如果可分, 给出量子态的分解. 例 8.6.3 和例 8.6.5 表明, 并非所有的对称可分混合态都有对称分解. 具体步骤为, 首先用埃尔米特张量来表示混合量子态, 并用埃尔米特张量的正埃尔米特分解问题来代替混合量子态的可分性判别问题. 其次, 利用 $E$-截断 $K$-矩方法, 证明了一个 $m$ 体混合量子态是可分的, 当且仅当存在一个满足条件 (CD1) 的原子 Borel $K$-测度 $\mu$. 再将可分性判别问题转化为矩优化问题. 最后, 应用半定松弛方法, 提出了一种判别混合量子态是否可分的方法, 若可分, 给出其分解的算法. 对称可分性判别也有类似的步骤. 理论上, 利用该算法可以判别任意混合量子态的可分性或对称可分性, 如果混合量子态可分则对其进行分解.

**记号** 符号 $\mathbb{N}$ 表示非负整数集, $\mathbb{R}$ 表示实数集, $\mathbb{C}$ 表示复数集. 任取 $k \in \mathbb{N}$, 记 $[k] := \{1, \cdots, k\}$. 符号 $\mathbb{R}[\boldsymbol{x}] := \mathbb{R}[x_1, \cdots, x_n]$ 表示变量为 $\boldsymbol{x} := (x_1, \cdots, x_n)$ 的实系数多项式环. 对于 $\boldsymbol{\alpha} = (\alpha_1, \cdots, \alpha_n)^\top \in \mathbb{N}^n$, 记 $|\boldsymbol{\alpha}| = \alpha_1 + \cdots + \alpha_n$, $\mathbb{N}_d^n := \{\boldsymbol{\alpha} \in \mathbb{N}^n : |\boldsymbol{\alpha}| \leqslant d\}$. 对于 $\boldsymbol{x} \in \mathbb{R}^n$ 和 $\boldsymbol{\alpha} \in \mathbb{N}^n$, 记单项式 $\boldsymbol{x}^{\boldsymbol{\alpha}} := x_1^{\alpha_1} x_2^{\alpha_2} \cdots x_n^{\alpha_n}$. 符号 $[\boldsymbol{x}]_d := (\boldsymbol{x}^{\boldsymbol{\alpha}})_{\boldsymbol{\alpha} \in \mathbb{N}_d^n}$ 表示单项式向量, 其分量上指标 $\boldsymbol{\alpha}$ 来自于 $\mathbb{N}_d^n$. 类似地,

$$\mathbb{R}[\boldsymbol{x}]_d := \left\{ \sum_{\boldsymbol{\alpha}} p_{\boldsymbol{\alpha}} \boldsymbol{x}^{\boldsymbol{\alpha}} : p_{\boldsymbol{\alpha}} \in \mathbb{R}, \boldsymbol{\alpha} \in \mathbb{N}_d^n \right\}$$

表示 $\mathbb{R}[\boldsymbol{x}]$ 中次数不超过 $d$ 的多项式构成的多项式环.

## 8.2　$E$-截断 $K$-矩问题

$E$-截断 $K$-矩问题在很多应用中频繁出现, 例如稀疏多项式优化 (参见文献 [103])、完全正矩阵分解[200]、对称张量分解[131]. 接下来回顾一下有关截断矩问题 (TMP) 方面的结论. 关于截断矩问题的更多细节可以参见文献 [28, 51, 126, 129, 131, 175].

设 $E \subseteq \mathbb{N}^n$ 为有限集, $\mathbb{R}^E$ 为实向量空间, 向量的下指标来自于集合 $E$ 中的元素. 一个 $E$-截断矩序列 ($E$-tms) 为形如 $\boldsymbol{y} = (y_{\boldsymbol{\alpha}})_{\boldsymbol{\alpha} \in E} \in \mathbb{R}^E$ 的向量. 设 $K$ 为

半代数集

$$K := \{\boldsymbol{x} \in \mathbb{R}^n : h(\boldsymbol{x}) = 0, g(\boldsymbol{x}) \geqslant 0\},$$

其中 $h = (h_1, \cdots, h_{m_1})$, $g = (g_1, \cdots, g_{m_2})$. 若 $\mathbb{R}^n$ 上的非负 Borel 测度 $\mu$ 的支撑集包含于半代数集 $K$ 中, 则称 $\mu$ 为 $K$-测度. 若满足

$$y_{\boldsymbol{\alpha}} = \int_K \boldsymbol{x}^{\boldsymbol{\alpha}} \mathrm{d}\mu, \quad \forall \boldsymbol{\alpha} \in E,$$

则称一个 $E$-截断矩序列 $\boldsymbol{y}$ 允许一个 $K$-测度 $\mu$. 称满足上述两个条件的测度 $\mu$ 为 $\boldsymbol{y}$ 的 $K$-表示测度. $E$-截断 $K$-矩 (ETKM) 问题实际上就是判定一个给定的 $E$-截断矩序列 $\boldsymbol{y}$ 是否允许一个 $K$-测度. 若允许一个 $K$-测度, 如何得到这个 $K$-表示测度?

对于任意的截断矩序列 $\boldsymbol{z} \in \mathbb{R}^{\mathbb{N}_d^n}$, 可定义一个作用在多项式环 $\mathbb{R}[\boldsymbol{x}]_d$ 上的 Riesz 线性泛函 $L_{\boldsymbol{z}}$ :

$$L_{\boldsymbol{z}}(p) := \sum_{\boldsymbol{\alpha} \in \mathbb{N}_d^n} p_{\boldsymbol{\alpha}} z_{\boldsymbol{\alpha}},$$

其中多项式

$$p = \sum_{\boldsymbol{\alpha} \in \mathbb{N}_d^n} p_{\boldsymbol{\alpha}} \boldsymbol{x}^{\boldsymbol{\alpha}} \in \mathbb{R}[\boldsymbol{x}]_d.$$

在上式中, $p_{\boldsymbol{\alpha}}$ 为多项式 $p$ 的系数. 为简便, 记 $\langle p, \boldsymbol{z} \rangle := L_{\boldsymbol{z}}(p)$.

对于截断矩序列 $\boldsymbol{z} \in \mathbb{R}^{\mathbb{N}_{2k}^n}$ 和多项式 $h \in \mathbb{R}[\boldsymbol{x}]_{2k}$, 定义 $\boldsymbol{z}$ 生成的关于 $h$ 的 $k$-阶局部化矩阵 $L_h^{(k)}(\boldsymbol{z})$ 为对称矩阵, 矩阵元素关于 $\boldsymbol{z}$ 是线性的, 该矩阵满足

$$L_{\boldsymbol{z}}(hp^2) = \mathrm{vec}(p)^{\top}(L_h^{(k)}(\boldsymbol{z}))\mathrm{vec}(p),$$

$\forall p \in \mathbb{R}[\boldsymbol{x}]_{k-\lceil \deg(h)/2 \rceil}$, 其中 $\mathrm{vec}(p)$ 表示多项式 $p$ 的系数按分级字典编撰序排列而成的向量. 若 $p = 1$ 时, 则称局部化矩阵为 $k$-阶矩矩阵, 记为 $M_k(\boldsymbol{z})$.

聂家旺在文献 [129] 中提到, 若截断矩序列 $\boldsymbol{z} \in \mathbb{R}^{\mathbb{N}_{2k}^n}$ 允许一个 $K$-表示测度, 则对任意的 $i \in [m_1]$ 和 $j \in [m_2]$,

$$L_{h_i}^{(k)}(\boldsymbol{z}) = 0, \quad M_k(\boldsymbol{z}) \succeq 0, \quad L_{g_j}^{(k)}(\boldsymbol{z}) \succeq 0. \tag{8.1}$$

若 $\boldsymbol{z}$ 还满足秩条件

$$\mathrm{rank}\, M_{k-1}(\boldsymbol{z}) = \mathrm{rank}\, M_k(\boldsymbol{z}), \tag{8.2}$$

则 $\boldsymbol{z}$ 允许唯一一个测度, 该测度为 $r$-原子测度, 其中 $r = \mathrm{rank}\, M_k(\boldsymbol{z})$. 若 (8.1) 和 (8.2) 均满足, 则称 $\boldsymbol{z}$ 是平滑的.

## 8.3   埃尔米特张量分解

先回顾埃尔米特张量的分解概念. 对于埃尔米特张量 $\mathcal{H} \in \mathbb{H}[n_1, \cdots, n_m]$, 若

$$\mathcal{H} = \sum_{i=1}^{r} \lambda_i \, \boldsymbol{u}_i^{(1)} \otimes \cdots \otimes \boldsymbol{u}_i^{(m)} \otimes \boldsymbol{u}_i^{(1)*} \otimes \cdots \otimes \boldsymbol{u}_i^{(m)*}, \tag{8.3}$$

其中 $\lambda_i \in \mathbb{R}$, $\boldsymbol{u}_i^{(j)} \in \mathbb{C}^{n_j}$ 和 $\|\boldsymbol{u}_i^{(j)}\| = 1$, 则称 $\mathcal{H}$ 为可埃尔米特分解的. 此时, 称 (8.3) 为 $\mathcal{H}$ 的埃尔米特分解. 若所有的 $\lambda_i > 0$, 则称 (8.3) 为 $\mathcal{H}$ 的正埃尔米特分解, 称 $\mathcal{H}$ 为可正埃尔米特分解的.

类似地, 对于混合量子态 $\rho$, 其密度矩阵通常可表示成

$$\rho = \sum_{i=1}^{k} p_i |\psi_i\rangle\langle\psi_i|, \tag{8.4}$$

其中 $p_i > 0$, $\sum_{i=1}^{k} p_i = 1$, $|\psi_i\rangle$ 为纯态, $\langle\psi_i|$ 为纯态 $|\psi_i\rangle$ 的复共轭转置. 因此, 混合态 $\rho$ 的密度矩阵对应于一个埃尔米特张量 $\mathcal{H}_\rho \in \mathbb{H}[n_1, \cdots, n_m]$,

$$\mathcal{H}_\rho := \sum_{i=1}^{k} p_i \chi_{|\psi_i\rangle} \otimes \chi_{|\psi_i\rangle}^*, \tag{8.5}$$

其中 $\chi_{|\psi_i\rangle}$ 为纯态 $|\psi_i\rangle$ 对应的复张量. 若混合量子态 $\rho$ 可以表示成

$$\rho = \sum_{i=1}^{r} \lambda_i |\phi_i^{(1)} \cdots \phi_i^{(m)}\rangle\langle\phi_i^{(1)} \cdots \phi_i^{(m)}|, \tag{8.6}$$

其中 $|\phi_i^{(k)}\rangle \in \mathbb{C}^{n_k}$, 则称该混合量子态 $\rho$ 是可分态. 因此, 混合态 $\rho$ 是可分态当且仅当 $\mathcal{H}_\rho$ 有形如 (8.3) 的正埃尔米特分解形式.

给定一个对称埃尔米特张量 $\mathcal{S} \in s\mathbb{H}[n, m]$. 若 $\mathcal{S}$ 可以表示成

$$\mathcal{S} = \sum_{i=1}^{r} \lambda_i \, \boldsymbol{u}_i^{\otimes m} \otimes (\boldsymbol{u}_i^*)^{\otimes m}, \tag{8.7}$$

其中对于所有的 $i \in [r]$, $0 < \lambda_i \in \mathbb{R}$, $\boldsymbol{u}_i \in \mathbb{C}^n$, $\|\boldsymbol{u}_i\| = 1$, 则称 (8.7) 为 $\mathcal{S}$ 的对称正埃尔米特分解.

## 8.4   正埃尔米特分解的 $E$-截断 $K$-矩方法

首先以 2-体混合量子态为例来解释我们所提出来的可分性判别方法的思路. 若一个 2-体混合量子态 $\rho$ 可以表示成

$$\rho = \sum_{i=1}^{r} \lambda_i |\phi_i^A \phi_i^B\rangle\langle\phi_i^A \phi_i^B|, \tag{8.8}$$

其中 $\lambda_i > 0$, $\sum_{i=1}^r \lambda_i = 1$, $|\phi_i^A\rangle \in \mathbb{C}^{n_A}$, $|\phi_i^B\rangle \in \mathbb{C}^{n_B}$. 则称该 2-体混合量子态 $\rho$ 是可分态.

定义一个半代数集

$$K := \{|\phi^A\phi^B\rangle\langle\phi^A\phi^B| \mid \|\phi^A\| = \|\phi^B\| = 1\}, \tag{8.9}$$

记 $\mathfrak{B}(K)$ 为所有的原子 Borel $K$-测度构成的集合. 假定测度 $\mu \in \mathfrak{B}(K)$ 被定义为

$$\mu := \sum_{i=1}^r \lambda_i\, \delta_{\phi|_{[i]}}, \quad \phi|_{[i]} \in K, \quad i \in \{1, 2, \cdots, r\}, \tag{8.10}$$

其中 $\lambda_i > 0$, $\sum_i \lambda_i = 1$, $\phi|_{[i]} = |\phi_i^A\phi_i^B\rangle\langle\phi_i^A\phi_i^B|$, 且满足条件

$$\mathcal{H} = \int_K |\phi^A\phi^B\rangle\langle\phi^A\phi^B| \mathrm{d}\mu, \tag{8.11}$$

则获得混合量子态 $\rho$ 形如 (8.8) 的分解形式. 这是混合量子态 $\rho$ 的充分必要条件.

接下来, 引入可分性判定准则的张量优化方法. 假设 $\rho$ 为 $m$ 体混合量子态, $\mathcal{H} \in \mathbb{H}[n_1, \cdots, n_m]$ 为混合量子态 $\rho$ 对应的埃尔米特张量. 若 $\rho$ 为对称混合态且即将判定 $\rho$ 是否是对称可分的, 则记其对应的埃尔米特张量为 $\mathcal{S} \in s\mathbb{H}[m, n]$. 本章考虑两种分解: 情形 1: $\mathcal{H}$ 的正埃尔米特分解; 情形 2: $\mathcal{S}$ 的对称正埃尔米特分解.

**情形 1**   此时给出一些基本的符号

$$n := \sum_{k=1}^m n_k, \quad L(i) := 2\sum_{k=1}^i n_k,$$

$$\boldsymbol{x} := (\boldsymbol{x}^{(1)}, \cdots, \boldsymbol{x}^{(m)})^\top \in \mathbb{R}^{2n},$$

$$\boldsymbol{x}^{(i)} := (\boldsymbol{x}_{\mathrm{Re}}^{(i)}, \boldsymbol{x}_{\mathrm{Im}}^{(i)})^\top \in \mathbb{R}^{2n_i},$$

$$\boldsymbol{x}_{\mathrm{Re}}^{(i)} := (x_{L(i-1)+1}, \cdots, x_{L(i-1)+n_i}),$$

$$\boldsymbol{x}_{\mathrm{Im}}^{(i)} := (x_{L(i-1)+n_i+1}, \cdots, x_{L(i-1)+2n_i}),$$

$$h_i(\boldsymbol{x}^{(i)}) := (\boldsymbol{x}^{(i)})^\top \boldsymbol{x}^{(i)} - 1, \quad i \in [m],$$

$$h(\boldsymbol{x}) := (h_1(\boldsymbol{x}^{(1)}), \cdots, h_m(\boldsymbol{x}^{(m)})).$$

定义一个半代数

$$K := \{\boldsymbol{x} | h(\boldsymbol{x}) = 0\}. \tag{8.12}$$

$\mathfrak{B}(K)$ 表示所有的原子 Borel $K$-测度构成的集合. 假设测度 $\mu \in \mathfrak{B}(K)$ 被定义成

$$\mu := \sum_{i=1}^r \lambda_i\, \delta_{\boldsymbol{x}|_{[i]}}, \quad \lambda_i > 0,\ \boldsymbol{x}|_{[i]} \in K,\ \forall\, i \in [r]. \tag{8.13}$$

记

$$u^{(k)} := \boldsymbol{x}_{\mathrm{Re}}^{(k)} + \sqrt{-1}\boldsymbol{x}_{\mathrm{Im}}^{(k)}, \quad k = 1, 2, \cdots, m.$$

则由 $\boldsymbol{x}|_{[i]}$ $(i \in [r])$ 可得到一组元胞 $(\boldsymbol{u}_i^{(1)}, \boldsymbol{u}_i^{(2)}, \cdots, \boldsymbol{u}_i^{(m)})$. 若满足条件

$$\mathcal{H} = \int_K \boldsymbol{u}^{(1)} \otimes \cdots \otimes \boldsymbol{u}^{(m)} \otimes \boldsymbol{u}^{(1)*} \otimes \cdots \otimes \boldsymbol{u}^{(m)*} \mathrm{d}\mu, \tag{8.14}$$

则 $\mathcal{H}$ 有形如式 (8.3) 的正埃尔米特分解.

为了获得式 (8.14) 中张量 $\mathcal{H}$ 的元素表示形式, 记 $\mathcal{H}$ 中元素下标为 $I := (i_1 \cdots i_m)$, $J := (j_1 \cdots j_m)$, 从而 $\mathcal{H}$ 中元素记为 $H_{IJ}$. 记

$$E_{\mathcal{H}} := \{(i_1, \cdots, i_m)|i_k \in [n_k], k \in [m]\}$$

为 $\mathcal{H}$ 中元素的半下标构成的集合. 令

$$P_{IJ}(\boldsymbol{x}) := \prod_{k=1}^m (\boldsymbol{u}^{(k)})_{i_k} \, (\boldsymbol{u}^{(k)*})_{j_k}.$$

则条件 (8.14) 可以改写成

$$(\mathrm{CD1}): \quad \mathcal{H}_{IJ} = \int_K P_{IJ}(\boldsymbol{x})\mathrm{d}\mu, \quad \forall \, I, J \in E_{\mathcal{H}}.$$

**情形 2**　设 $\mathcal{S} \in s\mathbb{H}[m, n]$. 记

$$\boldsymbol{x} := (\boldsymbol{x}_{\mathrm{Re}}, \boldsymbol{x}_{\mathrm{Im}})^\top \in \mathbb{R}^{2n},$$
$$\boldsymbol{x}_{\mathrm{Re}} := (x_1, \cdots, x_n), \quad \boldsymbol{x}_{\mathrm{Im}} := (x_{n+1}, \cdots, x_{2n}),$$
$$h_1(\boldsymbol{x}) := \boldsymbol{x}^\top \boldsymbol{x} - 1, \quad h(\boldsymbol{x}) := (h_1(\boldsymbol{x})).$$

假设 $K$ 如式 (8.12) 所定义, $\mu \in \mathfrak{B}(K)$ 如式 (8.13) 所定义. 令 $\boldsymbol{u} = \boldsymbol{x}_{\mathrm{Re}} + \sqrt{-1}\boldsymbol{x}_{\mathrm{Im}}$. 若满足条件

$$\mathcal{S} = \int_K \boldsymbol{u}^{\otimes m} \otimes (\boldsymbol{u}^*)^{\otimes m}\mathrm{d}\mu, \tag{8.15}$$

则 $\mathcal{S}$ 有形如式 (8.7) 的对称正埃尔米特分解. 记

$$P_{IJ}(\boldsymbol{x}) := \prod_{k=1}^m u_{i_k} \, u_{j_k}^*.$$

则条件 (8.15) 可以改写成

$$(\mathrm{CD2}): \quad \mathcal{S}_{IJ} = \int_K P_{IJ}(\boldsymbol{x})\mathrm{d}\mu, \quad \forall \, I, J \in E_{\mathcal{S}}.$$

(CD1) 和 (CD2) 不仅是混合量子态可分性判定的关键条件, 也是优化模型可分性判定的核心条件. 通过上述分析, 可以不加证明地得到混合量子态可分性判定的定理.

**定理 8.4.1** (1) 设 $\rho$ 为 $m$ 体混合量子态, $\mathcal{H}$ 为 $\rho$ 对应的埃尔米特张量, $K$ 形如式 (8.12) 中的定义. 则 $\rho$ 是可分态当且仅当存在一个满足条件 (CD1) 的测度 $\mu \in \mathfrak{B}(K)$.

(2) 设 $\rho$ 为 $m$ 体对称混合量子态, $\mathcal{S}$ 为 $\rho$ 对应的埃尔米特张量, 则 $\rho$ 是对称可分态当且仅当存在一个满足条件 (CD2) 的测度 $\mu \in \mathfrak{B}(K)$.

## 8.5 半正定松弛方法

基于定理 8.4.1, 本节将混合量子态的可分性判定问题转换成张量优化问题和半正定松弛族, 进而给出 $E$-截断 $K$-矩-半正定松弛 (ETKM-SDR) 算法.

设 $R_{IJ}(\boldsymbol{x})$ 和 $T_{IJ}(\boldsymbol{x})$ 为实多项式, 记

$$R_{IJ}(\boldsymbol{x}) + \sqrt{-1}T_{IJ}(\boldsymbol{x}) := P_{IJ}(\boldsymbol{x}).$$

任选一个平方和 (SOS) 多项式 $F(\boldsymbol{x})$. 考虑线性优化问题

$$
\begin{aligned}
\min_{\mu} \quad & \int_K F(\boldsymbol{x})\mathrm{d}\mu & (8.16)\\
\text{s.t.} \quad & \operatorname{Re}\mathcal{H}_{IJ} = \int_K R_{IJ}(\boldsymbol{x})\mathrm{d}\mu \ (I, J \in E_{\mathcal{H}}),\\
& \operatorname{Im}\mathcal{H}_{IJ} = \int_K T_{IJ}(\boldsymbol{x})\mathrm{d}\mu \ (I, J \in E_{\mathcal{H}}),\\
\text{或} \quad & \operatorname{Re}\mathcal{S}_{IJ} = \int_K R_{IJ}(\boldsymbol{x})\mathrm{d}\mu \ (I, J \in E_{\mathcal{S}}),\\
& \operatorname{Im}\mathcal{S}_{IJ} = \int_K T_{IJ}(\boldsymbol{x})\mathrm{d}\mu \ (I, J \in E_{\mathcal{S}}),\\
& \mu \in \mathfrak{B}(K).
\end{aligned}
$$

**注 1** 优化问题 (8.16) 分别包含了可分性判定和对称可分性判定两种情形. 若考虑的是优化问题 (8.16) 中第一部分约束条件, 即关于埃尔米特张量 $\mathcal{H}$ 的约束条件, 若优化问题不可行, 则混合量子态 $\rho$ 不是可分的. 若考虑的是优化问题 (8.16) 中的第二部分约束, 即关于对称埃尔米特张量 $\mathcal{S}$ 的约束条件, 若优化问题不可行, 则混合量子态 $\rho$ 不是对称可分的.

为了求解线性优化问题 (8.16), 用截断矩序列 $\boldsymbol{y}$ 代替测度 $\mu$. 令 $d > 2m$ 为

偶数, $k \geqslant d/2$ 为整数. 记矩锥为

$$
\mathfrak{C}_d = \left\{ \boldsymbol{y} \in \mathbb{R}^{\mathbb{N}_d^{2n}} \Big| y_{\boldsymbol{\alpha}} = \int_K \boldsymbol{x}^{\boldsymbol{\alpha}} \mathrm{d}\mu, \ \boldsymbol{\alpha} \in \mathbb{N}_d^{2n}, \ \mu \in \mathfrak{B}(K) \right\},
$$

$$
\mathfrak{C}^k = \left\{ \boldsymbol{y} \in \mathbb{R}^{\mathbb{N}_{2k}^{2n}} \big| M_k(\boldsymbol{y}) \succeq 0, \ L_{h_i}^k(\boldsymbol{y}) = 0, \ h_i \in h \right\},
$$

$$
\mathfrak{C}_d^k = \left\{ \boldsymbol{y} \in \mathbb{R}^{\mathbb{N}_d^{2n}} \big| \exists \boldsymbol{z} \in \mathfrak{C}^k, \ \boldsymbol{y} = \boldsymbol{z}|_d \right\}.
$$

对 $\forall k \geqslant d/2$, 有

$$
\mathfrak{C}_d \subseteq \mathfrak{C}_d^{k+1} \subseteq \mathfrak{C}_d^k \quad \text{和} \quad \mathfrak{C}_d = \bigcap_{k \geqslant d/2} \mathfrak{C}_d^k.
$$

则优化问题 (8.16) 等价于线性张量优化问题

$$
\begin{aligned}
\min_{\boldsymbol{y}} \quad & \langle F, \boldsymbol{y} \rangle \\
\text{s.t.} \quad & \operatorname{Re} \mathcal{H}_{IJ} = \langle R_{IJ}, \boldsymbol{y} \rangle \ (I, J \in E_{\mathcal{H}}), \\
& \operatorname{Im} \mathcal{H}_{IJ} = \langle T_{IJ}, \boldsymbol{y} \rangle \ (I, J \in E_{\mathcal{H}}), \\
\text{或} \quad & \operatorname{Re} \mathcal{S}_{IJ} = \langle R_{IJ}, \boldsymbol{y} \rangle \ (I, J \in E_{\mathcal{S}}), \\
& \operatorname{Im} \mathcal{S}_{IJ} = \langle T_{IJ}, \boldsymbol{y} \rangle \ (I, J \in E_{\mathcal{S}}), \\
& \boldsymbol{y} \in \mathfrak{C}_d.
\end{aligned}
\tag{8.17}
$$

由文献 [28] 可知, 若截断矩序列 $\boldsymbol{y}$ 是平滑的, 则 $\boldsymbol{y}$ 允许唯一一个 $K$-测度, 且其为 $\operatorname{rank} M_k(\boldsymbol{y})$-原子测度. 现将较难处理的锥 $\mathfrak{C}_d$ 松弛为容易处理的锥 $\mathfrak{C}_d^k$, 则优化问题 (8.17) 的 $k$-阶半正定松弛问题为

$$
\begin{aligned}
\min_{\boldsymbol{y}} \quad & \langle F, \boldsymbol{y} \rangle \\
\text{s.t.} \quad & \operatorname{Re} \mathcal{H}_{IJ} = \langle R_{IJ}, \boldsymbol{y} \rangle \ (I, J \in E_{\mathcal{H}}), \\
& \operatorname{Im} \mathcal{H}_{IJ} = \langle T_{IJ}, \boldsymbol{y} \rangle \ (I, J \in E_{\mathcal{H}}), \\
\text{或} \quad & \operatorname{Re} \mathcal{S}_{IJ} = \langle R_{IJ}, \boldsymbol{y} \rangle \ (I, J \in E_{\mathcal{S}}), \\
& \operatorname{Im} \mathcal{S}_{IJ} = \langle T_{IJ}, \boldsymbol{y} \rangle \ (I, J \in E_{\mathcal{S}}), \\
& \boldsymbol{y} \in \mathfrak{C}^k,
\end{aligned}
\tag{8.18}
$$

其中松弛阶 $k = d/2, \ d/2+1, \cdots$. 接下来提出一个基于求解松弛问题 (8.18) 的算法.

**算法 8.5.1**　($E$-截断 $K$-矩-半正定松弛 (ETKM-SDR) 算法)

**输入**　埃尔米特张量 $\mathcal{H} \in \mathbb{H}[n_1, \cdots, n_m]$ 或对称埃尔米特张量 $\mathcal{S} \in s\mathbb{H}[m, n]$.

**输出**　张量是否有 (对称) 正埃尔米特分解, 若有, 则给出其 (对称) 正埃尔米特分解形式.

**Step 1** 设定 $d = 2(m+1)$. 选取一般的次数不超过 $d$ 的平方和多项式 $F(\boldsymbol{x})$. 令 $k = d/2$.

**Step 2** 求解松弛问题 (8.18). 若 (8.18) 不可行, 则张量 $\mathcal{H}$ (或 $\mathcal{S}$) 没有 (对称) 正埃尔米特分解, 并终止. 否则, 计算得到一个最小值点 $\boldsymbol{y}^k$. 此时令 $t := 1$.

**Step 3** 令 $\boldsymbol{z} = \boldsymbol{y}^k|_{2t}$. 若 $\boldsymbol{z}$ 满足秩条件 (8.2), 转到 Step 5.

**Step 4** 若 $t < k$, 让 $t = t+1$ 并转到 Step 3; 否则, 让 $k = k+1$ 并转到 Step 2.

**Step 5** 计算 $r = \operatorname{rank} M_t(\boldsymbol{z})$, $\lambda_1, \cdots, \lambda_r > 0$, $\boldsymbol{x}|_{[1]}, \cdots, \boldsymbol{x}|_{[r]} \in K$. 输出张量 $\mathcal{H}$ (或 $\mathcal{S}$) 形如式 (8.3) (或式 (8.7)) 的 (对称) 正埃尔米特分解.

**定理 8.5.1** 算法 8.5.1 具有如下性质:

(1) 若松弛问题 (8.18) 对于某个松弛阶数 $k$ 不可行, 则张量 $\mathcal{H}$ (或 $\mathcal{S}$) 没有 (对称) 正埃尔米特分解, 即混合量子态 $\rho$ 不是 (对称) 可分的;

(2) 若张量 $\mathcal{H}$ (或 $\mathcal{S}$) 有 (对称) 正埃尔米特分解, 即混合量子态 $\rho$ 是 (对称) 可分的, 则对于几乎所有的 $F(\boldsymbol{x})$, 当 $k$ 充分大时, 总可以通过求解松弛问题 (8.18) 等级来渐近得到张量的一个 (对称) 正埃尔米特分解.

**证明** (1) 由于对称埃尔米特张量 $\mathcal{S}$ 情形与埃尔米特张量 $\mathcal{H}$ 情形类似. 此处仅证明埃尔米特张量 $\mathcal{H}$ 情形, 假设 $\mathcal{H}$ 有形如式 (8.3) 正埃尔米特分解, 其中 $\lambda_i > 0$, $\forall i \in [r]$. 令

$$u_i^{(k)} = \boldsymbol{x}_{\mathrm{Re}}^{(k)}|_{[i]} + \sqrt{-1}\boldsymbol{x}_{\mathrm{Im}}^{(k)}|_{[i]}, \quad \boldsymbol{x}^{(k)}|_{[i]} = (\boldsymbol{x}_{\mathrm{Re}}^{(k)}|_{[i]}, \boldsymbol{x}_{\mathrm{Im}}^{(k)}|_{[i]})^\top,$$

$$\boldsymbol{x}|_{[i]} = (\boldsymbol{x}^{(1)}|_{[i]}, \cdots, \boldsymbol{x}^{(m)}|_{[i]})^\top.$$

则向量 $\boldsymbol{x}|_{[1]}, \cdots, \boldsymbol{x}|_{[r]} \in K$. 取加权 Dirac 测度 $\mu = \sum_{i=1}^r \lambda_i \, \delta_{\boldsymbol{x}|_{[i]}}$. 则存在一个截断矩序列 $\boldsymbol{y} \in \mathbb{R}^{\mathbb{N}_d^{2n}}$ 允许这个测度 $\mu$ 使得

$$\operatorname{Re} \mathcal{H}_{IJ} = \langle R_{IJ}, \boldsymbol{y} \rangle, \quad \operatorname{Im} \mathcal{H}_{IJ} = \langle T_{IJ}, \boldsymbol{y} \rangle,$$

$\forall I, J \in E_{\mathcal{H}}$. 此外, 对于所有的 $k \geqslant d/2$, 都有截断矩序列 $\boldsymbol{z} \in \mathfrak{C}^k$ 使得 $\boldsymbol{y} = \boldsymbol{z}|_d$ 对于松弛问题 (8.18) 不可行, 故矛盾, 从而假设错误.

(2) 该结论可直接由文献 [129] 中第 5 节推得. 证毕.

算法 8.5.1 有两个作用: (1) 可以判定混合量子态是可分态还是纠缠态, 若是可分态, 则直接获得其分解形式; (2) 可以判定对称混合量子态是否是对称可分态, 若是对称可分态, 则直接获得其对称分解形式. 此外定理 8.5.1 指出当松弛阶 $k$ 足够大时, 算法 8.5.1 总能给出判定结果.

## 8.6　数 值 算 例

给定一个混合量子态 $\rho$. 使用算法 8.5.1 检测这个混合量子态的可分性, 若其可分的, 则给出其分解形式. 在这个处理过程中, 首先用埃尔米特张量表示混合量子态, 其次检测埃尔米特张量是否有 (对称) 正埃尔米特分解, 若该张量可分解, 则给出其分解表示形式, 最后将该分解写成量子态的表示形式. 本章利用工具箱 Gloptipoly 3[72] 和 SeDuMi[174] 来求解松弛问题 (8.18).

在计算过程中, 松弛问题 (8.18) 中下标 $(I, J)$ 满足如下要求.

(1) 若 $\mathcal{H}$ 为埃尔米特张量, 由于

$$\mathcal{H}_{IJ} = \int_K P_{IJ}(\boldsymbol{x})\mathrm{d}\mu \quad \text{和} \quad H_{JI} = \int_K P_{JI}(\boldsymbol{x})\mathrm{d}\mu$$

等价. 则让下标 $(I, J)$ 满足不等式关系 $I \leqslant J$, 即 $i_1 < j_1$, 或 $i_1 = j_1$, 但 $i_2 \leqslant j_2$, 以此类推, $i_k = j_k, \forall k \in [m-1]$ 但 $i_m \leqslant j_m$.

(2) 若 $\mathcal{S}$ 为对称埃尔米特张量, 则让下标 $(I, J)$ 满足不等式关系 $I \leqslant J$, 且 $1 \leqslant i_1 \leqslant i_2 \leqslant \cdots \leqslant i_m \leqslant n$.

**例 8.6.1** (3-qubit 系统)　考虑 Wei 和 Goldbart 在文献 [184] 中给出的一个混合量子态

$$\rho\left(\frac{1}{4}, \frac{3}{8}\right) = \frac{1}{4}|\mathrm{GHZ}\rangle\langle\mathrm{GHZ}| + \frac{3}{8}|W\rangle\langle W| + \frac{3}{8}|\tilde{W}\rangle\langle\tilde{W}|.$$

其中, $|\mathrm{GHZ}\rangle$, $|W\rangle$ 和 $|\tilde{W}\rangle$ 分别为 $|\mathrm{GHZ}\rangle = (|000\rangle + |111\rangle)/\sqrt{2}$, $|W\rangle = (|001\rangle + |010\rangle + |100\rangle)/\sqrt{3}$, $|\tilde{W}\rangle = (|110\rangle + |101\rangle + |011\rangle)/\sqrt{3}$. Wei 和 Goldbart 指出 $\rho\left(\frac{1}{4}, \frac{3}{8}\right)$ 为可分态, 但并没有给出其分解形式.

先将 $|\mathrm{GHZ}\rangle$, $|W\rangle$ 和 $|\tilde{W}\rangle$ 分别表示成相应的张量 $\chi_{|\mathrm{GHZ}\rangle}$, $\chi_{|W\rangle}$ 和 $\chi_{|\tilde{W}\rangle}$. 这三个张量的非零元素分别为

$$(\chi_{|\mathrm{GHZ}\rangle})_{111} = (\chi_{|\mathrm{GHZ}\rangle})_{222} = 1/\sqrt{2},$$
$$(\chi_{|W\rangle})_{112} = (\chi_{|W\rangle})_{121} = (\chi_{|W\rangle})_{211} = 1/\sqrt{3},$$
$$(\chi_{|\tilde{W}\rangle})_{122} = (\chi_{|\tilde{W}\rangle})_{212} = (\chi_{|\tilde{W}\rangle})_{221} = 1/\sqrt{3}.$$

从而

$$\mathcal{H}_\rho = \frac{1}{4}\chi_{|\mathrm{GHZ}\rangle} \otimes \chi^*_{|\mathrm{GHZ}\rangle} + \frac{3}{8}\chi_{|W\rangle} \otimes \chi^*_{|W\rangle} + \frac{3}{8}\chi_{|\tilde{W}\rangle} \otimes \chi^*_{|\tilde{W}\rangle}.$$

显然, $\mathcal{H}_\rho$ 为对称埃尔米特张量. 现尝试将其对称分解. 幸运的是, 利用对称形式的算法 8.5.1 成功获得了其对称正埃尔米特分解形式, 如下所示.

$$\mathcal{H}_\rho = \frac{1}{3}\boldsymbol{u}_1^{\otimes 3} \otimes \boldsymbol{u}_1^{*\otimes 3} + \frac{1}{3}\boldsymbol{u}_2^{\otimes 3} \otimes \boldsymbol{u}_2^{*\otimes 3} + \frac{1}{3}\boldsymbol{u}_3^{\otimes 3} \otimes \boldsymbol{u}_3^{*\otimes 3},$$

其中

$$\boldsymbol{u}_1 = (0.1222 - 0.6965\mathrm{i}, 0.1222 - 0.6965\mathrm{i})^\top,$$
$$\boldsymbol{u}_2 = (0.5293 + 0.4689\mathrm{i}, 0.1414 - 0.6928\mathrm{i})^\top,$$
$$\boldsymbol{u}_3 = (-0.4830 - 0.5165\mathrm{i}, 0.6888 - 0.1601\mathrm{i})^\top.$$

因此, 混合量子态 $\rho\left(\dfrac{1}{4}, \dfrac{3}{8}\right)$ 的对称分解为

$$\rho = \frac{1}{3}|\phi_1\rangle^{\otimes 3}\langle\phi_1|^{\otimes 3} + \frac{1}{3}|\phi_2\rangle^{\otimes 3}\langle\phi_2|^{\otimes 3} + \frac{1}{3}|\phi_3\rangle^{\otimes 3}\langle\phi_3|^{\otimes 3},$$

其中

$$|\phi_1\rangle = (0.1222 - 0.6965\mathrm{i})|0\rangle + (0.1222 - 0.6965\mathrm{i})|1\rangle,$$
$$|\phi_2\rangle = (0.5293 + 0.4689\mathrm{i})|0\rangle + (0.1414 - 0.6928\mathrm{i})|1\rangle,$$
$$|\phi_3\rangle = (-0.4830 - 0.5165\mathrm{i})|0\rangle + (0.6888 - 0.1601\mathrm{i})|1\rangle.$$

**例 8.6.2** (Two-qubit 系统) 考虑如下二量子位混合量子态 (参见文献 [83, Example 1])

$$\rho = \frac{1}{2}\left(\frac{1}{\sqrt{2}}|00\rangle + \frac{1}{\sqrt{2}}|11\rangle\right)\left(\frac{1}{\sqrt{2}}\langle 00| + \frac{1}{\sqrt{2}}\langle 11|\right)$$
$$+ \frac{1}{2}\left(\frac{1}{\sqrt{2}}|01\rangle + \frac{1}{\sqrt{2}}|10\rangle\right)\left(\frac{1}{\sqrt{2}}\langle 01| + \frac{1}{\sqrt{2}}\langle 10|\right).$$

胡胜龙等计算出混合量子态 $\rho$ 的几何测度为 0. 因此, 该混合量子态是可分态. 并且他们给出了该混合量子态的含有四项的非对称分解. 接下来利用对称形式的算法 8.5.1 尝试将这个混合量子态 $\rho$ 进行对称分解, 获得了含有两项的对称分解形式如下

$$\rho = \frac{1}{2}|\phi_1\phi_1\rangle\langle\phi_1\phi_1| + \frac{1}{2}|\phi_2\phi_2\rangle\langle\phi_2\phi_2|,$$

其中

$$|\phi_1\rangle = (-0.5992 - 0.3754\mathrm{i})|0\rangle - (0.5992 + 0.3754\mathrm{i})|1\rangle,$$
$$|\phi_2\rangle = (-0.4303 + 0.5611\mathrm{i})|0\rangle + (0.4303 - 0.5611\mathrm{i})|1\rangle.$$

**注**　通过例 8.6.1 和例 8.6.2 可以发现, 对称且可分的混合量子态可以有对称分解. 一个很自然的问题是, 这种情形是不是总是成立的? 然而接下来的算例告诉我们这种情况并不是总成立的.

**例 8.6.3** ($m$-体对称系统)　设 $|\phi_i\rangle \in \mathbb{C}^n$ ($i \in [m]$) 为非零单位量子态, 且两两互异. 符号 per($m$) 表示 $\{1, 2, \cdots, m\}$ 所有的置换构成的集合. 取

$$\rho = \frac{1}{m!} \sum_{P \in \text{per}(m)} |\phi_{P(i_1)} \cdots \phi_{P(i_m)}\rangle\langle \phi_{P(i_1)} \cdots \phi_{P(i_m)}|.$$

显然混合态 $\rho$ 是可分的且对称的. 然而, 对于 $m = 2$, $n = 2, 3, 4$ 和 $m = 3$, $n = 2, 3, 4$, 以及随机选取 $|\phi_i\rangle$ ($i \in [m]$) 生成的混合态 $\rho$, 利用算法 8.5.1 均无法获得其对称分解. 因此, 有理由猜测这种类型的对称混合量子态没有对称分解.

**例 8.6.4** (随机对称可分混合态)　设 $\rho$ 为 $m$-体 $n$-维对称可分混合态. 形式如下

$$\rho = (1/r) \sum_{k=1}^{r} |\phi_k\rangle^{\otimes m}\langle\phi_k|^{\otimes m}.$$

取 $m = 2$, $n = 2$, $r = 7$ 和随机选取 $|\phi_k\rangle$. 利用算法 8.5.1, 总是可以获得 $\rho$ 的秩 4 分解形式

$$\rho = \sum_{k=1}^{4} p_k |\Phi_k\rangle^{\otimes 2}\langle\Phi_k|^{\otimes 2}.$$

**例 8.6.5** (非对称分解)　考虑一个如下两体 $n$-维混合量子态, 在文献 [184] 中称其为各向同性量子态

$$\rho_{\text{iso}}(F) = \frac{1 - F}{n^2 - 1} \left( \mathbb{I} - |\Phi^+\rangle\langle\Phi^+| \right) + F|\Phi^+\rangle\langle\Phi^+|,$$

其中 $|\Phi^+\rangle = \frac{1}{\sqrt{n}} \sum_{i=1}^{n} |ii\rangle$. M. Horodecki 和 P. Horodecki 指出当 $F \in \left[0, \frac{1}{n}\right]$ 时, $\rho_{\text{iso}}(F)$ 是可分态[79]. 显然, 这个混合量子态是对称的. 取 $n = 2$, $F = \frac{1}{2}$. 通过算法 8.5.1 发现, 该混合量子态没有对称分解, 但是可以获得非对称分解形式

$$\rho_{\text{iso}}(1/2) = \sum_{k=1}^{5} p_k |\phi_k^{(1)} \phi_k^{(2)}\rangle\langle \phi_k^{(1)} \phi_k^{(2)}|,$$

其中 $p_1 = 0.2476$, $p_2 = 0.2496$, $p_3 = 0.1257$, $p_4 = 0.2450$, $p_5 = 0.1323$ 和

$$|\phi_{(1)}^{(1)}\rangle = (0.2008 - 0.6093\text{i})|0\rangle + (0.4979 + 0.5834\text{i})|1\rangle,$$
$$|\phi_1^{(2)}\rangle = (-0.1246 - 0.6294\text{i})|0\rangle - (0.5656 - 0.5180\text{i})|1\rangle,$$
$$|\phi_2^{(1)}\rangle = (0.8416 + 0.5326\text{i})|0\rangle + (0.0886 - 0.0110\text{i})|1\rangle,$$

$$|\phi_2^{(2)}\rangle = (-0.9062 - 0.4132\mathrm{i})|0\rangle - (0.0393 + 0.0801\mathrm{i})|1\rangle,$$
$$|\phi_3^{(1)}\rangle = (-0.5960 - 0.1036\mathrm{i})|0\rangle + (0.4408 + 0.6631\mathrm{i})|1\rangle,$$
$$|\phi_3^{(2)}\rangle = (0.5325 - 0.2864\mathrm{i})|0\rangle - (0.2088 - 0.7686\mathrm{i})|1\rangle,$$
$$|\phi_4^{(1)}\rangle = (0.4495 + 0.2734\mathrm{i})|0\rangle + (0.6874 + 0.5007\mathrm{i})|1\rangle,$$
$$|\phi_4^{(2)}\rangle = (-0.5259 - 0.0137\mathrm{i})|0\rangle - (0.8491 - 0.0484\mathrm{i})|1\rangle,$$
$$|\phi_5^{(1)}\rangle = (-0.4713 + 0.2360\mathrm{i})|0\rangle + (0.6299 + 0.5703\mathrm{i})|1\rangle,$$
$$|\phi_5^{(2)}\rangle = (0.4148 - 0.3256\mathrm{i})|0\rangle + (0.2467 + 0.8129\mathrm{i})|1\rangle.$$

最后, 我们以两体混合量子态为例, 通过比较空间维数证明给出不是所有的对称埃尔米特张量都有对称分解. 根据证明过程, 可以构造一个对称可分的混合态, 但是它没有对称分解. 这个问题在下一章有进一步的论述.

**例 8.6.6** 证明: 对于两体混合量子态, 不是所有的对称埃尔米特张量都有对称分解.

**证明** 设 $V$ 是两体混合量子态中所有对称可分的埃尔米特张量集合, $V$ 记为

$$V = \left\{ \sum_i \lambda_i \boldsymbol{u}_i^{\otimes 2} \otimes (\boldsymbol{u}_i^*)^{\otimes 2} \middle| \lambda_i \in \mathbb{R}, \ \boldsymbol{u}_i \in \mathbb{C}^2 \right\}.$$

则 $V \subseteq s\mathbb{H}[2,2]$, 且 $V$ 在实数域 $\mathbb{R}$ 上是 $s\mathbb{H}[2,2]$ 的线性子空间. $\dim s\mathbb{H}[2,2]$ (或 $\dim V$) 表示 $s\mathbb{H}[2,2]$ (或 $V$) 的维数. 则 $\dim s\mathbb{H}[2,2] \geqslant \dim V$. 接下来, 仅需证明 $\dim s\mathbb{H}[2,2] > \dim V$.

假设 $\mathcal{T} \in s\mathbb{H}[2,2]$ 为对称埃尔米特张量, 则其元素 $t_{i_1 i_2 j_1 j_2}$ 满足

$$t_{i_1 i_2 j_1 j_2} = t_{i_2 i_1 j_2 j_1} = t_{j_1 j_2 i_1 i_2}^* = t_{j_2 j_1 i_2 i_1}^*.$$

当其元素下标满足 $i_1 < j_1$, 或 $i_1 = j_1$ 且 $i_2 \leqslant j_2$ 时, 其元素具有如下性质:

(1) $t_{1111}$, $t_{1212} = t_{2121}$, $t_{2222}$ 和 $t_{1221} = t_{2112}$ 为实数;

(2) $t_{1112} = t_{1121}$, $t_{1222} = t_{2122}$ 和 $t_{1122}$ 为复数.

设 $\mathcal{E}_{[i_1 i_2 j_1 j_2]}$ 为某个埃尔米特张量, 其仅有一个非零元素, 即 $(\mathcal{E}_{[i_1 i_2 j_1 j_2]})_{i_1 i_2 j_1 j_2} = 1$. 从而得到 $s\mathbb{H}[2,2]$ 的包含有 10 个张量的一组基:

$\{\mathcal{E}_{[1111]}, \ \mathcal{E}_{[1212]} + \mathcal{E}_{[2121]}, \ \mathcal{E}_{[2222]}, \ \mathcal{E}_{[1221]} + \mathcal{E}_{[2112]}, \ \mathcal{E}_{[1112]} + \mathcal{E}_{[1211]} + \mathcal{E}_{[1121]} + \mathcal{E}_{[2111]}, \ \mathcal{E}_{[1222]} + \mathcal{E}_{[2212]} + \mathcal{E}_{[2122]} + \mathcal{E}_{[2221]}, \ \mathcal{E}_{[1122]} + \mathcal{E}_{[2211]}, \ \sqrt{-1}(\mathcal{E}_{[1112]} - \mathcal{E}_{[1211]} + \mathcal{E}_{[1121]} - \mathcal{E}_{[2111]}), \ \sqrt{-1}(\mathcal{E}_{[1222]} - \mathcal{E}_{[2212]} + \mathcal{E}_{[2122]} - \mathcal{E}_{[2221]}), \ \sqrt{-1}(\mathcal{E}_{[1122]} - \mathcal{E}_{[2211]})\}$.

因此 $\dim s\mathbb{H}[2,2] = 10$.

假设向量 $\boldsymbol{v} = (x, y)^\top$, $x, y \in \mathbb{C}$, 以及埃尔米特张量 $\mathcal{V} = \boldsymbol{v}^{\otimes 2} \otimes (\boldsymbol{v}^*)^{\otimes 2}$. 当该张量元素下标满足 $i_1 < j_1$, 或 $i_1 = j_1$ 且 $i_2 \leqslant j_2$ 时, 则该张量元素可以直接计

算得到

(1) $\mathcal{V}_{1111} = (xx^*)^2$, $\mathcal{V}_{1212} = \mathcal{V}_{1221} = \mathcal{V}_{2121} = xx^*yy^*$, $\mathcal{V}_{2222} = (yy^*)^2$ 为实数;

(2) $\mathcal{V}_{1112} = \mathcal{V}_{1121} = x^2x^*y^*$, $\mathcal{V}_{1122} = x^2y^{*2}$, $\mathcal{V}_{1222} = \mathcal{V}_{2122} = xyy^{*2}$ 为复数.

因此, $\mathcal{V}$ 可以表示成某些张量的实线性组合, 这些张量来自于 9 个张量构成的集合, 即

$\{\mathcal{E}_{[1111]}, \mathcal{E}_{[1212]} + \mathcal{E}_{[1221]} + \mathcal{E}_{[2112]} + \mathcal{E}_{[2121]}, \mathcal{E}_{[2222]}, \mathcal{E}_{[1112]} + \mathcal{E}_{[1211]} + \mathcal{E}_{[1121]} + \mathcal{E}_{[2111]}, \mathcal{E}_{[1222]} + \mathcal{E}_{[2212]} + \mathcal{E}_{[2122]} + \mathcal{E}_{[2221]}, \mathcal{E}_{[1122]} + \mathcal{E}_{[2211]}, \sqrt{-1}(\mathcal{E}_{[1112]} - \mathcal{E}_{[1211]} + \mathcal{E}_{[1121]} - \mathcal{E}_{[2111]}), \sqrt{-1}(\mathcal{E}_{[1222]} - \mathcal{E}_{[2212]} + \mathcal{E}_{[2122]} - \mathcal{E}_{[2221]}), \sqrt{-1}(\mathcal{E}_{[1122]} - \mathcal{E}_{[2211]})\}$.

因此, $\dim V \leqslant 9$.

故 $\dim V < \dim s\mathbb{H}[2,2]$. 证毕.

由上述证明过程, 可以构造一个对称可分混合量子态为

$$\rho = \frac{1}{2}|01\rangle\langle 01| + \frac{1}{2}|10\rangle\langle 10|.$$

但其没有对称分解, 即不存在量子态 $|\phi_i\rangle \in \mathbb{C}^2$, 使得 $\rho = \sum_i p_i|\phi_i\rangle^{\otimes 2}\langle\phi_i|^{\otimes 2}$.

## 8.7　本章小结

在本章中, 给出了一种用于检测 $m$-体混合量子态是否可分的方法, 若可分, 则可以给出其分解形式. 该方法对任一 $m$-体混合量子态的可分性判定均有效. 本方法是基于 $E$-截断 $K$-矩和半定松弛 (ETKM-SDR) 方法的. 算法 8.5.1 可以对可分的混合态进行对称分解和非对称分解.

通过一些数值实验, 可以得到混合量子态的一些性质. 例如: (1) 一些对称可分混合态可以对称分解, 而另一些对称可分混合态则不可以对称分解; (2) 若一个混合态 $\rho$ 可以被分解成形如式 (8.6) 的形式, 则存在一个分解, 使得数值 $r$ 取最小. 此时称最小的 $r$ 为 $\rho$ 的秩, 当分解是对称时称其为 $\rho$ 的对称秩. 通过大量的数值实验, 发现二量子位和三量子位混合态的对称秩上界分别为 4 和 7. 因此, 将来可以利用该算法研究可分混合态的一些性质.

最后讨论了对称可分混合态的对称分解问题. 文献 [121] 中指出, 每个埃尔米特张量都可以在 $\mathbb{R}$ 上分解. 众所周知, 对称可分纯态必有一个对称分解. 但本章中的例 8.6.3 和例 8.6.5 说明, 对称可分混合态未必能够得出同样的结论. 对于空间 $s\mathbb{H}[2,2]$, 证明了不是所有的对称埃尔米特张量都有对称分解.

# 第 9 章　对称埃尔米特可分性判别、分解及其应用

众所周知, 每个对称张量都有一个对称 CP 分解. 然而, 对称埃尔米特张量并非如此. 本章证明了对称埃尔米特张量存在对称埃尔米特分解的一个充要条件. 如果将对称埃尔米特可分张量集合看作实数域上的线性空间, 则可得到该空间的维数公式和一组基. 如果某个张量是对称埃尔米特可分解的, 则利用对称埃尔米特基可以得到对称埃尔米特分解. 此外, 对称埃尔米特分解的可分条件可以用来判定对称混合量子态的对称可分性.

## 9.1　引　　言

在第 8 章, 我们有这样一个例子. 假设 $\rho$ 为一个对称且可分的量子态,

$$\rho = \frac{1}{2}|01\rangle\langle 01| + \frac{1}{2}|10\rangle\langle 10|.$$

然而, $\rho$ 没有对称分解, 即不存在态 $|\phi_i\rangle \in \mathbb{C}^2$ 使得

$$\rho = \sum_i p_i |\phi_i\rangle^{\otimes 2}\langle\phi_i|^{\otimes 2}, \quad p_i > 0.$$

换句话说, 其对应的对称埃尔米特张量 $\mathcal{H}_\rho$ 没有对称埃尔米特分解. 因此, 对称埃尔米特张量是否具有对称埃尔米特分解是一个有趣的问题. 如果可以找到对称埃尔米特张量是否具有对称埃尔米特分解的一个充要条件, 就可以用来检验对称混合量子态的可分性问题, 并简化量子纠缠值的计算.

在本书中, 对称埃尔米特张量和江波等定义的部分共轭对称张量[89] 是不一样的.

**定义 9.1.1** (对称埃尔米特张量)　　一个 $2m$ 阶 $n$ 维方埃尔米特张量 $\mathcal{H}$ 称为对称埃尔米特张量, 如果它的元素 $\mathcal{H}_{i_1\cdots i_m j_1\cdots j_m}$ 在 $\{1,\cdots,m\}$ 的任何置换 $P$ 下都是不变的, 即

$$\mathcal{H}_{i_1\cdots i_m j_1\cdots j_m} = \mathcal{H}_{P(i_1\cdots i_m)P(j_1\cdots j_m)},$$

其中 $P(i_1\cdots i_m) := (i_{P(1)}\cdots i_{P(m)})$.

**定义 9.1.2** (部分共轭对称张量)[89]　　埃尔米特张量 $\mathcal{H}$ 如果满足

$$\mathcal{H}_{i_1\cdots i_m j_1\cdots j_m} = \mathcal{H}_{P(i_1\cdots i_m)Q(j_1\cdots j_m)}$$

对于 $\{1,2,\cdots,m\}$ 的所有置换 $P$ 和 $Q$ 都成立, 则称埃尔米特张量 $\mathcal{H}$ 为部分共轭对称的.

这两种定义区别的关键在于, 对称埃尔米特张量是从混合量子态引入的, 从量子系统可以看到它们的区别. 假设一个具有两个系统 $A$ 和 $B$ 的可分混合态, 其密度矩阵为

$$\rho = \frac{1}{2}|\phi_1^A\phi_1^B\rangle\langle\phi_1^A\phi_1^B| + \frac{1}{2}|\phi_2^A\phi_2^B\rangle\langle\phi_2^A\phi_2^B|.$$

也可以写成

$$\rho = \frac{1}{2}|\phi_1^A\rangle\langle\phi_1^A| \otimes |\phi_1^B\rangle\langle\phi_1^B| + \frac{1}{2}|\phi_2^A\rangle\langle\phi_2^A| \otimes |\phi_2^B\rangle\langle\phi_2^B|,$$

其中 $\langle\phi_1^A|$ 表示 $|\phi_1^A\rangle$ 的共轭转置. 但不能写成

$$\rho = \frac{1}{2}|\phi_1^A\rangle\langle\phi_1^B| \otimes |\phi_1^B\rangle\langle\phi_1^A| + \frac{1}{2}|\phi_2^A\rangle\langle\phi_2^B| \otimes |\phi_2^B\rangle\langle\phi_2^A|.$$

因此, 在定义 9.1.1 中, 我们让 $(i_1i_2\cdots i_m)$ 和 $(j_1j_2\cdots j_m)$ 采用相同的置换.

Nie 和 Yang 在文献 [134] 的研究中表明埃尔米特张量和埃尔米特矩阵具有非常不同的性质. 他们发现每一个复埃尔米特张量都是复埃尔米特秩 1 张量的和, 但实际情况并非如此. 他们在张量埃尔米特分解方面做了很好的工作, 得到了 $\mathbb{H}[n_1,\cdots,n_m]$ 的埃尔米特秩和每个正则基张量秩分解等重要结果.

9.3 节, 我们考虑了 4 阶 $n$ 维对称埃尔米特张量的对称埃尔米特分解. 让 $\mathcal{S} \in s\mathbb{H}[2,n]$. 我们首先证明了如果 $n = 2$, 则 $\mathcal{S}$ 具有对称埃尔米特分解当且仅当 $S_{1212} = S_{2121} = S_{1221} = S_{2112} \in \mathbb{R}$, 且 $\dim V[2,2] = 9$.

一般地, 我们证明了 $\mathcal{S} \in s\mathbb{H}[2,n]$ 具有对称埃尔米特分解, 当且仅当 $\mathcal{S}$ 满足定理 9.3.2 中给出的两个条件, 且维数 $\dim V[2,n] = \dfrac{n^2(n+1)^2}{4}$.

9.4 节, 我们讨论了 $m$ 阶 $n$ 维对称埃尔米特张量的对称埃尔米特分解. 设 $\mathcal{S} \in s\mathbb{H}[m,n]$. 通过证明对称埃尔米特张量空间与齐次多项式空间的等价性, 得到了 $\mathcal{S}$ 可以进行对称埃尔米特分解的充要条件. 我们还讨论了 $s\mathbb{H}[m,n]$ 的维数公式和基于对称埃尔米特基的对称埃尔米特分解.

9.5 节, 我们介绍了对称埃尔米特分解在量子纠缠中的应用, 研究了一类对称可分的混合量子态不是对称可分的原因.

## 9.2　埃尔米特分解基本概念

再回顾一下埃尔米特张量分解的基本概念. 给定一个埃尔米特张量 $\mathcal{H} \in \mathbb{H}[n_1,\cdots,n_m]$. 如果 $\mathcal{H}$ 可以写成

$$\mathcal{H} = \sum_{i=1}^{r} \lambda_i \, \boldsymbol{u}_i^{(1)} \otimes \cdots \otimes \boldsymbol{u}_i^{(m)} \otimes \boldsymbol{u}_i^{(1)*} \otimes \cdots \otimes \boldsymbol{u}_i^{(m)*}, \tag{9.1}$$

其中 $\lambda_i \in \mathbb{R}$, $\boldsymbol{u}_i^{(j)} \in \mathbb{C}^{n_j}$ 以及 $\|\boldsymbol{u}_i^{(j)}\| = 1$, 则称 (9.1) 为 $\mathcal{H}$ 的一个埃尔米特分解. 如果 $\lambda_i > 0$, $i \in [m]$, 则称 (9.1) 为 $\mathcal{H}$ 的一个正埃尔米特分解, 称张量 $\mathcal{H}$ 为正埃尔米特可分解的或可分的. 也就是说, 称一个埃尔米特张量是可分的, 是指该张量有一个正的埃尔米特分解. 如果不考虑 $\boldsymbol{u}_i^{(j)}$ 是单位向量这一约束条件, 那么可分埃尔米特张量 $\mathcal{H} \in \mathbb{H}[n_1, \cdots, n_m]$ 也可以写成如下分解

$$\mathcal{H} = \sum_{i=1}^{r} \boldsymbol{u}_i^{(1)} \otimes \cdots \otimes \boldsymbol{u}_i^{(m)} \otimes \boldsymbol{u}_i^{(1)*} \otimes \cdots \otimes \boldsymbol{u}_i^{(m)*}, \tag{9.2}$$

其中向量 $\boldsymbol{u}_i^{(j)} \in \mathbb{C}^{n_j}$. $\mathbb{H}[n_1, \cdots, n_m]$ 中所有可分埃尔米特张量的集合用 $\mathrm{Separ}[n_1, \cdots, n_m]$ 表示.

对于对称埃尔米特张量 $\mathcal{S} \in s\mathbb{H}[m, n]$, 如果可以写成

$$\mathcal{S} = \sum_{i=1}^{r} \lambda_i \, \boldsymbol{u}_i^{\otimes m} \otimes (\boldsymbol{u}_i^*)^{\otimes m}, \tag{9.3}$$

其中 $\lambda_i \in \mathbb{R}$, $\boldsymbol{u}_i \in \mathbb{C}^n$ 和 $\|\boldsymbol{u}_i\| = 1$, 那么 (9.3) 是 $\mathcal{S}$ 的一个对称埃尔米特分解, 称 $\mathcal{S}$ 是对称埃尔米特可分的.

埃尔米特张量 $\mathcal{H} \in \mathbb{H}[n_1, \cdots, n_m]$ 的埃尔米特秩是 (9.2) 中 $r$ 的最小值, 用 $\mathrm{rank}_H \mathcal{H}$ 表示, 即

$$\mathrm{rank}_H \mathcal{H} = \min \left\{ r \,\middle|\, \mathcal{H} = \sum_{i=1}^{r} \lambda_i \, \boldsymbol{u}_i^{(1)} \otimes \cdots \otimes \boldsymbol{u}_i^{(m)} \otimes \boldsymbol{u}_i^{(1)*} \otimes \cdots \otimes \boldsymbol{u}_i^{(m)*} \right\}.$$

如果 $\mathcal{S}$ 是对称埃尔米特可分的, 那么对称埃尔米特张量 $\mathcal{S} \in \mathbb{H}[m, n]$ 的对称埃尔米特秩是 (9.3) 中 $r$ 的最小值, 用 $\mathrm{rank}_{sH} \mathcal{S}$ 表示, 即

$$\mathrm{rank}_{sH} \mathcal{S} = \min \left\{ r \,\middle|\, \mathcal{S} = \sum_{i=1}^{r} \lambda_i \, \boldsymbol{u}_i^{\otimes m} \otimes (\boldsymbol{u}_i^*)^{\otimes m} \right\}.$$

## 9.3 $s\mathbb{H}[2,n]$ 中的对称埃尔米特分解

在这一节, 我们考虑 $s\mathbb{H}[2,n]$ 中四阶 $n$ 维对称埃尔米特张量的对称埃尔米特分解. 对于正整数 $i_1, i_2, j_1, j_2$, 设 $\mathcal{E}_{[i_1 i_2 j_1 j_2]}$ 是只有一个非零元的张量, 其非零元为

$$(\mathcal{E}_{[i_1 i_2 j_1 j_2]})_{i_1 i_2 j_1 j_2} = 1.$$

那么一个四阶 $n$ 维对称埃尔米特张量 $\mathcal{S} = (s_{i_1 i_2 j_1 j_2})$ 可以写作

$$\mathcal{S} = \sum_{i_1,i_2,j_1,j_2=1}^{n} s_{i_1 i_2 j_1 j_2} \mathcal{E}_{[i_1 i_2 j_1 j_2]}.$$

定理 9.3.1 给出了检验对称埃尔米特张量是否有对称埃尔米特分解的条件. 记

$$V[2,n] := \left\{ \sum_{i=1}^{r} \lambda_i \boldsymbol{u}_i^{\otimes 2} \otimes (\boldsymbol{u}_i^*)^{\otimes 2} \middle| \lambda_i \in \mathbb{R}, \ \boldsymbol{u}_i \in \mathbb{C}^n, r \in \mathbb{Z}_+ \right\}$$

是所有四阶 $n$ 维对称埃尔米特可分解张量的集合.

**定理 9.3.1**　四阶二维对称埃尔米特张量 $\mathcal{S} \in s\mathbb{H}[2,2]$ 具有对称埃尔米特分解, 当且仅当 $S_{1212} = S_{2121} = S_{1221} = S_{2112} \in \mathbb{R}$. 当 $s\mathbb{H}[2,2]$ 和 $V[2,2]$ 看作是 $\mathbb{R}$ 上的线性空间时, 它们的空间维数 $\dim s\mathbb{H}[2,2] = 10$, $\dim V[2,2] = 9$.

**证明**　把 $s\mathbb{H}[2,2]$ 看作实域 $\mathbb{R}$ 上的线性空间. 用 $\dim s\mathbb{H}[2,2]$ 表示 $s\mathbb{H}[2,2]$ 的维数. 假设 $\mathcal{S} \in s\mathbb{H}[2,2]$ 是一个对称的埃尔米特张量. 那么它的元素满足 $S_{i_1 i_2 j_1 j_2} = S_{i_2 i_1 j_2 j_1} = S_{j_1 j_2 i_1 i_2}^* = S_{j_2 j_1 i_2 i_1}^*$. 确切地说, 是满足下面两个条件

(a1) $S_{1111} \in \mathbb{R}$, $S_{2222} \in \mathbb{R}$, $S_{1212} = S_{2121} \in \mathbb{R}$, $S_{1221} = S_{2112} \in \mathbb{R}$;

(b1) $S_{1112} = S_{1121} = S_{1211}^* = S_{2111}^* \in \mathbb{C}$, $S_{1222} = S_{2122} = S_{2212}^* = S_{2221}^* \in \mathbb{C}$, $S_{1122} = S_{2211}^* \in \mathbb{C}$.

由于 $\mathcal{E}_{[i_1 i_2 j_1 j_2]}$ 是只有一个非零元素的张量 $(\mathcal{E}_{[i_1 i_2 j_1 j_2]})_{i_1 i_2 j_1 j_2} = 1$. 那么从条件 (a1) 和 (b1) 可以得到 $s\mathbb{H}[2,2]$ 的一组基, 如下:

$\{\mathcal{E}_{[1111]}, \ \mathcal{E}_{[2222]}, \ \mathcal{E}_{[1212]} + \mathcal{E}_{[2121]}, \ \mathcal{E}_{[1221]} + \mathcal{E}_{[2112]}, \ \mathcal{E}_{[1112]} + \mathcal{E}_{[1211]} + \mathcal{E}_{[1121]} + \mathcal{E}_{[2111]},$
$\sqrt{-1}(\mathcal{E}_{[1112]} - \mathcal{E}_{[1211]} + \mathcal{E}_{[1121]} - \mathcal{E}_{[2111]}), \ \mathcal{E}_{[1222]} + \mathcal{E}_{[2212]} + \mathcal{E}_{[2122]} + \mathcal{E}_{[2221]}, \ \sqrt{-1}(\mathcal{E}_{[1222]} - \mathcal{E}_{[2212]} + \mathcal{E}_{[2122]} - \mathcal{E}_{[2221]}), \ \mathcal{E}_{[1122]} + \mathcal{E}_{[2211]}, \ \sqrt{-1}(\mathcal{E}_{[1122]} - \mathcal{E}_{[2211]})\}.$

因此 $\dim s\mathbb{H}[2,2] = 10$.

显然, $V[2,2]$ 是实域 $\mathbb{R}$ 上的 $s\mathbb{H}[2,2]$ 的线性子空间. 因此, $\dim s\mathbb{H}[2,2] \geqslant \dim V[2,2]$.

设 $\boldsymbol{v} = (x,y)^\top$, $x, y \in \mathbb{C}$ 和 $\mathcal{V} = \boldsymbol{v}^{\otimes 2} \otimes (\boldsymbol{v}^*)^{\otimes 2}$. $\mathcal{V}$ 中的所有元素计算如下:

(a2) $\mathcal{V}_{1111} = (xx^*)^2 \in \mathbb{R}$, $\mathcal{V}_{2222} = (yy^*)^2 \in \mathbb{R}$, $\mathcal{V}_{1212} = \mathcal{V}_{2121} = \mathcal{V}_{1221} = \mathcal{V}_{2112} = xx^* yy^* \in \mathbb{R}$;

(b2) $\mathcal{V}_{1112} = \mathcal{V}_{1121} = \mathcal{V}_{1211}^* = \mathcal{V}_{2111}^* = x^2 x^* y^* \in \mathbb{C}$, $\mathcal{V}_{1222} = \mathcal{V}_{2122} = \mathcal{V}_{2212}^* = \mathcal{V}_{2221}^* = xyy^{*2} \in \mathbb{C}$, $\mathcal{V}_{1122} = \mathcal{V}_{2211}^* = x^2 y^{*2} \in \mathbb{C}$.

因此, 由 (a2) 和 (b2), $\mathcal{V}$ 可以表示为集合 $\mathbf{E}[2,2]$ 中元素的实系数线性组合.

$\mathbf{E}[2,2] := \{\mathcal{E}_{[1111]}, \ \mathcal{E}_{[2222]}, \ \mathcal{E}_{[1212]} + \mathcal{E}_{[1221]} + \mathcal{E}_{[2112]} + \mathcal{E}_{[2121]}, \ \mathcal{E}_{[1112]} + \mathcal{E}_{[1211]} + \mathcal{E}_{[1121]} + \mathcal{E}_{[2111]}, \ \sqrt{-1}(\mathcal{E}_{[1112]} - \mathcal{E}_{[1211]} + \mathcal{E}_{[1121]} - \mathcal{E}_{[2111]}), \ \mathcal{E}_{[1222]} + \mathcal{E}_{[2212]} + \mathcal{E}_{[2122]} + \mathcal{E}_{[2221]}, \ \sqrt{-1}(\mathcal{E}_{[1222]} - \mathcal{E}_{[2212]} + \mathcal{E}_{[2122]} - \mathcal{E}_{[2221]}), \ \mathcal{E}_{[1122]} + \mathcal{E}_{[2211]}, \ \sqrt{-1}(\mathcal{E}_{[1122]} - \mathcal{E}_{[2211]})\}.$

因此 $\dim V[2,2] \leqslant 9$. 比较 (a1)-(b1) 和 (a2)-(b2), 我们发现它们唯一的区别是如果 $\mathcal{S} \in s\mathbb{H}[2,2]$, 则在 (a1) 中有 $S_{1212} = S_{2121} \in \mathbb{R}$ 和 $S_{1221} = S_{2112} \in \mathbb{R}$, 而在 (a2) 中有 $\mathcal{V}_{1212} = \mathcal{V}_{2121} = \mathcal{V}_{1221} = \mathcal{V}_{2112} \in \mathbb{R}$. 换句话说, 如果 $S_{1212} \neq S_{1221}$, 则 $\mathcal{S}$ 没有对称埃尔米特分解.

接下来, 我们只需要证明 $\dim V[2,2] = 9$. 我们改写 $\mathbf{E}[2,2] = \{\mathcal{E}_1, \mathcal{E}_2, \cdots, \mathcal{E}_9\}$. 只需证明每一个对称埃尔米特 $\mathcal{E}_i$, $i \in [9]$ 都有对称埃尔米特分解.

设 $\boldsymbol{v} = (x, y)^\top$, $\mathcal{V}(x, y) = \boldsymbol{v}^{\otimes 2} \otimes (\boldsymbol{v}^*)^{\otimes 2}$, $x, y \in \mathbb{C}$. 设 $\boldsymbol{a_v}$ 为行向量, 如下所示

$$\boldsymbol{a_v} := \left( (xx^*)^2,\ (yy^*)^2,\ xx^*yy^*,\ \mathrm{Re}(x^2x^*y^*),\ \mathrm{Im}(x^2x^*y^*),\ \mathrm{Re}(xyy^{*2}), \right.$$
$$\left. \mathrm{Im}(xyy^{*2}),\ \mathrm{Re}(x^2y^{*2}),\ \mathrm{Im}(x^2y^{*2}) \right).$$

那么 $\mathcal{V}(x, y) = a_v \cdot (\mathcal{E}_1, \mathcal{E}_2, \cdots, \mathcal{E}_9)$. 通过计算, 我们得到

$$
\begin{pmatrix}
\mathcal{V}(1,0) \\
\mathcal{V}(0,1) \\
\mathcal{V}(1,1) \\
\mathcal{V}(1,i) \\
\mathcal{V}(i,1) \\
\mathcal{V}(1+i,1) \\
\mathcal{V}(1,1+i) \\
\mathcal{V}(1,2) \\
\mathcal{V}(2,1)
\end{pmatrix}
=
\begin{pmatrix}
1 & 0 & 0 & 0 & 0 & 0 & 0 & 0 & 0 \\
0 & 1 & 0 & 0 & 0 & 0 & 0 & 0 & 0 \\
1 & 1 & 1 & 1 & 0 & 1 & 0 & 1 & 0 \\
1 & 1 & 1 & 0 & -1 & 0 & -1 & -1 & 0 \\
1 & 1 & 1 & 0 & 1 & 0 & 1 & -1 & 0 \\
4 & 1 & 2 & 2 & 2 & 1 & 1 & 0 & 2 \\
1 & 4 & 2 & 1 & -1 & 2 & -2 & 0 & -2 \\
1 & 16 & 4 & 2 & 0 & 8 & 0 & 4 & 0 \\
16 & 1 & 4 & 8 & 0 & 2 & 0 & 4 & 0
\end{pmatrix}
\begin{pmatrix}
\mathcal{E}_1 \\
\mathcal{E}_2 \\
\mathcal{E}_3 \\
\mathcal{E}_4 \\
\mathcal{E}_5 \\
\mathcal{E}_6 \\
\mathcal{E}_7 \\
\mathcal{E}_8 \\
\mathcal{E}_9
\end{pmatrix},
$$

$$
\begin{pmatrix}
\mathcal{E}_1 \\
\mathcal{E}_2 \\
\mathcal{E}_3 \\
\mathcal{E}_4 \\
\mathcal{E}_5 \\
\mathcal{E}_6 \\
\mathcal{E}_7 \\
\mathcal{E}_8 \\
\mathcal{E}_9
\end{pmatrix}
=
\begin{pmatrix}
1 & 0 & 0 & 0 & 0 & 0 & 0 & 0 & 0 \\
0 & 1 & 0 & 0 & 0 & 0 & 0 & 0 & 0 \\
\frac{5}{4} & \frac{5}{4} & \frac{5}{2} & \frac{1}{4} & \frac{1}{4} & 0 & 0 & \frac{-1}{4} & \frac{-1}{4} \\
\frac{-7}{2} & -1 & -2 & 0 & 0 & 0 & 0 & \frac{1}{6} & \frac{1}{3} \\
\frac{7}{4} & \frac{7}{4} & 1 & \frac{-3}{4} & \frac{-1}{4} & \frac{1}{2} & \frac{1}{2} & \frac{-1}{4} & \frac{-1}{4} \\
-1 & \frac{-7}{2} & -2 & 0 & 0 & 0 & 0 & \frac{1}{3} & \frac{1}{6} \\
\frac{-7}{4} & \frac{-7}{4} & -1 & \frac{1}{4} & \frac{3}{4} & \frac{-1}{2} & \frac{-1}{2} & \frac{1}{4} & \frac{1}{4} \\
\frac{9}{4} & \frac{9}{4} & \frac{5}{2} & \frac{-1}{4} & \frac{-1}{4} & 0 & 0 & \frac{-1}{4} & \frac{-1}{4} \\
\frac{-1}{8} & \frac{1}{8} & 0 & \frac{3}{8} & \frac{-3}{8} & \frac{1}{4} & \frac{-1}{4} & \frac{1}{24} & \frac{-1}{24}
\end{pmatrix}
\begin{pmatrix}
\mathcal{V}(1,0) \\
\mathcal{V}(0,1) \\
\mathcal{V}(1,1) \\
\mathcal{V}(1,i) \\
\mathcal{V}(i,1) \\
\mathcal{V}(1+i,1) \\
\mathcal{V}(1,1+i) \\
\mathcal{V}(1,2) \\
\mathcal{V}(2,1)
\end{pmatrix}.
$$

因此, 所有 $\mathcal{E}_i$ 都具有对称的埃尔米特分解. 这就完成了证明. 证毕.

**定理 9.3.2**　四阶 $n$ 维对称埃尔米特张量 $\mathcal{S} \in s\mathbb{H}[2,n]$ 具有对称埃尔米特分解当且仅当 $\mathcal{S}$ 满足 $\mathcal{S}_{i_1 i_2 j_1 j_2} = \mathcal{S}_{i_1 i_2 j_2 j_1}$, 对于所有 $1 \leqslant i_1 \leqslant i_2 \leqslant n$, $1 \leqslant j_1 \leqslant j_2 \leqslant n$ 成立. 确切地说, $\mathcal{S}$ 满足以下两个条件:

(I) 对于所有 $1 \leqslant i_1 < i_2 \leqslant n$, $\mathcal{S}_{i_1 i_2 i_1 i_2} = \mathcal{S}_{i_1 i_2 i_2 i_1} \in \mathbb{R}$.

(II) 对于所有 $1 \leqslant i_1 < i_2 \leqslant n$, $1 \leqslant j_1 < j_2 \leqslant n$ 以及 $\{i_1, i_2\} \neq \{j_1, j_2\}$, $\mathcal{S}_{i_1 i_2 j_1 j_2} = \mathcal{S}_{i_1 i_2 j_2 j_1} \in \mathbb{C}$.

当把 $V[2,n]$ 看作在实数域 $\mathbb{R}$ 上线性空间时, 其空间维数

$$\dim V[2,n] = \frac{n^2(n+1)^2}{4}.$$

**证明**　假设 $\mathcal{S} \in s\mathbb{H}[2,n]$ 是一个对称埃尔米特张量, 那么, 对于所有下标 $i_1, i_2, j_1, j_2 \in [n]$, 有

$$\mathcal{S}_{i_1 i_2 j_1 j_2} = \mathcal{S}_{i_2 i_1 j_2 j_1} = \mathcal{S}^*_{j_1 j_2 i_1 i_2} = \mathcal{S}^*_{j_2 j_1 i_2 i_1}.$$

为了得到 $s\mathbb{H}[2,n]$ 的基, 我们讨论以下两种情况.

(a1) 如果 $\{i_1, i_2\} = \{j_1, j_2\}$, 即 $(i_1, i_2) = (j_1, j_2)$ 或 $(i_1, i_2) = (j_2, j_1)$, 那么 $\mathcal{S}_{iiii} \in \mathbb{R}$ 对所有的 $i \in [n]$, $\mathcal{S}_{i_1 i_2 i_1 i_2} = \mathcal{S}_{i_2 i_1 i_2 i_1} \in \mathbb{R}$ 和 $\mathcal{S}_{i_1 i_2 i_2 i_1} = \mathcal{S}_{i_2 i_1 i_1 i_2} \in \mathbb{R}$ 对所有的 $1 \leqslant i_1 < i_2 \leqslant n$.

(b1) 如果 $\{i_1, i_2\} \neq \{j_1, j_2\}$ 对所有的 $1 \leqslant i_1 \leqslant i_2 \leqslant n$ 和 $j_1, j_2 \in [n]$ 满足 $\{i_1, i_2\} \neq \{j_1, j_2\}$, 那么有下面两种情况.

(i) 如果 $i_1 \neq i_2$ 或 $j_1 \neq j_2$, 那么 $\mathcal{S}_{i_1 i_2 j_1 j_2} = \mathcal{S}_{i_2 i_1 j_2 j_1} = \mathcal{S}^*_{j_1 j_2 i_1 i_2} = \mathcal{S}^*_{j_2 j_1 i_2 i_1} \in \mathbb{C}$.

(ii) 如果 $i_1 = i_2$ 且 $j_1 = j_2$, 那么 $\mathcal{S}_{iijj} = \mathcal{S}^*_{jjii} \in \mathbb{C}$.

设

$E_1 = \{\mathcal{E}_{[iiii]} | i \in [n]\}$,

$E_2 = \{\mathcal{E}_{[i_1 i_2 i_1 i_2]} + \mathcal{E}_{[i_2 i_1 i_1 i_1]} | 1 \leqslant i_1 < i_2 \leqslant n\}$,

$E_3 = \{\mathcal{E}_{[i_1 i_2 i_2 i_1]} + \mathcal{E}_{[i_2 i_1 i_1 i_2]} | 1 \leqslant i_1 < i_2 \leqslant n\}$,

$E_4 = \{\mathcal{E}_{[i_1 i_2 j_1 j_2]} + \mathcal{E}_{[j_1 j_2 i_1 i_2]} + \mathcal{E}_{[i_2 i_1 j_2 j_1]} + \mathcal{E}_{[j_2 j_1 i_2 i_1]} | 1 \leqslant i_1 \leqslant i_2 \leqslant n, j_1, j_2 \in [n], \{i_1, i_2\} \neq \{j_1, j_2\}, i_1 \neq i_2$ 或 $j_1 \neq j_2\}$,

$E_5 = \{\sqrt{-1}(\mathcal{E}_{[i_1 i_2 j_1 j_2]} - \mathcal{E}_{[j_1 j_2 i_1 i_2]} + \mathcal{E}_{[i_2 i_1 j_2 j_1]} - \mathcal{E}_{[j_2 j_1 i_2 i_1]}) | 1 \leqslant i_1 \leqslant i_2 \leqslant n, j_1, j_2 \in [n], \{i_1, i_2\} \neq \{j_1, j_2\}, i_1 \neq i_2$ 或 $j_1 \neq j_2\}$,

$E_6 = \{\mathcal{E}_{[iijj]} + \mathcal{E}_{[jjii]} | 1 \leqslant i < j \leqslant n\}$,

$E_7 = \{\sqrt{-1}(\mathcal{E}_{[iijj]} - \mathcal{E}_{[jjii]}) | 1 \leqslant i < j \leqslant n\}$.

从 (a1) 和 (b1) 中, 我们得到 $s\mathbb{H}[2,n]$ 的一组基 $E_1 \cup E_2 \cup \cdots \cup E_7$.

接下来, 我们讨论 $V[2,n]$ 的基. 设 $\boldsymbol{v} = (x_1,\cdots,x_n)^\top \in \mathbb{C}^n$, $\mathcal{V} = \boldsymbol{v}^{\otimes 2} \otimes (\boldsymbol{v}^*)^{\otimes 2}$. $\mathcal{V}$ 的所有元素可以直接计算如下:

(a2) 如果 $\{i_1,i_2\} = \{j_1,j_2\}$, 那么

$\mathcal{V}_{iiii} = (x_i x_i^*)^2 \in \mathbb{R}$ 对所有的 $i \in [n]$, 或 $\mathcal{V}_{i_1i_2i_1i_2} = \mathcal{V}_{i_2i_1i_2i_1} = \mathcal{V}_{i_1i_2i_2i_1} = \mathcal{V}_{i_2i_1i_1i_2} = (x_1 x_1^*)(x_2 x_2^*) \in \mathbb{R}$ 对所有的 $1 \leqslant i_1 < i_2 \leqslant n$.

(b2) 如果 $\{i_1,i_2\} \neq \{j_1,j_2\}$ 对所有的 $1 \leqslant i_1 \leqslant i_2 \leqslant n$, $1 \leqslant j_1 \leqslant j_2 \leqslant n$, 那么有以下三种情况.

(i) 如果 $i_1 \neq i_2$ 且 $j_1 \neq j_2$, 那么 $\mathcal{V}_{i_1i_2j_1j_2} = \mathcal{V}_{i_2i_1j_2j_1} = \mathcal{V}_{j_1j_2i_1i_2}^* = \mathcal{V}_{j_2j_1i_2i_1}^* = \mathcal{V}_{i_1i_2j_2j_1} = \mathcal{V}_{i_2i_1j_1j_2} = \mathcal{V}_{j_2j_1i_1i_2}^* = \mathcal{V}_{j_1j_2i_2i_1}^* = x_{i_1}x_{i_2}x_{j_1}^*x_{j_2}^* \in \mathbb{C}$.

(ii) 如果 $i_1 = i_2$ 且 $j_1 \neq j_2$, 那么 $\mathcal{V}_{iij_1j_2} = \mathcal{V}_{iij_2j_1} = \mathcal{V}_{j_1j_2ii}^* = \mathcal{V}_{j_2j_1ii}^* = x_i^2 x_{j_1}^* x_{j_2}^* \in \mathbb{C}$.

(iii) 如果 $i_1 = i_2$ 且 $j_1 = j_2$, 那么 $\mathcal{V}_{iijj} = \mathcal{V}_{jjii}^* = x_i^2 (x_j^*)^2 \in \mathbb{C}$.

令

$F_1 = \{\mathcal{E}_{[iiii]} | i \in [n]\}$,

$F_2 = \{\mathcal{E}_{[i_1i_2i_1i_2]} + \mathcal{E}_{[i_2i_1i_2i_1]} + \mathcal{E}_{[i_1i_2i_2i_1]} + \mathcal{E}_{[i_2i_1i_1i_2]} | 1 \leqslant i_1 < i_2 \leqslant n\}$,

$F_3 = \{\mathcal{E}_{[i_1i_2j_1j_2]} + \mathcal{E}_{[j_1j_2i_1i_2]} + \mathcal{E}_{[i_2i_1j_2j_1]} + \mathcal{E}_{[j_2j_1i_2i_1]} + \mathcal{E}_{[i_2i_1j_1j_2]} + \mathcal{E}_{[j_1j_2i_2i_1]} + \mathcal{E}_{[i_2i_1j_1j_2]} + \mathcal{E}_{[j_1j_2i_2i_1]} | 1 \leqslant i_1 < i_2 \leqslant n,\ 1 \leqslant j_1 < j_2 \leqslant n,\ \{i_1,i_2\} \neq \{j_1,j_2\}\}$,

$F_4 = \{\sqrt{-1}(\mathcal{E}_{[i_1i_2j_1j_2]} - \mathcal{E}_{[j_1j_2i_1i_2]} + \mathcal{E}_{[i_2i_1j_2j_1]} - \mathcal{E}_{[j_2j_1i_2i_1]} + \mathcal{E}_{[i_2i_1j_1j_2]} - \mathcal{E}_{[j_1j_2i_2i_1]} + \mathcal{E}_{[i_2i_1j_1j_2]} - \mathcal{E}_{[j_1j_2i_2i_1]}) | 1 \leqslant i_1 < i_2 \leqslant n,\ 1 \leqslant j_1 < j_2 \leqslant n,\ \{i_1,i_2\} \neq \{j_1,j_2\}\}$,

$F_5 = \{\mathcal{E}_{[iij_1j_2]} + \mathcal{E}_{[j_1j_2ii]} + \mathcal{E}_{[iij_2j_1]} + \mathcal{E}_{[j_2j_1ii]} | i \in [n],\ 1 \leqslant j_1 < j_2 \leqslant n\}$,

$F_6 = \{\sqrt{-1}(\mathcal{E}_{[iij_1j_2]} - \mathcal{E}_{[j_1j_2ii]} + \mathcal{E}_{[iij_2j_1]} - \mathcal{E}_{[j_2j_1ii]}) | i \in [n],\ 1 \leqslant j_1 < j_2 \leqslant n\}$,

$F_7 = \{\mathcal{E}_{[iijj]} + \mathcal{E}_{[jjii]} | 1 \leqslant i < j \leqslant n\}$,

$F_8 = \{\sqrt{-1}(\mathcal{E}_{[iijj]} - \mathcal{E}_{[jjii]}) | 1 \leqslant i < j \leqslant n\}$.

设 $\mathbf{E}[2,n] := \bigcup_{i=1}^{8} F_i$. 然后通过 (a2) 和 (b2), $\mathcal{V}$ 可以写成 $\mathbf{E}[2,n]$ 中元素的实系数线性组合. 因此, $\mathbf{E}[2,n]$ 是 $V[2,n]$ 的一组基.

比较 $i = 1,2,\cdots,7$ 和 $j = 1,2,\cdots,8$ 的 $E_i$ 和 $F_j$ 集合, 我们发现如果满足以下两个条件, 对称埃尔米特张量 $\mathcal{S} \in s\mathbb{H}[2,n]$ 具有对称埃尔米特分解:

(I) $S_{i_1i_2i_1i_2} = S_{i_1i_2i_2i_1} \in \mathbb{R}$, 对于所有 $1 \leqslant i_1 < i_2 \leqslant n$;

(II) $S_{i_1i_2j_1j_2} = S_{i_1i_2j_2j_1} \in \mathbb{C}$, 对于所有 $1 \leqslant i_1 < i_2 \leqslant n$, $1 \leqslant j_1 < j_2 \leqslant n$ 以及 $\{i_1,i_2\} \neq \{j_1,j_2\}$.

最后, 我们讨论 $\mathbb{R}$ 上空间 $V[2,n]$ 的维数. 根据定理 9.3.1, 我们知道集合 $\bigcup_{i=1,i\neq 3,4}^{8} F_i$ 中的每个张量都有一个对称的埃尔米特分解. 因此, 我们还需要知道 $F_3 \cup F_4$ 中的每个张量是否都有对称的埃尔米特分解. 这可以通过计算 $\mathbb{R}$ 上空间 $V[2,4]$ 的基来证明, 如定理 9.3.1 证明. 因此, $V[2,n]$ 的维数等于集合 $\bigcup_{i=1}^{8} F_i$ 中

的元素数, 由 $\left|\bigcup_{i=1}^{8} F_i\right|$ 表示. 可以计算出 $|F_1| = n$, $|F_2| = |F_7| = |F_8| = \binom{n}{2}$,
$|F_5| = |F_6| = n\binom{n}{2}$, $|F_3| = |F_4| = \binom{n}{2}^2 - \binom{n}{2}$. 因此,

$$\dim V[2, n] = \sum_{i=1}^{8} |F_i| = n + (2n+2)\binom{n}{2} + \binom{n}{2}^2 = \frac{n^2(n+1)^2}{4}.$$

证毕.

　　**注**　从定理 9.3.2 中可以看出

$$\operatorname{rank}_H \mathcal{S} \leqslant \operatorname{rank}_{sH} \mathcal{S} \leqslant \frac{n^2(n+1)^2}{4}$$

对于所有 $\mathcal{S} \in V[2, n]$.

## 9.4　$s\mathbb{H}[m, n]$ 中的对称埃尔米特分解

　　在这一节中, 我们讨论 $s\mathbb{H}[m, n]$ 中 $m$ 阶 $n$ 维对称埃尔米特张量的对称埃尔米特分解问题. 下面是一些基本的记号.

　　令 $I_{m,n} := \{(i_1, \cdots, i_m) | i_k \in [n], k \in [m]\}$ 为下标集. 设 $\mathbb{N}$ 为非负整数集, 记

$$\mathbb{N}_m^n := \{(\alpha_1, \cdots, \alpha_n) | \alpha_1 + \cdots + \alpha_n = m, \alpha_k \in \mathbb{N}, k \in [n]\}.$$

定义下标映射

$$\boldsymbol{\alpha} : I_{m,n} \to \mathbb{N}_m^n, \boldsymbol{\alpha}(i_1, \cdots, i_m) = (\alpha_1, \cdots, \alpha_n),$$

其中 $\alpha_k$ 是集合 $\{i_t | t \in [m]\}$ 中满足 $i_t = k$ 的元素个数. $\mathfrak{S}_m$ 表示 $\{1, 2, \cdots, m\}$ 中的所有置换构成的置换群. 令 $P \in \mathfrak{S}_m$, $P(i_1, i_2, \cdots, i_m) := (i_{P(1)}, i_{P(2)}, \cdots, i_{P(m)})$. 记

$$V[m, n] := \left\{ \sum_{i=1}^{r} \lambda_i \boldsymbol{u}_i^{\otimes m} \otimes (\boldsymbol{u}_i^*)^{\otimes m} \,\middle|\, \lambda_i \in \mathbb{R}, \ \boldsymbol{u}_i \in \mathbb{C}^n, r \in \mathbb{Z}_+ \right\}$$

表示所有 $m$ 阶 $n$ 维对称埃尔米特可分解张量的集合.

### 9.4.1　对称埃尔米特可分解判别

　　**定理 9.4.1**　设 $\mathcal{S} \in S\mathbb{H}[m, n]$ 是一个 $m$ 阶 $n$ 维对称埃尔米特张量. 则 $\mathcal{S}$ 是对称埃尔米特可分张量, 当且仅当对于所有 $I, J \in I_{m,n}$, $P, Q \in \mathfrak{S}_m$, $\mathcal{S}$ 满足

$$\mathcal{S}_{IJ} = \mathcal{S}_{P(I)Q(J)}. \tag{9.4}$$

**证明**　(必要性) 假设 $\mathcal{S}$ 是对称的埃尔米特可分解张量, 那么 $\mathcal{S} \in V[m,n]$. 设 $V = \boldsymbol{v}^{\otimes m} \otimes (\boldsymbol{v}^*)^{\otimes m}$, 其中 $\boldsymbol{v} = (x_1, \cdots, x_n)^\top \in \mathbb{C}^n$. 对于 $I, J \in I_{m,n}$ 和 $P, Q \in \mathfrak{S}_m$, 我们有 $V_{IJ} = V_{P(I)Q(J)} = \boldsymbol{x}^{\boldsymbol{\alpha}(I)}(\boldsymbol{x}^*)^{\boldsymbol{\alpha}(J)}$. 这意味着对于所有 $P, Q \in \mathfrak{S}_m$, 有 $\mathcal{S}_{IJ} = \mathcal{S}_{P(I)Q(J)}$,

(充分性) 充分性的证明需要以下引理. 证毕.

**引理 9.4.1**　设 $m, n \in \mathbb{Z}_+$, $I, J \in I_{m,n}$. 那么 $\boldsymbol{\alpha}(I) = \boldsymbol{\alpha}(J)$ 当且仅当有一个置换 $P \in \mathfrak{S}_m$, 使得 $J = P(I)$.

**证明**　设 $\boldsymbol{\alpha}(I) = (\alpha_1, \cdots, \alpha_n)$, $\boldsymbol{\alpha}(J) = (\beta_1, \cdots, \beta_n)$. 那么有两个置换 $P, Q \in \mathfrak{S}_m$,

$$P(I) = (\overbrace{1, \cdots, 1}^{\alpha_1}, \cdots, \overbrace{n, \cdots, n}^{\alpha_n}), \quad Q(J) = (\overbrace{1, \cdots, 1}^{\beta_1}, \cdots, \overbrace{n, \cdots, n}^{\beta_n}).$$

显然, $\boldsymbol{\alpha}(I) = \boldsymbol{\alpha}(J)$ 当且仅当 $P(I) = Q(J)$. 同样, 因为 $\mathfrak{S}_m$ 是一个乘法组, 所以 $Q^{-1} \in \mathfrak{S}_m$, $Q^{-1} \circ P \in \mathfrak{S}_m$, 其中 $\circ$ 是群 $\mathfrak{S}$ 的乘法. 因此, $J = (Q^{-1} \circ P)(I)$. 证毕.

$\mathbb{H}[\boldsymbol{x}]_{2m} := \mathbb{H}[x_1, \cdots, x_n]_{2m}$ 表示 $\mathbb{C}^n$ 上的次数为 $2m$ 的齐次多项式, 可以将任意 $h(\boldsymbol{x}, \boldsymbol{x}^*) \in \mathbb{H}[\boldsymbol{x}]_{2m}$ 写作

$$h(\boldsymbol{x}, \boldsymbol{x}^*) = \sum_{\boldsymbol{\alpha}, \boldsymbol{\beta} \in \mathbb{N}_m^n} h_{\boldsymbol{\alpha}\boldsymbol{\beta}} \boldsymbol{x}^{\boldsymbol{\alpha}} (\boldsymbol{x}^*)^{\boldsymbol{\beta}}, \tag{9.5}$$

其中 $h_{\boldsymbol{\alpha}\boldsymbol{\beta}}$ 满足 $h_{\boldsymbol{\alpha}\boldsymbol{\beta}} = h_{\boldsymbol{\beta}\boldsymbol{\alpha}}^*$. $S\mathbb{H}_0[m,n]$ 表示满足条件 (9.4) 的所有对称埃尔米特张量集. 定义一个映射 $\phi : S\mathbb{H}_0[m,n] \longrightarrow \mathbb{H}[\boldsymbol{x}]_{2m}$.

$$\phi(S) := \sum_{I, J \in I_{m,n}} S_{IJ} \boldsymbol{x}^{\boldsymbol{\alpha}(I)} (\boldsymbol{x}^*)^{\boldsymbol{\alpha}(J)}. \tag{9.6}$$

由引理 9.4.1, $S\mathbb{H}_0[m,n]$ 中的对称埃尔米特张量与 $\mathbb{H}[\boldsymbol{x}]_{2m}$ 中的齐次多项式之间的映射是双射. 因此 $S\mathbb{H}_0[m,n] \cong \mathbb{H}[\boldsymbol{x}]_{2m}$. 对于任何 $F, G \in \mathbb{H}[\boldsymbol{x}]_{2m}$, 有

$$F(\boldsymbol{x}, \boldsymbol{x}^*) = \sum_{|\boldsymbol{\alpha}| = |\boldsymbol{\beta}| = m} \binom{m}{\alpha_1, \cdots, \alpha_n} \binom{m}{\beta_1, \cdots, \beta_n} f_{\boldsymbol{\alpha}\boldsymbol{\beta}} \boldsymbol{x}^{\boldsymbol{\alpha}} (\boldsymbol{x}^*)^{\boldsymbol{\beta}},$$

$$G(\boldsymbol{x}, \boldsymbol{x}^*) = \sum_{|\boldsymbol{\alpha}| = |\boldsymbol{\beta}| = m} \binom{m}{\alpha_1, \cdots, \alpha_n} \binom{m}{\beta_1, \cdots, \beta_n} g_{\boldsymbol{\alpha}\boldsymbol{\beta}} \boldsymbol{x}^{\boldsymbol{\alpha}} (\boldsymbol{x}^*)^{\boldsymbol{\beta}},$$

我们定义多项式函数内积如下

$$\langle F, G \rangle := \sum_{|\boldsymbol{\alpha}| = |\boldsymbol{\beta}| = m} \binom{m}{\alpha_1, \cdots, \alpha_n} \binom{m}{\beta_1, \cdots, \beta_n} f_{\boldsymbol{\alpha}\boldsymbol{\beta}} \, g_{\boldsymbol{\alpha}\boldsymbol{\beta}}^*.$$

易知, $\langle \cdot, \cdot \rangle$ 是通常意义上的内积.

**引理 9.4.2**　多项式函数内积 $\langle\cdot,\cdot\rangle : \mathbb{H}[\boldsymbol{x}]_{2m} \times \mathbb{H}[\boldsymbol{x}]_{2m} \to \mathbb{C}$ 是双线性、共轭对称和非退化的. 即 $\langle\cdot,\cdot\rangle$ 是双线性运算. 对任意的 $F, G \in \mathbb{H}[\boldsymbol{x}]_{2m}$, $\langle F, G\rangle = \langle G, F\rangle^*$. 如果对所有的 $G \in \mathbb{H}[\boldsymbol{x}]_{2m}$ 均有 $\langle F, G\rangle = 0$, 则 $F \equiv 0$.

**证明**　双线性和共轭对称性可以直接从定义得到. 下面证明它是非退化的. 假设 $\langle F, G\rangle = 0$ 对所有的 $G \in \mathbb{H}[\boldsymbol{x}]2m$ 成立. 定义 $G_{\boldsymbol{\alpha\beta}}$ 和 $\mathrm{i}G_{\boldsymbol{\alpha\beta}}$ 为如下多项式函数

$$G_{\boldsymbol{\alpha\beta}} = \frac{1}{2}(\boldsymbol{x}^{\boldsymbol{\alpha}}(\boldsymbol{x}^*)^{\boldsymbol{\beta}} + (\boldsymbol{x}^*)^{\boldsymbol{\alpha}}\boldsymbol{x}^{\boldsymbol{\beta}}),$$

$$\mathrm{i}G_{\boldsymbol{\alpha\beta}} = \frac{1}{2}(\sqrt{-1}\boldsymbol{x}^{\boldsymbol{\alpha}}(\boldsymbol{x}^*)^{\boldsymbol{\beta}} - \sqrt{-1}(\boldsymbol{x}^*)^{\boldsymbol{\alpha}}\boldsymbol{x}^{\boldsymbol{\beta}}),$$

其中 $|\boldsymbol{\alpha}| = |\boldsymbol{\beta}| = m$. 则有 $G_{\boldsymbol{\alpha\beta}} \in \mathbb{H}[\boldsymbol{x}]_{2m}$, $\mathrm{i}G_{\boldsymbol{\alpha\beta}} \in \mathbb{H}[\boldsymbol{x}]_{2m}$ 以及

$$\langle F, G_{\boldsymbol{\alpha\beta}}\rangle = \frac{1}{2}\binom{m}{\alpha_1,\cdots,\alpha_n}\binom{m}{\beta_1,\cdots,\beta_n}\frac{f_{\boldsymbol{\alpha\beta}} + f_{\boldsymbol{\beta\alpha}}}{\binom{m}{\alpha_1,\cdots,\alpha_n}\binom{m}{\beta_1,\cdots,\beta_n}} = \operatorname{Re} f_{\boldsymbol{\alpha\beta}},$$

$$\langle F, \mathrm{i}G_{\boldsymbol{\alpha\beta}}\rangle = \frac{1}{2}\binom{m}{\alpha_1,\cdots,\alpha_n}\binom{m}{\beta_1,\cdots,\beta_n}\frac{f_{\boldsymbol{\alpha\beta}}(\sqrt{-1})^* + f_{\boldsymbol{\beta\alpha}}(-\sqrt{-1})^*}{\binom{m}{\alpha_1,\cdots,\alpha_n}\binom{m}{\beta_1,\cdots,\beta_n}} = \operatorname{Im} f_{\boldsymbol{\alpha\beta}}.$$

因此, 如果对所有的 $G \in \mathbb{H}[\boldsymbol{x}]_{2m}$ 均有 $\langle F, G\rangle = 0$, 必有 $F \equiv 0$. 证毕.

**引理 9.4.3**　设 $G = (a_1 x_1 + \cdots + a_n x_n)^m (a_1^* x_1^* + \cdots + a_n^* x_n^*)^m$. 那么对于任何 $F \in \mathbb{H}[x]_{2m}$, 我们有

$$\langle F, G\rangle = F(\boldsymbol{a}^*, \boldsymbol{a}),$$

其中 $\boldsymbol{a} = (a_1, \cdots, a_n)^\top \in \mathbb{C}^n$.

**证明**　记 $\boldsymbol{a}^{\boldsymbol{\alpha}} = a_1^{\alpha_1}\cdots a_n^{\alpha_n}$. 那么

$$G = \sum_{|\boldsymbol{\alpha}|=m}\sum_{|\boldsymbol{\beta}|=m}\binom{m}{\alpha_1,\cdots,\alpha_n}\binom{m}{\beta_1,\cdots,\beta_n}\boldsymbol{a}^{\boldsymbol{\alpha}}(\boldsymbol{a}^*)^{\boldsymbol{\beta}}\,\boldsymbol{x}^{\boldsymbol{\alpha}}(\boldsymbol{x}^*)^{\boldsymbol{\beta}}.$$

对于任意多项式函数

$$F(\boldsymbol{x}, \boldsymbol{x}^*) = \sum_{|\boldsymbol{\alpha}|=|\boldsymbol{\beta}|=m}\binom{m}{\alpha_1,\cdots,\alpha_n}\binom{m}{\beta_1,\cdots,\beta_n}f_{\boldsymbol{\alpha\beta}}\boldsymbol{x}^{\boldsymbol{\alpha}}(\boldsymbol{x}^*)^{\boldsymbol{\beta}},$$

由多项式函数内积的定义, 可以得到

$$F(\boldsymbol{a}^*, \boldsymbol{a}) = \sum_{|\boldsymbol{\alpha}|=|\boldsymbol{\beta}|=m}\binom{m}{\alpha_1,\cdots,\alpha_n}\binom{m}{\beta_1,\cdots,\beta_n}f_{\boldsymbol{\alpha\beta}}(\boldsymbol{a}^*)^{\boldsymbol{\alpha}}\boldsymbol{a}^{\boldsymbol{\beta}} = \langle F, G\rangle.$$

证毕.

**定理 9.4.1的充分性证明** 我们只证明由所有单项式 $(\boldsymbol{a}^\top\boldsymbol{x})^m((\boldsymbol{a}^*)^\top(\boldsymbol{x}^*))^m$ 生成的向量空间不包含在 $\mathbb{H}[\boldsymbol{x}]_{2m}$ 的某个超平面中. (反证法) 否则, 将存在一个 $\mathbb{H}[\boldsymbol{x}]_{2m}$ 的非零元, 在双线性形式 $\langle\cdot,\cdot\rangle$ 作用下, 与所有单项式函数 $(\boldsymbol{a}^\top\boldsymbol{x})^m((\boldsymbol{a}^*)^\top\cdot(\boldsymbol{x}^*))^m$, $\boldsymbol{a}\in\mathbb{C}^n$ 正交. 即, 存在这个非零多项式 $F(\boldsymbol{x},\boldsymbol{x}^*)\in\mathbb{H}[\boldsymbol{x}]_{2m}$ 与所有单项式正交. 由引理 9.4.3, 则对于所有的 $\boldsymbol{a}\in\mathbb{C}^n$ 均有 $F(\boldsymbol{a}^*,\boldsymbol{a})=0$. 但这是不可能的, 因为一个非零多项式在 $\mathbb{C}^n$ 上的函数值不会全为零. 证毕.

### 9.4.2 实域上对称埃尔米特可分张量空间

我们将对称埃尔米特可分张量集合 $V[m,n]$ 视为实域 $\mathbb{R}$ 上的线性空间, 即每个张量 $\mathcal{S}\in V[m,n]$ 都是关于 $\boldsymbol{u}^{\otimes m}\otimes(\boldsymbol{u}^*)^{\otimes m}$ $(\boldsymbol{u}\in\mathbb{C}^n)$ 的实线性组合. 在这一小节中, 我们讨论维数 $\dim V[m,n]$ 和 $V[m,n]$ 在实数域 $\mathbb{R}$ 上的一组基.

**定理 9.4.2** $\dim V[m,n]=\dbinom{n+m-1}{m}^2$.

**证明** 从 9.4.1 节中的讨论, 我们知道

$$S\mathbb{H}_0[m,n]=V[m,n]\cong\mathbb{H}[\boldsymbol{x}]_{2m}.$$

将 $\mathbb{H}[\boldsymbol{x}]_{2m}$ 看作是 $\mathbb{R}$ 上的线性空间. 于是 $\dim V[m,n]=\dim\mathbb{H}[\boldsymbol{x}]_{2m}$. 每一个多项式 $h\in\mathbb{H}[\boldsymbol{x}]_{2m}$ 都是所有满足 $|\boldsymbol{\alpha}|=|\boldsymbol{\beta}|=m$ 和 $h_{\boldsymbol{\alpha\beta}}=h_{\boldsymbol{\beta\alpha}}^*$ 的单项式 $h_{\boldsymbol{\alpha\beta}}\boldsymbol{x}^{\boldsymbol{\alpha}}(\boldsymbol{x}^*)^{\boldsymbol{\beta}}$ 的实系数线性组合. 确切地说, 分以下两种情况:

(1) 如果 $\boldsymbol{\alpha}=\boldsymbol{\beta}$, 则 $h$ 中的这些项 $h_{\boldsymbol{\alpha\beta}}\boldsymbol{x}^{\boldsymbol{\alpha}}(\boldsymbol{x}^*)^{\boldsymbol{\beta}}$ 是单项式 $\boldsymbol{x}^{\boldsymbol{\alpha}}(\boldsymbol{x}^*)^{\boldsymbol{\alpha}}$ 的实线性组合.

(2) 如果 $\boldsymbol{\alpha}\neq\boldsymbol{\beta}$, $h$ 中的这些项 $h_{\boldsymbol{\alpha\beta}}\boldsymbol{x}^{\boldsymbol{\alpha}}(\boldsymbol{x}^*)^{\boldsymbol{\beta}}+h_{\boldsymbol{\beta\alpha}}\boldsymbol{x}^{\boldsymbol{\beta}}(\boldsymbol{x}^*)^{\boldsymbol{\alpha}}$ 是 $\boldsymbol{x}^{\boldsymbol{\alpha}}(\boldsymbol{x}^*)^{\boldsymbol{\beta}}+\boldsymbol{x}^{\boldsymbol{\beta}}(\boldsymbol{x}^*)^{\boldsymbol{\alpha}}$ 和 $\sqrt{-1}\boldsymbol{x}^{\boldsymbol{\alpha}}(\boldsymbol{x}^*)^{\boldsymbol{\beta}}-\sqrt{-1}\boldsymbol{x}^{\boldsymbol{\beta}}(\boldsymbol{x}^*)^{\boldsymbol{\alpha}}$ 的实线性组合.

通过计算, 情况 (1) 的维数等于 $\dbinom{n+m-1}{m}$, 情况 (2) 的维数等于 $\dbinom{n+m-1}{m}^2-\dbinom{n+m-1}{m}$. 因此, 总维数等于 $\dbinom{n+m-1}{m}^2$. 证毕.

**定理 9.4.3** 设 $\boldsymbol{\alpha}\in\mathbb{N}_m^n$. 定义 $I_{\boldsymbol{\alpha}}:=\{I|\boldsymbol{\alpha}=\boldsymbol{\alpha}(I),\ I\in I_{m,n}\}$. 令

$$E_1=\left\{\sum_{I,J\in I_{\boldsymbol{\alpha}}}\mathcal{E}_I\otimes\mathcal{E}_J\ \bigg|\ |\boldsymbol{\alpha}|=m\right\},$$

$$E_2=\left\{\sum_{I\in I_{\boldsymbol{\alpha}},J\in J_{\boldsymbol{\beta}},I<J}\mathcal{E}_I\otimes\mathcal{E}_J+\mathcal{E}_J\otimes\mathcal{E}_I\ \bigg|\ \boldsymbol{\alpha}\neq\boldsymbol{\beta},\ |\boldsymbol{\alpha}|=|\boldsymbol{\beta}|=m\right\},$$

$$E_3=\left\{\sqrt{-1}\sum_{I\in I_{\boldsymbol{\alpha}},J\in J_{\boldsymbol{\beta}},I<J}\mathcal{E}_I\otimes\mathcal{E}_J-\mathcal{E}_J\otimes\mathcal{E}_I\ \bigg|\ \boldsymbol{\alpha}\neq\boldsymbol{\beta},\ |\boldsymbol{\alpha}|=|\boldsymbol{\beta}|=m\right\},$$

其中, $I < J$ 是字典序下的不等式. 设 $\mathbf{E}[m,n] := \bigcup_{i=1}^{3} E_i$. 那么 $\mathbf{E}[m,n]$ 是 $\mathbb{R}$ 上线性空间 $V[m,n]$ 的一组基.

**证明**　通过定理 9.4.1, 很容易验证如果 $\mathcal{E} \in \mathbf{E}[m,n]$, 那么 $\mathcal{E} \in V[m,n]$. $\mathbf{E}[m,n]$ 的所有张量都是线性独立的. 接下来, 我们只证明 $V[m,n]$ (或 $S\mathbb{H}_0[m,n]$) 中的每个张量是 $\mathbf{E}[m,n]$ 中元素的实线性组合.

假设映射 $\phi$ 由 (9.6) 定义, 那么其逆映射 $\phi^{-1} : \mathbb{H}[\boldsymbol{x}]_{2m} \to S\mathbb{H}_0[m,n]$ 定义为

$$(\phi^{-1}(h))_{IJ} := \frac{h_{\boldsymbol{\alpha\beta}}}{\binom{m}{\alpha_1,\cdots,\alpha_n}\binom{m}{\beta_1,\cdots,\beta_n}}, \tag{9.7}$$

这里 $h \in \mathbb{H}[\boldsymbol{x}]_{2m}$ 如 (9.5) 式所示, $\phi^{-1}(h) \in S\mathbb{H}_0[m,n]$, $\boldsymbol{\alpha},\boldsymbol{\beta} \in \mathbb{N}_m^n$, $I \in I_{\boldsymbol{\alpha}}$, $J \in I_{\boldsymbol{\beta}}$.

也即, $\phi^{-1}$ 定义为

$$(\phi^{-1}(h)) := \sum_{\boldsymbol{\alpha},\boldsymbol{\beta}\in\mathbb{N}_m^n} \sum_{I\in I_{\boldsymbol{\alpha}},J\in I_{\boldsymbol{\beta}}} \frac{h_{\boldsymbol{\alpha\beta}}}{\binom{m}{\alpha_1,\cdots,\alpha_n}\binom{m}{\beta_1,\cdots,\beta_n}} \mathcal{E}_{IJ}. \tag{9.8}$$

由于 $h_{\boldsymbol{\alpha\beta}} = h_{\boldsymbol{\beta\alpha}}^*$, 我们推导出下面等式

$$
\begin{aligned}
(\phi^{-1}(h)) &= \sum_{\boldsymbol{\alpha}\in\mathbb{N}_m^n} \sum_{I\in I_{\boldsymbol{\alpha}},J\in I_{\boldsymbol{\alpha}}} \frac{h_{\boldsymbol{\alpha\alpha}}}{\binom{m}{\alpha_1,\cdots,\alpha_n}\binom{m}{\alpha_1,\cdots,\alpha_n}} \mathcal{E}_{IJ} \\
&\quad + \sum_{\boldsymbol{\alpha},\boldsymbol{\beta}\in\mathbb{N}_m^n} \sum_{I\in I_{\boldsymbol{\alpha}},J\in I_{\boldsymbol{\beta}},I<J} \frac{h_{\boldsymbol{\alpha\beta}}\mathcal{E}_{IJ} + h_{\boldsymbol{\beta\alpha}}\mathcal{E}_{JI}}{\binom{m}{\alpha_1,\cdots,\alpha_n}\binom{m}{\beta_1,\cdots,\beta_n}} \\
&= \sum_{\boldsymbol{\alpha}\in\mathbb{N}_m^n} \frac{h_{\boldsymbol{\alpha\alpha}}}{\binom{m}{\alpha_1,\cdots,\alpha_n}\binom{m}{\alpha_1,\cdots,\alpha_n}} \sum_{I\in I_{\boldsymbol{\alpha}},J\in I_{\boldsymbol{\alpha}}} \mathcal{E}_{IJ} \\
&\quad + \sum_{\boldsymbol{\alpha},\boldsymbol{\beta}\in\mathbb{N}_m^n} \frac{\mathrm{Re}(h_{\boldsymbol{\alpha\beta}})}{\binom{m}{\alpha_1,\cdots,\alpha_n}\binom{m}{\beta_1,\cdots,\beta_n}} \sum_{I\in I_{\boldsymbol{\alpha}},J\in I_{\boldsymbol{\beta}},I<J} (\mathcal{E}_{IJ} + \mathcal{E}_{JI}) \\
&\quad + \sum_{\boldsymbol{\alpha},\boldsymbol{\beta}\in\mathbb{N}_m^n} \frac{\mathrm{Im}(h_{\boldsymbol{\alpha\beta}})}{\binom{m}{\alpha_1,\cdots,\alpha_n}\binom{m}{\beta_1,\cdots,\beta_n}} \sum_{I\in I_{\boldsymbol{\alpha}},J\in I_{\boldsymbol{\beta}},I<J} \sqrt{-1}\,(\mathcal{E}_{IJ} - \mathcal{E}_{JI}).
\end{aligned}
$$

证毕.

**注 1**　由定理 9.4.2 得到

$$\mathrm{rank}_H \mathcal{S} \leqslant \mathrm{rank}_{sH} \mathcal{S} \leqslant \binom{n+m-1}{m}^2,$$

其中 $\mathcal{S} \in s\mathbb{H}[m,n]$.

**注 2** 在参考文献 [56] 中, Fu, Jiang 和 Li 证明了任何共轭部分对称张量都可以分解为秩 1 共轭部分对称张量的和, 这提出了通过秩 1 共轭部分对称张量的线性组合得到共轭部分对称张量的另一种定义形式. 因此, 对称埃尔米特可分解张量集合 $V[m,n]$ 等价于共轭部分对称复张量集合 $C_{cps}^{n^{2m}}$.

### 9.4.3 基于基的对称埃尔米特分解

设 $\mathcal{V}(x,y) = \boldsymbol{v}^{\otimes 2} \otimes (\boldsymbol{v}^*)^{\otimes 2}$, $x,y \in \mathbb{C}$. 通过定理 9.3.1 的证明, 我们知道下列九个张量

$$\{\mathcal{V}(1,0), \mathcal{V}(0,1), \mathcal{V}(1,1), \mathcal{V}(1,\sqrt{-1}), \mathcal{V}(\sqrt{-1},1),$$
$$\mathcal{V}(1+\sqrt{-1},1), \mathcal{V}(1,1+\sqrt{-1}), \mathcal{V}(1,2), \mathcal{V}(2,1)\} \tag{9.9}$$

在 $\mathbb{R}$ 上是线性独立的. 因此, 它们构成了 $\mathbb{R}$ 上线性空间 $V[2,2]$ 的一组基, 这意味着每个对称埃尔米特可分解张量都是它们的线性组合. 用 $\{\mathcal{V}_1, \mathcal{V}_2, \cdots, \mathcal{V}_9\}$ 表示 (9.9) 中的张量集. 令 $B_{\mathcal{E}}$ 是一个矩阵, 满足

$$(\mathcal{E}_1, \mathcal{E}_2, \cdots, \mathcal{E}_9)^{\top} = B_{\mathcal{E}}(\mathcal{V}_1, \mathcal{V}_2, \cdots, \mathcal{V}_9)^{\top},$$

其中 $\mathcal{E}_1, \mathcal{E}_2, \cdots, \mathcal{E}_9$ 的定义见定理证明 9.3.1. 对于每一个对称埃尔米特可分解张量 $\mathcal{S} \in V[2,2]$, 设 $\mathcal{S} = (s_1, s_2, \cdots, s_9)(\mathcal{E}_1, \mathcal{E}_2, \cdots, \mathcal{E}_9)^{\top}$, $s_i \in \mathbb{R}$. 那么

$$\mathcal{S} = (s_1, s_2, \cdots, s_9)B_{\mathcal{E}}(\mathcal{V}_1, \mathcal{V}_2, \cdots, \mathcal{V}_9)^{\top} = x_1\mathcal{V}_1 + x_2\mathcal{V}_2 + \cdots + x_9\mathcal{V}_9.$$

这是 $\mathcal{S}$ 的一个对称埃尔米特分解. 对于一般情况 $V[m,n]$, 我们得到以下结果.

**定理 9.4.4** 令 $N = \dbinom{n+m-1}{m}^2$. 假设 $m$ 和 $n$ 是不小于 2 的正整数. 将 $V[m,n]$ 看作是实数域 $\mathbb{R}$ 上的线性空间. 那么

(a) 有 $N$ 个不同的向量 $\boldsymbol{v}_i \in \mathbb{C}^n$, $i = 1, 2, \cdots, N$, 使得

$$\mathfrak{B} = \{\boldsymbol{v}_i^{\otimes m} \otimes (\boldsymbol{v}_i^*)^{\otimes m} | i = 1, 2, \cdots, N\}$$

构成 $V[m,n]$ 的一组基, $\mathfrak{B}$ 称为 $V[m,n]$ 的**对称埃尔米特基**;

(b) 每个对称埃尔米特可分张量 $S \in V[m,n]$ 都是基 $\mathfrak{B}$ 在 $\mathbb{R}$ 上的线性组合, 换言之, 我们可以用基 $\mathfrak{B}$ 得到对称的埃尔米特分解.

**证明** (a) 根据定理 9.4.3, 已知每个张量 $\mathcal{E} \in \mathbf{E}[m,n]$ 都有对称的埃尔米特分解

$$\mathcal{E} = \sum_{i=1}^{r} \lambda_i \boldsymbol{v}_i^{\otimes m} \otimes (\boldsymbol{v}_i^*)^{\otimes m}, \quad \lambda_i \in \mathbb{R}.$$

令 $V_{\mathcal{E}} := \{\boldsymbol{v}_i^{\otimes m} \otimes (\boldsymbol{v}_i^*)^{\otimes m} | i = 1, 2, \cdots, r\}$ 为 $\mathcal{E}$ 的分解张量元组. 再令

$$V_E(m, n) = \bigcup_{\mathcal{E} \in \mathbf{E}[m,n]} V_{\mathcal{E}}.$$

因为 $\mathbf{E}[m, n]$ 是 $\mathbb{R}$ 上的 $V[m, n]$ 的基, 并且 $N = \dim V[m, n]$, 所以在 $V_E(m, n)$ 中存在 $N$ 个线性独立的元素来构成 $V[m, n]$ 的一组基. 因此, 结论 (a) 成立.

(b) 设 $\mathfrak{B}$ 是 $V[m, n]$ 的对称埃尔米特基. 那么每个对称埃尔米特可分张量 $\mathcal{S} \in V[m, n]$ 都可以写成 $\mathfrak{B}$ 中张量的实线性组合, 即

$$\mathcal{S} = \sum_{i=1}^N x_i \boldsymbol{v}_i^{\otimes m} \otimes (\boldsymbol{v}_i^*)^{\otimes m}, \quad x_i \in \mathbb{R}.$$

证毕.

**注 1**　假设 $\mathfrak{B}$ 是 $V[m, n]$ 的对称埃尔米特基 $V[m, n]$. 我们可以写成

$$(\mathcal{E}_1, \mathcal{E}_2, \cdots, \mathcal{E}_N)^\top = B_{\mathcal{E}} (\mathcal{V}_1, \mathcal{V}_2, \cdots, \mathcal{V}_N)^\top,$$

其中, $B_{\mathcal{E}} \in \mathbb{R}^{N \times N}$ 是实矩阵, $\mathcal{E}_i \in E(m, n)$, $\mathcal{V}_i \in \mathfrak{B}$. 对于每一个 $\mathcal{S} \in V[m, n]$, 都有一个向量 $(s_1, s_2, \cdots, s_N)^\top \in \mathbb{R}^n$, 使得

$$\mathcal{S} = s_1 \mathcal{E}_1 + s_2 \mathcal{E}_2 + \cdots + s_N \mathcal{E}_N = (s_1, s_2, \cdots, s_N)(\mathcal{E}_1, \mathcal{E}_2, \cdots, \mathcal{E}_N)^\top.$$

设 $(x_1, x_2, \cdots, x_N) = (s_1, s_2, \cdots, s_N) B_{\mathcal{E}}$. $\mathcal{S}$ 的分解如下

$$\mathcal{S} = (s_1, s_2, \cdots, s_N) B_{\mathcal{E}} (\mathcal{V}_1, \mathcal{V}_2, \cdots, \mathcal{V}_N)^\top = \sum_{i=1}^N x_i \mathcal{V}_i.$$

**注 2**　设 $\mathfrak{B}[m, n]$ 是所有 $V[m, n]$ 的对称埃尔米特基 $\mathfrak{B}$ 的集合, $V[m, n]$ 在定理 9.4.4 中定义. 对称埃尔米特分解的秩也可以定义为

$$\mathrm{rank}_{sH}\mathcal{S} = \min \left\{ ||(x_1, x_2, \cdots, x_N)||_0 \ \middle| \ \mathcal{S} = \sum_{i=1}^N x_i \mathcal{V}_i, \ \mathcal{V}_i \in \mathfrak{B}. \ \forall \mathfrak{B} \in \mathfrak{B}[m, n] \right\}.$$

## 9.5　埃尔米特分解在量子纠缠中的应用

### 9.5.1　混合量子态的对称可分性检验

在这一小节中, 我们用定理 9.3.2 和定理 9.4.1 检验一类对称可分的混合量子态是非对称可分的.

**例 9.5.1** (各向同性态)  考虑一个二部的 $n$ 维混合态, 在 [184] 中称为各向同性态,

$$\rho(F) = \frac{1-F}{n^2-1}\left(\mathbb{I} - |\Phi^+\rangle\langle\Phi^+|\right) + F|\Phi^+\rangle\langle\Phi^+|,$$

其中 $|\Phi^+\rangle = \frac{1}{\sqrt{n}}\sum_{i=1}^{n}|ii\rangle$. M. Horodecki 和 P. Horodecki 在文献 [79] 中指出当 $F \in \left[0, \frac{1}{n}\right]$ 时量子态 $\rho_{\mathrm{iso}}(F)$ 是可分的. 显然, 这是一个对称态. 当 $n = 2$, $F = \frac{1}{2}$ 时, 文献 [110] 通过数值计算, 证明了这个量子态没有对称分解, 但是得到一个含有五项的非对称分解.

下面我们证明对称量子态 $\rho(F)$ 没有对称分解.

**证明**  设 $\mathcal{H}_\rho(F)$, $\mathcal{H}_\mathbb{I}$ 和 $\mathcal{T}_\Phi$ 分别是量子态 $\rho(F)$, $\mathbb{I}$ 和 $|\Phi^+\rangle$ 对应的张量. 那么

$$(\mathcal{H}_\mathbb{I})_{i_1 i_2 j_1 j_2} = \begin{cases} 1, & \text{如果 } i_1 = j_1, \ i_2 = j_2, \\ 0, & \text{其他情况;} \end{cases}$$

$$(\mathcal{T}_\Phi)_{i_1 i_2} = \begin{cases} 1/\sqrt{n}, & \text{如果 } i_1 = i_2, \\ 0, & \text{其他情况.} \end{cases}$$

因此

$$(\mathcal{H}_\rho(F))_{i_1 i_2 j_1 j_2} = \frac{1-F}{n^2-1}\left(\mathcal{H}_\mathbb{I} - \mathcal{T}_\Phi \otimes \mathcal{T}_\Phi^*\right)_{i_1 i_2 j_1 j_2} + F \cdot (\mathcal{T}_\Phi \otimes \mathcal{T}_\Phi^*)_{i_1 i_2 j_1 j_2}$$

$$= \begin{cases} \dfrac{1-F}{n^2-1}\left(1 - \dfrac{1}{n}\right) + \dfrac{F}{n}, & \text{如果 } i_1 = i_2 = j_1 = j_2, \\[2mm] -\dfrac{1-F}{n(n^2-1)} + \dfrac{F}{n}, & \text{如果 } i_1 = i_2 \neq j_1 = j_2, \\[2mm] \dfrac{1-F}{n^2-1}, & \text{如果 } i_1 = j_1 \neq i_2 = j_2, \\[2mm] 0, & \text{其他情况.} \end{cases}$$

因此, 对于每个 $1 \leqslant i_1 < i_2 \leqslant n$, 得到

$$(\mathcal{H}_\rho(F))_{i_1 i_2 i_1 i_2} = \frac{1-F}{n^2-1} \neq (\mathcal{H}_\rho(F))_{i_1 i_2 i_2 i_1} = 0.$$

根据定理 9.3.2, 意味着 $\mathcal{H}_\rho(F)$ 没有对称的埃尔米特分解. 因此, $\rho(F)$ 没有对称分解. 证毕.

**例 9.5.2**  这是文献 [110, Example 3] 中的一个问题. 设 $|\phi_i\rangle \in \mathbb{C}^n$ $(i \in [m])$ 是非零标准化态, 并且彼此不同. 令

$$\rho = \frac{1}{m!}\sum_{P \in \mathfrak{S}_m} |\phi_{P(1)} \cdots \phi_{P(m)}\rangle\langle\phi_{P(1)} \cdots \phi_{P(m)}|.$$

很明显, 量子态 $\rho$ 是可分的和对称的. 但是, 通过数值计算, 当 $m = 2$, $n = 2, 3, 4$ 和 $m = 3$, $n = 2, 3, 4$ 时, $\rho$ 没有对称埃尔米特分解, 这里所有的 $|\phi_i\rangle$ $(i \in [m])$ 都是随机生成的. 因此, 文献 [110] 猜想这类量子态中没有对称分解. 下面是对这一个猜想的证明.

**证明**　下面我们采用定理 9.3.2 和定理 9.4.1 证明对任意的 $m, n \geqslant 2, \mathcal{H}_\rho$ 均没有对称埃尔米特分解.

设 $\boldsymbol{v}^{(i)}$ 是量子态 $|\phi_i\rangle$ 所对应得向量. 那么 $\|\boldsymbol{v}^{(i)}\|_2 = 1$, $\rho$ 对应的埃尔米特张量为

$$\mathcal{H}_\rho = \frac{1}{m!} \sum_{P \in \mathfrak{S}_m} \otimes_{i=1}^m \boldsymbol{v}^{P(i)} \otimes_{i=1}^m (\boldsymbol{v}^{P(i)})^*.$$

我们假设 $\boldsymbol{v}^{(1)}, \boldsymbol{v}^{(2)}, \cdots, \boldsymbol{v}^{(m)}$ 是两两线性独立的, 因为 $|\phi_i\rangle (i \in [m])$ 是不同的并且是随机获得的.

当 $m = 2$ 时, 根据定理 9.3.2 的条件 (I), 如果 $\mathcal{H}_\rho$ 有对称埃尔米特分解, 则

$$(\mathcal{H}_\rho)_{i_1 i_2 i_1 i_2} = (\mathcal{H}_\rho)_{i_1 i_2 i_2 i_1}, \quad \forall\, 1 \leqslant i_1 < i_2 \leqslant n. \tag{9.10}$$

因为,

$$2(\mathcal{H}_\rho)_{i_1 i_2 i_1 i_2} = v_{i_1}^{(1)} v_{i_2}^{(2)} (v^{(1)})_{i_1}^* (v^{(2)})_{i_2}^* + v_{i_1}^{(2)} v_{i_2}^{(1)} (v^{(2)})_{i_1}^* (v^{(1)})_{i_2}^*, \tag{9.11}$$

$$2(\mathcal{H}_\rho)_{i_1 i_2 i_2 i_1} = v_{i_1}^{(1)} v_{i_2}^{(2)} (v^{(1)})_{i_2}^* (v^{(2)})_{i_1}^* + v_{i_1}^{(2)} v_{i_2}^{(1)} (v^{(2)})_{i_2}^* (v^{(1)})_{i_1}^*. \tag{9.12}$$

把 (9.11) 和 (9.12) 代入 (9.10), 我们得到了

$$(v_{i_1}^{(1)} v_{i_2}^{(2)} - v_{i_1}^{(2)} v_{i_2}^{(1)}) \cdot ((v^{(1)})_{i_1}^* (v^{(2)})_{i_2}^* - (v^{(2)})_{i_2}^* (v^{(1)})_{i_1}^*) = 0.$$

也就是

$$|v_{i_1}^{(1)} v_{i_2}^{(2)} - v_{i_1}^{(2)} v_{i_2}^{(1)}|^2 = 0,$$

即

$$\begin{vmatrix} v_{i_1}^{(1)} & v_{i_1}^{(2)} \\ v_{i_2}^{(1)} & v_{i_2}^{(2)} \end{vmatrix} = 0, \quad \forall\, 1 \leqslant i_1 < i_2 \leqslant n.$$

因此, $\boldsymbol{v}^{(1)}$ 和 $\boldsymbol{v}^{(2)}$ 是线性相关的. 这与假设 $\boldsymbol{v}^{(1)}$ 和 $\boldsymbol{v}^{(2)}$ 是线性独立相矛盾.

当 $m > 2$ 时. 取 $i_3 = \cdots = i_m = 1$. 根据定理 9.4.1 的条件, 如果 $\mathcal{H}_\rho$ 有对称埃尔米特分解, 则

$$(\mathcal{H}_\rho)_{i_1 i_2 \underbrace{1\cdots1}_{m-2} i_1 i_2 \underbrace{1\cdots1}_{m-2}} = (\mathcal{H}_\rho)_{i_1 i_2 \underbrace{1\cdots1}_{m-2} i_2 i_1 \underbrace{1\cdots1}_{m-2}}, \quad \forall\, 1 \leqslant i_1 < i_2 \leqslant n. \tag{9.13}$$

假设 $v_1^{(1)}v_1^{(2)}\cdots v_1^{(m)} \neq 0$. 令

$$a_{\overline{ij}} = \frac{|v_1^{(1)}\cdots v_1^{(m)}|^2}{|v_1^{(i)}v_1^{(j)}|^2}.$$

那么,

$$m!\,(\mathcal{H}_\rho)_{i_1 i_2 \underbrace{1\cdots 1}_{m-2} i_1 i_2 \underbrace{1\cdots 1}_{m-2}}$$
$$= \sum_{1\leqslant i<j\leqslant n} a_{\overline{ij}}\left(v_{i_1}^{(i)}v_{i_2}^{(j)}(v^{(i)})_{i_1}^*(v^{(j)})_{i_2}^* + v_{i_1}^{(j)}v_{i_2}^{(i)}(v^{(j)})_{i_1}^*(v^{(i)})_{i_2}^*\right), \qquad (9.14)$$

$$m!\,(\mathcal{H}_\rho)_{i_1 i_2 \underbrace{1\cdots 1}_{m-2} i_2 i_1 \underbrace{1\cdots 1}_{m-2}}$$
$$= \sum_{1\leqslant i<j\leqslant n} a_{\overline{ij}}\left(v_{i_1}^{(i)}v_{i_2}^{(j)}(v^{(i)})_{i_2}^*(v^{(j)})_{i_1}^* + v_{i_1}^{(j)}v_{i_2}^{(i)}(v^{(j)})_{i_2}^*(v^{(i)})_{i_1}^*\right). \qquad (9.15)$$

将 (9.14) 和 (9.15) 代入 (9.13), 我们得到

$$\sum_{1\leqslant i<j\leqslant n} a_{\overline{ij}}|v_{i_1}^{(i)}v_{i_2}^{(j)} - v_{i_1}^{(j)}v_{i_2}^{(i)}|^2 = 0.$$

由于 $a_{\overline{ij}} > 0$, 因此

$$\begin{vmatrix} v_{i_1}^{(i)} & v_{i_1}^{(j)} \\ v_{i_2}^{(i)} & v_{i_2}^{(j)} \end{vmatrix} = 0, \quad \forall\, 1\leqslant i_1 < i_2 \leqslant n,$$

也即对于所有 $1\leqslant i<j\leqslant n$, $\boldsymbol{v}^{(i)}$ 和 $\boldsymbol{v}^{(j)}$ 是线性相关的. 这与 $\boldsymbol{v}^{(i)}$ 和 $\boldsymbol{v}^{(j)}$ 是线性独立假设相矛盾. 因此, $\mathcal{H}_\rho$ 对所有 $m,n \geqslant 2$ 没有对称的埃尔米特分解.

如果 $v_1^{(1)}v_1^{(2)}\cdots v_1^{(m)} = 0$, 我们可以通过调整 $i_3,\cdots,i_m$ 的值以获得结果. 因此, 态 $\rho$ 没有对称分解. 证毕.

### 9.5.2 对称和可分混合态是对称可分的吗?

混合量子态的可分性判据是量子科学中的一个重要问题. 埃尔米特张量是构建混合量子态可分性判别的数学方法的一个桥梁[121]. 在实数域 $\mathbb{R}$ 上, 对于 $m=2$ 的情况, 已经有一些关于可分矩阵与分解的研究, 如文献 [135]. 对于一般情况, 基于埃尔米特张量和 Borel $K$-测度, Li 和 Ni 在 [110] 中, Nie 和 Yang 在 [134] 中, Dressler, Nie 和 Yang 在 [43] 中分别提出了混合量子态可分的充要条件, 如下所示.

**引理 9.5.1**[134, 110] 设 $\boldsymbol{u}^{(i)} \in \mathbb{C}^{n_i}$, $\|\boldsymbol{u}^{(i)}\|_2 = 1$, $i \in [m]$. 设 $K$ 是一个半代数集, $K = \{\boldsymbol{u}^{(i)} \in \mathbb{C}^{n_i}|\ \|\boldsymbol{u}^{(i)}\|_2 = 1\}$, $\mathfrak{B}(K)$ 是所有原子 Borel $K$-测度的集. $\mathcal{H}_\rho$ 是

混合量子态 $\rho$ 对应的埃尔米特张量. 则 $\rho$ 是对称可分的当且仅当

$$\mathcal{H}_\rho = \int_K \otimes_{i=1}^m \boldsymbol{u}^{(i)} \otimes_{i=1}^m (\boldsymbol{u}^{(i)})^* \mathrm{d}\mu.$$

Li 和 Ni 提出了一种半定松弛算法来判别混合态是可分的还是纠缠的, 如果该混合态是可分的, 则可以得到它的一个分解[110]. Nie 和 Yang 证明了可分埃尔米特张量的锥与半正定埃尔米特张量的锥是对偶的[134].

对于对称混合量子态的对称可分性, 参考文献 [110] 给出了对称可分性的一个充要条件.

**引理 9.5.2** [110]　设 $\boldsymbol{u} \in \mathbb{C}^n$ 和 $||\boldsymbol{u}||_2 = 1$. 设 $K$ 是一个半代数集, $K = \{\boldsymbol{u} \in \mathbb{C}^n|\ ||\boldsymbol{u}||_2 = 1\}$, $\mathfrak{B}(K)$ 是所有原子 Borel $K$-测度的集. $\mathcal{H}_\rho$ 是混合量子态 $\rho$ 对应的埃尔米特张量. 则 $\rho$ 是对称可分的当且仅当

$$\mathcal{H}_\rho = \int_K \boldsymbol{u}^{\otimes m} \otimes (\boldsymbol{u}^*)^{\otimes m} \mathrm{d}\mu.$$

基于引理 9.5.2, 给出了一个半定松弛算法来检验对称可分性, 并在 [110] 中计算了对称分解.

基于引理 9.5.1 和引理 9.5.2, 利用半定松弛算法, 通过一些数值算例, 我们发现如果对称混合态是可分的并且满足定理 9.3.2 和定理 9.4.1, 那么它们就是对称可分态.

**例 9.5.3** (3 比特系统)　混合态

$$\rho\left(\frac{1}{4}, \frac{3}{8}\right) = \frac{1}{4}|\mathrm{GHZ}\rangle\langle\mathrm{GHZ}| + \frac{3}{8}|W\rangle\langle W| + \frac{3}{8}|\tilde{W}\rangle\langle\tilde{W}|$$

由 Wei 和 Goldbart 在 [184] 中提出. 这里 $|\mathrm{GHZ}\rangle, |W\rangle, |\tilde{W}\rangle$ 定义为

$$|\mathrm{GHZ}\rangle = (|000\rangle + |111\rangle)/\sqrt{2},$$
$$|W\rangle = (|001\rangle + |010\rangle + |100\rangle)/\sqrt{3},$$
$$|\tilde{W}\rangle = (|110\rangle + |101\rangle + |011\rangle)/\sqrt{3}.$$

Wei 和 Goldbart 说 $\rho\left(\frac{1}{4}, \frac{3}{8}\right)$ 是可分的. Li 和 Ni 用半定松弛算法计算量子态的对称分解[110]. 因此, 量子态是对称可分的.

实际上, 很容易检验该量子态是否对称并满足定理 9.4.1 的条件. 假设 $\chi_{|\mathrm{GHZ}\rangle}$, $\chi_{|W\rangle}$ 和 $\chi_{|\tilde{W}\rangle}$ 分别是 $|\mathrm{GHZ}\rangle$, $|W\rangle$ 和 $|\tilde{W}\rangle$ 态的对应张量. 它们的非零项是

$$(\chi_{|\mathrm{GHZ}\rangle})_{111} = (\chi_{|\mathrm{GHZ}\rangle})_{222} = 1/\sqrt{2},$$

$$(\chi_{|W\rangle})_{112} = (\chi_{|W\rangle})_{121} = (\chi_{|W\rangle})_{211} = 1/\sqrt{3},$$
$$(\chi_{|\tilde{W}\rangle})_{122} = (\chi_{|\tilde{W}\rangle})_{212} = (\chi_{|\tilde{W}\rangle})_{221} = 1/\sqrt{3}.$$

令

$$\mathcal{H}_\rho = \frac{1}{4}\chi_{|\mathrm{GHZ}\rangle} \otimes \chi^*_{|\mathrm{GHZ}\rangle} + \frac{3}{8}\chi_{|W\rangle} \otimes \chi^*_{|W\rangle} + \frac{3}{8}\chi_{|\tilde{W}\rangle} \otimes \chi^*_{|\tilde{W}\rangle}.$$

通过计算, 对于 $I, J \in \{(1,1,1),(1,1,2),(1,2,2),(2,2,2)\}$ 可以得到

$$(\mathcal{H}_\rho)_{IJ} = (\mathcal{H}_\rho)_{P(I)Q(J)} = \begin{cases} 1/8, & \text{如果 } I = J, \\ 1/8, & \text{如果 } I = (1,1,1), J = (2,2,2), \\ 1/8, & \text{如果 } I = (2,2,2), J = (1,1,1), \\ 0, & \text{其他情况}. \end{cases} \quad \forall\, P, Q \in \mathfrak{S}_3.$$

因此, $\mathcal{H}_\rho$ 满足定理 9.4.1 的条件.

**公开问题** 一个对称且可分的混合量子态是否是一个对称可分态?

如果答案是肯定的, 将给量子纠缠的计算和量子态可分性的判别带来极大的方便. 换句话说, 如果对称混合量子态满足定理 9.4.1 的条件, 那么它的几何测度可以定义为

$$E(\rho) = \min_{\hat{\rho} \in \mathrm{SSepar}(m,n)} ||\rho - \hat{\rho}||_F, \tag{9.16}$$

其中, $\mathrm{SSepar}(m,n)$ 表示所有 $m$ 系统 $n$ 维对称可分混合态的集合, 即

$$\mathrm{SSepar}(m,n)$$
$$= \left\{ \sum_{i=1}^r \lambda_i |\phi_i\rangle^{\otimes m}\langle\phi_i|^{\otimes m} \ \middle|\ \sum_{i=1}^r \lambda_i = 1, |||\phi_i\rangle||_2 = 1, r \in \mathbb{N}_+, |\phi_i\rangle \in \mathbb{C}^n, \lambda_i > 0 \right\},$$

而不是

$$E(\rho) = \min_{\hat{\rho} \in \mathrm{Separ}(\underbrace{n,\cdots,n}_{m})} ||\rho - \hat{\rho}||_F, \tag{9.17}$$

其中, $\mathrm{Separ}(\underbrace{n,\cdots,n}_{m})$ 表示所有 $m$ 系统 $n$ 维可分混合态的集合, 即

$$\mathrm{Separ}(\underbrace{n,\cdots,n}_{m})$$
$$= \left\{ \sum_{i=1}^r \lambda_i |\phi_i^{(1)}\cdots\phi_i^{(m)}\rangle\langle\phi_i^{(1)}\cdots\phi_i^{(m)}| \ \middle|\ \begin{array}{l} \sum_{i=1}^r \lambda_i = 1, |||\phi_i^{(k)}\rangle||_2 = 1, \\ r \in \mathbb{N}_+, |\phi_i^{(k)}\rangle \in \mathbb{C}^n, \lambda_i > 0 \end{array} \right\}.$$

显然, 计算 (9.16) 需要 $n$ 个变量, 而计算 (9.17) 需要 $mn$ 个变量. 已知 $E(\rho) = 0$ 当且仅当 $\rho$ 是可分的. 因此, (9.16) 比 (9.17) 更容易计算纠缠值和判断对称混合态的可分性.

## 9.6　本 章 小 结

本章研究对称埃尔米特张量的对称埃尔米特分解问题, 得到了对于每个对称的埃尔米特张量都有对称的埃尔米特分解的一个充分必要条件, 见定理 9.4.1. 当所有 $m$ 阶 $n$ 维的对称埃尔米特可分解张量的集合 $V[m,n]$ 被看作实数域 $\mathbb{R}$ 上的线性空间时, 我们得到了 $V[m,n]$ 的空间维数和一组埃尔米特基, 以及对称埃尔米特张量在该组基下的对称埃尔米特分解.

数值实验表明, 可对称埃尔米特分解的条件可以用来判定对称混合量子态的对称可分性问题, 但是仍有以下一些未解决的问题:

(1) 如何证明对称且正可分解埃尔米特张量是正对称埃尔米特可分的? 我们做了一些数值计算, 但没有找到反例.

(2) 如果对称埃尔米特可分解张量由对称埃尔米特基分解, 如何计算其对称埃尔米特秩并判断其正可分解性?

(3) 在对称埃尔米特基中, 有多少基张量是两两正交的? 能找到一个对称的埃尔米特正交基吗?

这些问题尚需要我们继续进行不断的探索.

# 参 考 文 献

[1] 黄克智, 薛明德, 陆明万. 张量分析. 北京: 清华大学出版社, 2004.

[2] Aulbach M, Markham D, Murao M. Geometric entanglement of symmetric states and the majorana representation. Theory of Quantum Computation, Communication, and Cryptography. Lecture Notes in Computer Science, 2011, 6519: 141-158.

[3] Bell J S. On the Einstein-Podolsky-Rosen paradox. Physics, 1964, 1: 195. (Reprinted in Bell J S, Speakable and Unspeakable in Quantum Mechanics. Cambridge: Cambridge University Press, 2004.)

[4] Bengtsson I, Zyczkowski K. Geometry of Quantum States: An Intoduction to Quantum Entanglement. Cambridge: Cambridge University Press, 2006.

[5] Bennett C H, Brassard G, Popescu S, et al. Purification of noisy entanglement and faithful teleportation via noisy channels. Physical Review Letters, 1996, 76: 722-725.

[6] Bernardini A E, Bastos C, Bertolami O, et al. Entanglement and separability in the noncommutative phase-space scenario. Journal of Physics Conference Series, 2015, 626: 012046.

[7] Bohnet-Waldraff F, Braun D, Giraud O. Tensor eigenvalues and entanglement of symmetric states. Physical Review A, 2016, 94: 042324.

[8] Bohnet-Waldraff F, Braun D, Giraud O. Entanglement and the truncated moment problem. Physical Review A, 2017, 96: 032312.

[9] Bouboulis P. Wirtinger's calculus in general Hilbert spaces. Computer Science, 2010, arXiv:1005.5170.

[10] Brachat J, Comon P, Mourrain B, et al. Symmetric tensor decomposition. Linear Algebra and Its Applications, 2010, 433(11/12): 1851-1872.

[11] Breiding P, Vannieuwenhoven N. A Riemannian trust region method for the canonical tensor rank approximation problem. SIAM Journal on Optimization, 2018, 28: 2435-2465.

[12] Brody D C, Hughston L P. Geometric quantum mechanics. Journal of Geometry and Physics, 2001, 38: 19-53.

[13] Buhr D, Carrington M E, Fugleberg T, et al. Geometrical entanglement of highly symmetric multipartite states and the Schmidt decomposition. Journal of Physics A: Mathematical and Theoretical, 2011, 44: 365305.

[14] Cartwright D, Sturmfels B. The number of eigenvalues of a tensor. Linear Algebra and Its Applications, 2013, 438: 942-952.

[15] Cattell R B. Parallel proportional profiles and other principles for determining the choice of factors by rotation. Psychometrika, 1944, 9: 267-283.

[16] Chang K C, Pearson K, Zhang T. On eigenvalue problems of real symmetric tensors. Journal of Mathematical Analysis and Applications, 2009, 350: 416-422.

[17] Che M, Cichockib A, Wei Y. Neural networks for computing best rank-one approximations of tensors and its applications. Neurocomputing, 2017, 267: 114-133.

[18] Che M, Qi L, Wei Y. Iterative algorithms for computing US- and U-eigenpairs of complex tensors. Journal of Computational & Applied Mathematics, 2017, 317: 547-564.

[19] Che M, Qi L, Wei Y, et al. Geometric measures of entanglement in multipartite pure states via complex-valued neural networks. Neurocomputing, 2018, 313: 25-38.

[20] Chen L, Han L, Zhou L. Computing tensor eigenvalues via homotopy methods. SIAM Journal on Matrix Analysis and Applications, 2016, 37: 290-319.

[21] Chen L, Xu A, Zhu H. Computation of the geometric measure of entanglement for pure multiqubit states. Physical Review A, 2010, 82: 032301.

[22] Chen X Y. The entanglement of several graph states. Frontiers of Physics, 2012, 7: 444-448.

[23] Chiantini L, Ottaviani G, Vannieuwenhoven N. Effective criteria for specific identifiability of tensors and forms. SIAM Journal on Matrix Analysis and Applications, 2017, 38: 656-681.

[24] Cleve R, Van Dam W, Nielsen M, et al. Quantum entanglement and the communication complexity of the inner product function. Theoretical Computer Science, 2013, 486: 11-19.

[25] Comon P, Golub G, Lim L H, et al. Symmetric tensors and symmetric tensor rank. SIAM Journal on Matrix Analysis and Applications, 2008, 30(3): 1254-1279.

[26] Comon P, Lim L H, Qi Y, et al. Topology of tensor ranks. Advances in Mathematics, 2020, 367: 107-128.

[27] Cui C, Dai Y, Nie J. All real eigenvalues of symmetric tensors. SIAM Journal on Matrix Analysis and Applications, 2014, 35: 1582-1601.

[28] Curto R, Fialkow L. Truncated $K$-moment problems in several variables. Journal of Operator Theory, 2005, 54: 189-226.

[29] Defant A, Floret K. Tensor Norms and Operator Ideals. Amsterdam: North-Holland, 1992: 176.

[30] De Lathauwer L, De Moor B, Vandewalle J. Independent component analysis based on higher-order statistics only. Proceedings of 8th Workshop on Statistical Signal and Array Processing, 1996: 356-359.

[31] De Lathauwer L, De Moor B, Vandewalle J. Computation of the canonical decomposition by means of a simultaneous generalized Schur decomposition. SIAM Journal on Matrix Analysis and Applications, 2004, 26: 295-327.

[32] De Lathauwer L. A link between the canonical decomposition in multilinear algebra and simultaneous matrix diagonalization. SIAM Journal on Matrix Analysis and Applications, 2006, 28: 642-666.

[33] De Lathauwer L, Castaing J, Cardoso J F. Fourth-order cumulant based blind identification of underdetermined mixtures. IEEE Transactions on Signal Processing, 2007, 55: 2965-2973.

[34] De Lathauwer L, De Moor B, Vandewalle J. On the best rank-1 and rank-$(R_1, R_2, \cdots, R_N)$ approximation of higher-order tensors. SIAM Journal on Matrix Analysis and Applications, 2000, 21: 1324-1342.

[35] De Lathauwer L, Vandewalle J. Dimensionality reduction in higher-order signal processing and rank-$(R_1, R_2, \cdots, R_N)$ reduction in multilinear algebra. Linear Algebra and Its Applications, 2004, 391: 31-55.

[36] De Silva V, Lim L H. Tensor rank and the ill-posedness of the best low-rank approximation problem. SIAM Journal on Matrix Analysis and Applications, 2008, 30: 1084-1127.

[37] Derksen H, Friedland S, Lim L H, et al. Theoretical and computational aspects of entanglement. Quantum Physics, 2017, arXiv: 1705. 07160.

[38] Ding W, Wei Y. Generalized tensor eigenvalue problems. SIAM Journal on Matrix Analysis and Applications, 2015, 36(3): 1073-1099.

[39] Ding W, Wei Y. Solving multilinear systems with $M$-tensors. Journal of Scientific Computing, 2016, 68: 689-715.

[40] Doherty A C, Parrilo P A, Spedalieri F M. Distinguishing separable and entangled states. Physical Review Letters, 2002, 88: 187904.

[41] Doherty A C, Parrilo P A, Spedalieri F M. Complete family of separability criteria. Physical Review A, 2004, 69: 022308.

[42] Domanov I, De Lathauwer L. Generic uniqueness conditions for the canonical polyadic decomposition and INDSCAL. SIAM Journal on Matrix Analysis and Applications, 2015, 36: 1567-1589.

[43] Dressler M, Nie J, Yang Z. Separability of Hermitian Tensors and PSD Decompositions. Linear Multilinear Algebra, epub ahead of print August 27, 2021, https:// doi.org/10.1080/03081087.2021.1965078.

[44] Du S, Qi L, Zhang L, et al. Tensor absolute value equations. Science China Mathematics, 2018, 61(9): 1695.

[45] Einstein A, Podolsky B, Rosen N. Can quantum-mechanical description of physical reality be considered complete? Physical Review, 1935, 48: 777.

[46] Ekert A. Quantum cryptography based on Bell' s theorem. Physical Review Letters, 1991, 67(6): 661-663.

[47] Enriquez M, Wintrowicz I, Zyczkowski K. Maximally entangled multipartite states: A brief survey. Journal of Physics: Conference Series, 2016: 012003.

[48] Erdogan A. On the convergence of ICA algorithms with symmetric orthogonalization. IEEE Transactions on Signal Processing, 2009, 57(6): 2209-2221.

[49] Fan J, Nie J, Zhou A. Tensor eigenvalue complementarity problems. Mathematical Programming, 2018, 170(2): 507-539.

[50] Fan J, Zhou A. A semidefinite algorithm for completely positive tensor decomposition. Computational Optimization and Applications, 2017, 66(2): 267-283.

[51] Fialkow L, Nie J. The truncated moment problem via homogenization and flat extensions. Journal of Functional Analysis, 2012, 263: 1682-1700.

[52] Filip R. Overlap and entanglement-witness measurements. Physical Review A, 2002, 65: 062320.

[53] Freedman S, Clauser J. Experimental test of local hidden-variable theories. Physical Review Letters, 1972, 28(14): 938-941.

[54] Friedland S. Best rank one approximation of real symmetric tensors can be chosen symmetric. Frontiers of Mathematics in China, 2013, 8: 19-40.

[55] Friedland S, Mehrmann V, Pajarola R. On best rank one approximation of tensors. Numerical Linear Algebra with Applications, 2013, 20: 942-955.

[56] Fu T, Jiang B, Li Z. On decompositions and approximations of conjugate partial-symmetric complex tensors. Mathematics, 2018, arXiv: 1802.09013.

[57] Galuppi F, Mella M. Identifiability of homogeneous polynomials and Cremona transformations. Journal Fur Die Reine Und Angewandte Mathematik, 2019, 757: 279-308.

[58] Giraud O, Braun D, Baguette D, et al. Tensor representation of spin states. Physical Review Letters, 2015, 114: 080401.

[59] González-Guillén C E. Multipartite maximally entangled states in symmetric scenarios. Physical Review A, 2012, 86: 022304.

[60] Goyeneche D, Zyczkowski K. Genuinely multipartite entangled states and orthogonal arrays. Physical Review A, 2014, 90(2): 022316.

[61] Goyeneche D, Bielawski J, Zyczkowski K. Multipartite entanglement in heterogeneous systems. Physical Review A, 2016, 94(1): 012346.

[62] Gühne O. Characterizing Entanglement via Uncertainty Relations. Physical Review Letters, 2004, 92: 117903.

[63] Gühne O, Hyllus P, Gittsovich O, et al. Covariance matrices and the separability problem. Physical Review Letters, 2007, 99: 130504.

[64] Hamma A, Santra S, Zanardi P. Quantum entanglement in random physical states. Physical Review Letters, 2012, 109: 040502.

[65] Han L. A homotopy method for solving multilinear systems with $M$-tensors. Applied Mathematics Letters, 2017, 69: 49-54.

[66] Han D, Qi L. A successive approximation method for quantum separability. Frontiers of Mathematics in China, 2013, 8: 1275-1293.

[67] Hao C, Cui C, Dai Y. A sequential subspace projection method for extreme Z-eigenvalues of supersymmetric tensors. Numerical Linear Algebra with Applications, 2015, 22: 283-298.

[68] Harrow A W, Nielsen M A. Robustness of quantum gates in the presence of noise. Physical Review A, 2003, 68: 012308.

[69] Hastad J. Tensor rank is NP-complete. Journal of Algorithms-Cognition Informatics and Logic, 1990, 11(4): 644-654.

[70] Hayashi M, Markham D, Murao M, et al. The geometric measure of entanglement for a symmetric pure state with non-negative amplitudes. Journal of Mathematical Physics, 2009, 50: 122104.

[71] Hazan T, Polak S, Shashua A. Sparse image coding using a 3D non-negative tensor factorization. ICCV 2005: Proceedings of the 10th IEEE International Conference on Computer Vision, IEEE Computer Society, 2005, 1: 50-57.

[72] Henrion D, Lasserre J, Loefberg J. GloptiPoly 3: Moments, optimization and semidefinite programming. Optimization Methods and Software, 2009, 24: 761-779.

[73] Hübener R, Kleinmann M, Wei T C, et al. Geometric measure of entanglement for symmetric states, Physical Review A, 2009, 80: 032324.

[74] Hillar C, Lim L H. Most tensor problems are NP-hard. Journal of the ACM, 2013, 60(6): 45.

[75] Hilling J J, Sudbery A. The geometric measure of multipartite entanglement and the singular values of a hypermatrix. Journal of Mathematical Physics, 2010, 51: 072102.

[76] Hitchcock F L. The expression of a tensor or a polyadic as a sum of products. Journal of Mathematics and Physics, 1927, 6: 164-189.

[77] Hofmann H F, Takeuchi S. Violation of local uncertainty relations as a signature of entanglement. Physical Review A, 2003, 68: 032103.

[78] Horn R, Johnson C. Matrix Analysis. Cambridge: Cambridge University Press, 1990.

[79] Horodecki M, Horodecki P. Reduction criterion of separability and limits for a class of distillation protocols. Physical Review A, 1999, 59: 4206-4216.

[80] Horodecki M, Horodecki P, Horodecki R. Separability of mixed states: Necessary and sufficient conditions. Physical Review A, 1996, 223: 1-8.

[81] Horodecki R, Horodecki P, Horodecki M, et al. Quantum entanglement. Reviews of Modern Physics, 2009, 81: 865-942.

[82] Hu S, Huang Z, Qi L. Strictly nonnegative tensors and nonnegative tensor partition. Science China Mathematics, 2014, 57(1): 181-195.

[83] Hu S, Qi L, Song Y, et al. Geometric measure of entanglement of multipartite mixed states. Int. J. Software Informatics, 2014, 8: 317-326.

[84] Hu S, Qi L, Zhang G. The geometric measure of entanglement of pure states with nonnegative amplitudes and the spectral theory of nonnegative tensors. Quantum Physics, 2012, arXiv: 1203.3675v5.

[85] Hu S, Qi L, Zhang G. Computing the geometric measure of entanglement of multi-partite pure states by means of non-negative tensors. Physical Review A, 2016, 93: 012304.

[86] Hua B, Ni G, Zhang M. Computing geometric measure of entanglement for symmetric pure states via the Jacobian SDP relaxation technique. Journal of the Operations Research Society of China, 2016, 5: 111-121.

[87] Hughston L P, Jozsa R, Wootters W K. A complete classification of quantum ensembles having a given density matrix. Physics Letters A, 1993, 183: 14-18.

[88] Ishteva M, Absil P A, Van Dooren P. Jacobi algorithm for the best low multilinear rank approximation of symmetric tensors. SIAM Journal on Matrix Analysis and Applications, 2013, 34: 651-672.

[89] Jiang B, Li Z, Zhang S. Characterizing real-valued multivariate complex polynomials and their symmetric tensor representations. SIAM Journal on Matrix Analysis and Applications, 2016, 37: 381-408.

[90] Journée M, Nesterov Y, Richtárik P, et al. Generalized power method for sparse principal component analysis. Journal of Machine Learning Research, 2010, 11: 517-553.

[91] Kofidis E, Regalia P A. On the best rank-1 approximation of higher-order super-symmetric tensors. SIAM Journal on Matrix Analysis and Applications, 2002, 23: 863-884.

[92] Kolda T G. Orthogonal tensor decompositions. SIAM Journal on Matrix Analysis and Applications, 2001, 23: 243-255.

[93] Kolda T G, Bader B W. Tensor decompositions and applications. SIAM Review, 2009, 51: 455-500.

[94] Kolda T G, Mayo J R. Shifted power method for computing tensor eigenpairs. SIAM Journal on Matrix Analysis and Applications, 2011, 32: 1095-1124.

[95] Kolda T G, Mayo J R. An adaptive shifted power method for computing generalized tensor eigenpairs. SIAM Journal on Matrix Analysis and Applications, 2014, 35(4): 1563-1581.

[96] Kreutz-Delgado K. The complex gradient operator and the CR-calculus. Mathematics, 2009, arXiv: 0906. 4835.

[97] Kroonenberg P M. Applied Multiway Data Analysis. Hoboken: Wiley-Interscience, 2008.

[98] Kruskal J. Three-way arrays: Rank and uniqueness of trilinear decompositions, with application to arithmetic complexity and statistics. Linear Algebra and Its Applications, 1977, 18: 95-138.

[99] Landsberg J. Tensors: Geometry and Applications. Graduate Studies in Mathematics, 128. Providence, RI: American Mathematical Society, 2012.

[100] Landsberg J, Teitler Z. On the ranks and border ranks of symmetric tensors. Foundations of Computational Mathematics, 2010, 10(3): 339-366.

[101] Lasserre J B. Global optimization with polynomials and the problem of moments. SIAM Journal on Optimization, 2011, 11(3): 796-817.

[102] Lasserre J B. Semidefinite programming vs. LP relaxations for polynomial programming. Mathematics of Operations Research, 2002, 27(2): 347-360.

[103] Lasserre J B. Convergent SDP-relaxations in polynomial optimization with sparsity. SIAM Journal on Optimization, 2006, 17: 822-843.

[104] Lasserre J B. Moments, Positive Polynomials and Their Applications. Singapore: World Scientific, 2010.

[105] Lewenstein M, Kraus B, Cirac J I, et al. Optimization of entanglement witnesses. Physical Review A, 2000, 62: 052310.

[106] Li A M, Qi L, Zhang B. E-characteristic polynomials of tensors. Communications in Mathematical Sciences, 2013, 11: 33-53.

[107] Li D, Xie L, Xu R. Splitting methods for tensor equations. Numerical Linear Algebra with Applications, 2017, 24(5): e2102.

[108] Li M, Wang J, Fei S M, et al. Quantum separability criteria for arbitrary-dimensional multipartite states. Physical Review A, 2014, 89: 022325.

[109] Li X, Ng M. Solving sparse non-negative tensor equations: Algorithms and applications. Frontiers of Mathematics in China, 2015, 10: 649-680.

[110] Li Y, Ni G. Separability discrimination and decomposition of $m$-partite quantum mixed states. Physical Review A, 2020, 102: 012402.

[111] Li Z, Nakatsukasa Y, Soma T, et al. On orthogonal tensors and best rankone approximation ratio. SIAM Journal on Matrix Analysis and Applications, 2018, 39: 400-425.

[112] Lim L H. Singular values and eigenvalues of tensors: A variational approach. CAMSAP'05: Proceeding of the IEEE International Workshop on Computational Advances in Multi-Sensor Adaptive Processing, 2005: 129-132.

[113] Lim L H. Tensors and hypermatrices// Hogben L, ed. Handbook of Linear Algebra, 2nd ed. Discrete Math. Appl.. Boca Raton, FL: CRC Press, 2014: 15-1-15-30.

[114] Ling C, He H, Qi L. Higher-degree eigenvalue complementarity problems for tensors. Computational Optimization and Applications, 2016, 64: 149-176.

[115] Ling C, Yan W, He H, et al. Further study on tensor absolute value equations. Science China Mathematics, 2020, 63(10): 2137-2156.

[116] Luo Z, Qi L, Ye Y. Linear operators and positive semidefiniteness of symmetric tensor spaces. Science China Mathematics, 2015, 58(1): 197-212.

[117] Maringer D, Parpas P. Global optimization of higher order moments in portfolio selection. Journal of Global optimization, 2009, 43(2/3): 219-230.

[118] Markham D J H. Entanglement and symmetry in permutation-symmetric states. Physical Review A, 2011, 83: 042332 .

[119] Milazzo N, Braun D, Giraud O. Truncated moment sequences and a solution to the channel separability problem. Physical Review A, 2020, 102(5): 052406.

[120] Ng M, Qi L, Zhou G. Finding the largest eigenvalue of a nonnegative tensor. SIAM Journal on Matrix Analysis and Applications, 2009, 31: 1090-1099.

[121] Ni G. Hermitian tensor and quantum mixed state. Quantum Physiscs, 2019, arXiv:1902.02640v4.

[122] Ni G, Qi L, Bai M. Geometric measure of entanglement and U-eigenvalues of tensors. SIAM Journal on Matrix Analysis and Applications, 2014, 35: 73-87.

[123] Ni G, Bai M. Spherical optimization with complex variables for computing US-eigenpairs. Computational Optimization and Applications, 2016, 65: 799-820.

[124] Ni G, Qi L, Wang F, et al. The degree of the E-characteristic polynomial of an even order tensor. Journal of Mathematical Analysis and Applications, 2007, 329: 1218-1229.

[125] Ni G, Wang Y. On the best rank-1 approximation to higher-order symmetric tensors. Mathematical and Computer Modelling, 2007, 46: 1345-1352.

[126] Helton J, Nie J. A semidefinite approach for truncated $K$-moment problems. Foundations of Computational Mathematics, 2012, 12: 851-881.

[127] Nie J. An exact Jacobian SDP relaxation for polynomial optimization. Mathematical Programming, 2013, 137: 225-255.

[128] Nie J. Optimality conditions and finite convergence of Lasserre's hierarchy. Mathematical Programming, 2014, 146(1/2): 97-121.

[129] Nie J. The $A$-truncated $K$-moment problem. Foundations of Computational Mathematics, 2014, 14: 1243-1276.

[130] Nie J. The hierarchy of local minimums in polynomial optimization. Mathematical Programming, 2015, 151: 555-583.

[131] Nie J. Generating polynomials and symmetric tensor decompositions. Foundations of Computational Mathematics, 2017, 17(2): 423-465.

[132] Nie J. Low rank symmetric tensor approximations. SIAM Journal on Matrix Analysis and Applications, 2017, 38(4): 1517-1540.

[133] Nie J, Wang L. Semidefinite relaxations for best rank-1 tensor approximations. SIAM Journal on Matrix Analysis and Applications, 2014, 35: 1155-1179.

[134] Nie J, Yang Z. Hermitian tensor decompositions. SIAM Journal on Matrix Analysis and Applications, 2020, 41(3): 1115-1144.

[135] Nie J, Zhang X. Positive maps and separable matrices. SIAM Journal on Optimization, 2018, 26(2): 1236-1256.

[136] Nielsen M, Chuang I. Quantum Computation and Quantum Information. Cambridge: Cambridge University Press, 2000.

[137] O'Hara M J. On the perturbation of rank-one symmetric tensors. Numerical Linear Algebra with Applications, 2014, 21(1): 1-12.

[138] Osterloh A, Hyllus P. Estimating multipartite entanglement measures. Physical Review A, 2010, 81: 022307.

[139] Parpas P, Rustem B. Global optimization of the scenario generation and portfolio selection problems. International Conference on Computational Science and Its Applications, 2006: 908-917.

[140] Parrilo P A. Semidefinite programming relaxations for semialgebraic problems. Mathematical Programming, 2003, 96(2): 293-320.

[141] Parrilo P A, Sturmfels B. Minimizing polynomial functions, Algorithmic and quantitative real algebraic geometry. DIMACS Series in Discrete Mathematics and Theoretical Computer Science, 2003, 60: 83-99.

[142] Peres A. Separability criterion for density matrices. Physical Review Letters, 1996, 77: 1413-1415.

[143] Putinar M, Sullivant S. Emerging Applications of Algebraic Geometry. New York: Springer Science and Business Media, 2008.

[144] Qi L. Eigenvalues of a real supersymmetric tensor. Journal of Symbolic Computation, 2005, 40: 1302-1324.

[145] Qi L. Eigenvalues and invariants of tensors. Journal of Mathematical Analysis and Applications, 2007, 325: 1363-1377.

[146] Qi L. The best rank-one approximation ratio of a tensor space. SIAM Journal on Matrix Analysis and Applications, 2011, 32: 430-442.

[147] Qi L. The minimum hartree value for the quantum entanglement problem. Quantum Physics, 2012, arXiv: 1202.2983v1.

[148] Qi L. Symmetric nonnegative tensors and copositive tensors. Linear Algebra & Its Applications, 2013, 439: 228-238.

[149] Qi L, Chen H, Chen Y. Tensor Eigenvalues and Their Applications. Singapore: Springer, 2018.

[150] Qi L, Dai H, Han D. Conditions for strong ellipticity and M-eigenvalues. Frontiers of Mathematics in China, 2009, 4(2): 349-364.

[151] Qi L, Luo Z. Tensor Analysis: Spectral Theory and Special Tensors. Philadelphia: SIAM, 2017.

[152] Qi L, Wang F, Wang Y. Z-eigenvalue methods for a global polynomial optimization problem. Mathematical Programming, 2009, 118: 301-316.

[153] Qi L, Wang Y, Wu E X. D-eigenvalues of diffusion kurtosis tensors. Journal of Mathematical Analysis and Applications, 2008, 221: 150-157.

[154] Qi L, Xu C, Xu Y. Nonnegative tensor factorization, completely positive tensors and an hierarchical elimination algorithm. SIAM Journal on Matrix Analysis and Applications, 2014, 35: 1227-1241.

[155] Qi L, Yu G, Wu E X. Higher order positive semi-definite diffusion tensor imaging. SIAM Journal on Imaging Sciences, 2010, 3: 416-433.

[156] Qi L, Zhang G, Braun D, et al. Regularly decomposable tensors and classical spin states. Communications in Mathematical Sciences, 2017, 15: 1651.

[157] Qi L, Zhang G, Ni G. How entangled can a multi-party system possibly be? Physics Letters A, 2018, 382: 1465-1741.

[158] Ragnarsson S, Van Loan C F. Block tensors and symmetric embeddings. Linear Algebra and Its Applications, 2013, 438(2): 853-874.

[159] Regalia P, Kofidis E. Monotonic convergence of fixed-point algorithms for ICA. IEEE Transactions on Neural Networks, 2003, 14(4): 943-949.

[160] Remmert R. Theory of Complex Functions. New York: Springer-Verlag, 1991.

[161] Rockafellar T R, Wets J B. Variational Analysis. Berlin: Springer, 2009.

[162] Rossi M, Bruß D, Macchiavello C. Scale invariance of entanglement dynamics in Grover's quantum search algorithm. Physical Review A, 2013, 87: 022331.

[163] Schiröodinger E. Die gegenwärtige situation in der quantenmechanik. Naturwissenschaften, 1935, 23: 807-812.

[164] Schultz T, Seidel H P. Estimating crossing fibers: A tensor decomposition approach. IEEE Transactions on Visualization & Computer Graphics, 2008, 14: 1635-1642.

[165] Shen S, Li M, Li-Jost X, et al. Improved separability criteria via some classes of measurements. Quantum Information Processing, 2018, 17: 111.

[166] Shimony A. Degree of entanglement. Annals of the New York Academy of Sciences, Fundamental Problems in Quantum Theory, 1995, 755: 675-679.

[167] Shor N Z. Nondifferentiable Optimization and Polynomial Problems. Dordecht: Springer, 2013.

[168] Sidiropoulos N, Bro R. On the uniqueness of multilinear decomposition of $N$-way arrays. Journal of Chemometrics, 2000, 14: 229-239.

[169] Song Y, Qi L. Eigenvalue analysis of constrained minimization problem for homogeneous polynomial. Journal of Global Optimization, 2016, 64(3): 563-575.

[170] Sorber L, Van Barel M, De Lathauwer L. Optimization-based algorithms for tensor decompositions: Canonical polyadic decomposition, decomposition in rank-$(L_r, L_r, 1)$ terms, and a new generalization. SIAM Journal on Optimization, 2013, 23: 695-720.

[171] Sorensen M, Comon P. Tensor decompositions with banded matrix factors. Linear Algebra & Its Applications, 2013, 438: 919-941.

[172] Streltsov A, Kampermann H, Bruß D. Linking quantum discord to entanglement in a measurement. Physical Review Letters, 2011, 106: 160401.

[173] Streltsov A, Kampermann H, Bruß D. Simple algorithm for computing the geometric measure of entanglement. Physical Review A, 2011, 84: 022323.

[174] Sturm J F. SeDuMi 1.02: A MATLAB toolbox for optimization over symmetric cones. Optimization Methods & Software, 1999, 11 & 12: 625-653.

[175] Tchakaloff V. Formules de cubatures mécanique à coefficients non négatifs. Bulletin of Mathematical Biophysics, 1957, 81: 123-134.

[176] Terhal B. Bell inequalities and the separability criterion. Physical Review A, 2000, 271: 319-326.

[177] Tong Y, Zhou G, Zhao Q. Unconstrained optimization models for computing real generalized eigenpair of weakly symmetric positive definition tensors. ICIC Express Letters, Part B, Applications: An International Journal of Research and Surveys, 2016, 7(11): 2425-2433.

[178] Vedral V, Plenio M B, Rippin M A, et al. Quantifying entanglement. Physical Review Letters, 1997, 78: 2275.

[179] Vedral V. Quantum entanglement. Nature Physics, 2014, 10: 256-258.

[180] Vicente J D. Separability criteria based on the Bloch representation of density matrices. Quantum Information & Computation, 2007, 7: 624.

[181] Vidal G, Werner R F. A computable measure of entanglement. Physical Review A, 2002, 65: 032314.

[182] Vlasic D, Brand M, Pfister H, et al. Face transfer with multilinear models. ACM Transactions on Graphics, 2005, 24: 426-433.

[183] Wang Y. Qi L, Zhang X. A practical method for computing the largest Meigenvalue of a fourth-order partially symmetric tensor. Numerical Linear Algebra with Applications, 2009, 16(7): 589-601.

[184] Wei T C, Goldbart P M. Geometric measure of entanglement and applications to bipartite and multipartite quantum states. Physical Review A, 2003, 68: 042307.

[185] Wei T C, Vishveshwara S, Goldbart P M. Global geometric entanglement in transverse-field XY spin chains: Finite and infinite systems. Quantum Information & Computation, 2011, 11: 326-354.

[186] Wootters W. Entanglement of formation of an arbitrary state of two qubits. Physical Review Letters, 1998, 80(10): 2245-2248.

[187] Xi Y, Zheng Z, Zhu C. Entanglement detection via general SIC-POVMs. Quantum Information Processing, 2016, 15: 5119-5128.

[188] Xie Z, Jin X, Wei Y. Tensor methods for solving symmetric M-tensor systems. Journal of Scientific Computing, 2018, 74(1): 412-425.

[189] Yang L, Sun D, Toh K C. SDPNAL+: A majorized semismooth Newton-CG augmented Lagrangian method for semidefinite programming with nonnegative constraints. Mathematical Programming Computation, 2015, 7(3): 331-366.

[190] Yang Y, Yang Q. A Study on Eigenvalues of Higher-order Tensors and Related Polynomial Optimization Problems. Beijing: Science Press, 2015.

[191] Yu G, Song Y, Xu Y, et al. Spectral projected gradient methods for generalized tensor eigenvalue. Computational Optimization and Applications, 2016, 63: 143-168.

[192] Yu G, Yu Z, Xu Y, et al. An adaptive gradient method for computing generalized tensor eigenpairs. Computational Optimization and Applications, 2016, 65: 781-797.

[193] Zeng M, Ni Q. Quasi-Newton method for computing Z-eigenpairs of a symmetric tensor. Pacific Journal of Optimization, 2015, 11(2): 279-290.

[194] Zhang M, Ni G, Zhang G. Iterative methods for computing U-eigenvalues of non-symmetric complex tensors with application in quantum entanglement. Computational Optimization and Applications, 2019, 75(3): 779-798.

[195] Zhang M, Zhang X, Ni G. Calculating entanglement eigenvalues for non-symmetric quantum pure states based on the Jacobian semidefinite programming relaxation method. Journal of Optimization Theory and Applications, 2019, 180: 787-802.

[196] Zhang T, Golub G H. Rank-one approximation to high order tensors. SIAM Journal on Matrix Analysis and Applications, 2001, 23: 534-550.

[197] Zhang X, Ling C, Qi L. The best rank-1 approximation of a symmetric tensor and related spherical optimization problems. SIAM Journal on Matrix Analysis and Applications, 2012, 33: 806-821.

[198] Zhang X, Qi L. The quantum eigenvalue problem and Z-eigenvalues of tensors. Mathematics, 2012, arXiv: 1205.1342.

[199] Zhao X, Sun D, Toh K C. A Newton-CG augmented Lagrangian method for semidefinite programming. SIAM Journal on Optimization, 2010, 20(4): 1737-1765.

[200] Zhou A, Fan J. The CP-matrix completion problem. SIAM Journal on Matrix Analysis and Applications, 2014, 35: 127-142.

[201] Zhou A, Fan J. Completely positive tensor recovery with minimal nuclear value. Computational Optimization and Applications, 2018, 70(2): 419-441.

[202] Zhou A, Fan J, Wang Q. Completely positive tensors in the complex field. Science China Mathematics, 2020, 63(6): 195-210.

[203] Zhou D, Joynt R. Disappearance of entanglement: A topological point of view. Quantum Information Processing, 2012, 11: 571-583.

[204] Zyczkowski K, Horodecki P, Sanpera A, et al. On the volume of the set of mixed entangled states. Physical Review A, 1998, 58: 883.

[205] Ni G Y, Yang B. Symmetric Hermitian decomposability criterion, decomposition and its applications. Front. Math. China, 2021. https://doi.org/10.1007/s11464-021-0927-4.

# 《运筹与管理科学丛书》已出版书目